自动化生产线实训典型案例教程

主　编　李　擎　万春秋
副主编　蔺凤琴　崔家瑞

U0171669

科学出版社

北　京

内 容 简 介

本书根据自动化专业"中国工程教育专业认证""新工科建设"等需求编写而成，旨在培养学生解决冶金自动化领域复杂工程问题的能力，满足国家未来战略对高端复合型工程创新人才的需求。同时根据《高等学校课程思政建设指导纲要》要求，将学生解决复杂工程问题中的非技术因素与课程思政知识点相结合，提升学生的综合素质，系统全面地培养具有过硬本领和勇于担当的新时代卓越工程师。全书共5章，各章节均按照工程项目标准开发流程，分类介绍冶金企业生产过程典型环节智能制造系统的设计与实现方法，包括实训项目的生产工艺简介、系统需求分析、总体方案设计、软硬件平台搭建、控制系统各主要模块的设计、系统集成与调试等。

本书方便读者快速了解冶金行业典型生产过程的工艺知识，熟悉这些过程常用的控制算法，掌握智能制造系统的设计与实现方法，可作为自动化、电子信息工程、测控技术与仪器、智能科学与技术等专业本科生的教材，也可作为相关工程技术人员、教师和科研人员的参考书。

图书在版编目（CIP）数据

自动化生产线实训典型案例教程 / 李擎，万春秋主编. —北京：科学出版社，2024.1
ISBN 978-7-03-077942-7

Ⅰ. ①自… Ⅱ. ①李… ②万… Ⅲ. ①自动生产线－高等学校－教材 Ⅳ. ①TP278

中国国家版本馆 CIP 数据核字（2024）第 009726 号

责任编辑：潘斯斯 / 责任校对：王 瑞
责任印制：师艳茹 / 封面设计：迷底书装

科 学 出 版 社 出版
北京东黄城根北街 16 号
邮政编码：100717
http://www.sciencep.com

北京九州迅驰传媒文化有限公司印刷
科学出版社发行 各地新华书店经销
*
2024 年 1 月第 一 版 开本：787×1092 1/16
2024 年 1 月第一次印刷 印张：15 1/4
字数：436 000

定价：69.00 元

（如有印装质量问题，我社负责调换）

前　言

　　"自动化生产线实训"课程是自动化专业重要的必修课之一，也是"中国工程教育专业认证"和"卓越工程师教育培养计划"不可或缺的实践类课程之一。该课程由"自动控制原理""计算机控制""过程控制""运动控制系统""PLC""工业组态软件""控制网络技术"等多门课程融合而成，对于学生全面掌握自动化专业的课程体系、拓宽学生专业知识面、更好地理论联系实际具有极其重要的作用。

　　本书根据"中国工程教育专业认证""卓越工程师教育培养计划"等需求，以冶金工业智能制造系统为原型编写而成，可为"自动化生产线实训"课程实践教学提供有力支撑。本书从工程实践出发，涵盖了多个典型的冶金生产过程，具有突出的冶金行业特色，有较强的系统性、前沿性和创新性，可激发学生的学习兴趣，培养学生掌握工程项目设计开发方法、运用理论知识分析和解决冶金自动化领域复杂工程问题的能力，提高学生的工程实践能力、工程创新能力和工程师综合素养，满足国家未来战略对高端复合型工程创新人才的需求。

　　本书根据《高等学校课程思政建设指导纲要》要求，将学生解决复杂工程问题中的非技术因素与课程思政知识点相结合，提升学生的综合素质，系统全面地培养具有理想信念、爱国情感、文化自信、职业道德、法治意识、过硬本领和勇于担当的新时代卓越工程师。

　　结合自动化专业新工科建设的培养目标，本书的特色及创新如下。

　　(1)案例内容丰富，行业特色鲜明。实训案例均以实际冶金工业的智能制造系统为原型，涵盖了多个典型的冶金生产过程，涉及带钢加热、轧制、入库，以及矿山胶带无人值守、铝电解生产状态检测等，充分体现了冶金行业特色。通过冶金行业智能制造系统的全流程开发，使学生能够掌握独立分析问题、设计解决方案的基本方法，满足培养学生综合所学理论知识解决实际工程问题的能力。

　　(2)知识体系全面，理论方法先进。实训案例包含了典型控制系统所涉及的检测、建模、控制、优化的全部环节，融入了智能感知、模糊控制、神经网络、群智能优化、深度学习、机器视觉、故障诊断等先进理论方法，并且融入了作者团队在冶金领域智能制造系统项目开发中的最新科研成果，做到了理论与实践的统一，能够为学生未来深造、就业打下比较坚实的基础，提升了本书的高阶性、创新性和挑战度。

　　(3)章节编排新颖，强化工程教育。章节编排严格按照工程项目设计开发流程，从需求分析、总体方案设计，到软硬件平台搭建、各功能模块软件代码开发，再到系统集成、测试的标准流程进行，使学生通过本书的学习不仅可以快速了解冶金行业典型生产过程的工艺知识，而且可以熟悉掌握这些过程中常用的控制算法，这必将强化学生的工程思维，锻炼他们解决复杂工程问题的能力。

　　(4)融入思政元素，实化价值塑造。结合实践课程"思政育人"要求，将我国冶金行业重大工程项目成果和作者团队所在学校老一辈教师、育人模范、科研达人等先进典型在工程伦理、工匠精神、家国情怀、使命担当等方面的突出贡献融入本书，通过身边人、身边事教育引导学生，实现专业课程与思政课程的同向同行、协同发力。

（5）引入研究性教学，强化能力培养。在传统习题、思考题的基础上引入一些课本上不能直接找到答案的研究性题目，鼓励学生通过课外资料的查阅，对课程中的重点、难点、热点问题独立自主地开展研究，提出自己的解决方案并在一定范围内展开讨论，引导他们了解最新科技前沿、拓展知识面，增强他们的主动学习意识、自学能力、独立分析和解决问题的能力。

本书共 5 章，作者团队本着精心规划、从实际出发、深入浅出的原则，对本书内容进行全面而系统的设计、安排、整合和优化，具体情况如下。

第 1 章为冶金工业加热炉燃烧智能控制系统设计实训案例，重点介绍了炉前钢坯规格检测、钢坯号识别、炉温闭环控制、炉温优化设定等模块的设计方法，涉及的智能控制算法包括深度神经网络、粒子群优化算法、模糊控制和专家知识库模型等。

第 2 章为带钢热连轧液压活套控制系统设计实训案例，重点介绍了液压活套控制系统工艺及控制原理、液压活套系统模型、液压活套系统 PID 控制、液压活套系统智能控制、液压活套系统解耦控制等模块的设计方法，涉及的智能控制算法包括模糊自适应 PID 控制、单神经元自适应 PID 控制等。

第 3 章为带钢热连轧卷取-打捆-喷印-入库一体化控制系统设计实训案例，重点介绍了带钢热连轧一体化控制系统卷取、打捆、喷印、入库、总控等模块的设计方法，以及系统集成与调试方法，完整再现了带钢热连轧产线入库一体化控制系统的全流程设计与开发过程。

第 4 章为矿山胶带运输生产智能检测系统设计实训案例，重点介绍了图像边缘处理、胶带跑偏检测、胶带纵向撕裂检测、胶带表面裂纹检测、胶带输送矿石大块检测、胶带托辊温度监测和报警等模块的设计方法，详细描述了新型矿山胶带运输生产线典型缺陷智能检测与报警的设计和实现方法。

第 5 章为铝电解生产线数据采集系统设计实训案例，重点介绍了信号汇集智能网关、槽电压采集、阳极导杆电流采集、氧化铝浓度采集等模块的设计方法，通过分布式和模块化的思想进行槽电压、阳极导杆电流和氧化铝浓度在线检测系统软硬件的设计与实现，为铝电解过程智能制造提供必备的支撑条件。

本书配有"自动化生产线实训"课程视频，由国家级一流本科课程、北京高校优质本科课程和北京市课程思政示范课程教学团队倾心讲授，已经在智慧树平台上线，网址为 https://coursehome.zhihuishu.com/courseHome/1000098743#teachTeam，请读者自行学习观看。

本书的编写力求深入浅出、循序渐进，各实训案例均通过分布式和模块化的思想进行总体方案设计及系统各功能模块软硬件的设计与实现，有利于锻炼学生从需求分析、方案设计到产品开发、产品测试和产品维护的全流程工程创新能力，具有很强的工程实践指导性。

本书得到了北京科技大学 2022 年度规划教材建设资金的资助，得到了北京科技大学教务处的全程支持。

本书由北京科技大学自动化学院李擎、万春秋担任主编，蔺凤琴、崔家瑞担任副主编，阎群、肖成勇、丁大伟、杨旭、苗磊、栗辉、宋睿卓参编。其中，第 1 章由蔺凤琴、丁大伟编写，第 2 章由阎群、李擎编写，第 3 章由万春秋、杨旭编写，第 4 章由肖成勇、苗磊编写，

第 5 章由崔家瑞、栗辉、宋睿卓编写，李擎负责全书内容设计和统稿。在本书的编写过程中，作者课题组的多名研究生(博士生黄伟、张守武、黄建昌，硕士生徐辰、郝方铭、周昊、陈乐、黄国锋、邱茹月)参与了部分书稿的文字录入、图形绘制和内容校对工作，在此对他们表示衷心的感谢。

在本书编写过程中参考了大量文献，在此对文献的作者致以真挚的谢意！

由于编者水平有限，书中难免存在疏漏之处，敬请广大读者批评指正。

编　者

2023 年 10 月

目　录

第1章

冶金工业加热炉燃烧智能控制系统设计实训

导读

目前，加快工程教育改革创新、培养创新型卓越工程科技人才以支撑产业转型升级的要求是高校人才培养的目标[1]。2021年12月，工业和信息化部等八部门联合印发《"十四五"智能制造发展规划》，明确指出："智能制造是制造强国建设的主攻方向，其发展程度直接关乎我国制造业质量水平。"[2]为新工科背景下的人才培养提出了明确要求。冶金行业是制造业的重要组成部分，也是制造业中碳排放最大的行业，因此冶金行业全流程各工序的智能化是深化节能降耗预期的重要举措。而加热工序又是冶金流程中的能耗大户，在轧制产线，加热炉的能耗占整条产线的70%，加热工序控制系统也是自动化水平较为薄弱的环节，因此加热炉燃烧智能控制系统的研发和实施对产线的智能化以及冶金流程工业的智慧运营是必不可少的技术支撑。

冶金工业加热炉燃烧智能控制系统设计实训从需求分析开始，通过方案设计、软硬件平台的搭建以及各主要功能模块的设计及实现，覆盖加热炉控制系统设计的全过程。结合具体工程实例和实际生产数据，通过让学生参与工程项目的全周期，培养他们解决复杂工程问题的思维方式，逐步锻炼学生从全局出发，将零散知识点串联，由点及面，最终拓展至项目全过程。

1.1节讲述冶金工业加热炉的生产工艺；1.2节为系统需求分析；1.3节给出总体方案设计（系统总体架构和功能模块划分）；1.4节介绍详细方案设计与实现，包括软硬件平台搭建和炉前钢坯规格检测、钢坯号识别、炉温闭环控制以及炉温优化设定模块的设计与实现；1.5节介绍系统集成与调试。

学习目标

(1)了解冶金工业加热炉工序的工艺及发展现状。

(2)掌握工程项目设计及实施过程中各功能模块的有效组织和协同运行。

(3)具备解决复杂工程问题的思维方式，厚植家国情怀。

学习建议

本章内容围绕冶金工业加热炉燃烧智能控制系统展开。学习者应在充分了解冶金工业加热炉工艺的基础上，展开本章学习。首先了解工业加热炉的基本工艺流程，然后通过系统实训逐步地了解和学习加热炉燃烧智能控制系统的软硬件设计和功能实现。

随着智能化向冶金行业的不断深入，产线也加快了其各个工序智能化的脚步。加热作为其中间工序，智能化势在必行，而加热炉控制系统又是产线自动化水平较为薄弱的环节，主要体现在以下几个方面。

(1)加热炉生产受上游连铸、钢坯库存、下游轧制节奏、生产计划等众多因素影响，装炉基本依靠人工进行调度、核对、定位直至最终入炉。出炉基本采用周期或手动出钢的方式，很难做到依据轧制的节奏，结合即将出炉钢坯的温度，自动出钢。

(2)影响加热炉钢坯加热质量的因素很多，且各因素互相耦合，是一个多变量、非线性很强的系统，控制难度大。而炉内高温、粉尘的气氛环境，并且没有有效的检测手段来实时测量钢坯的温度，使其成为名副其实的"黑箱"。

(3)多年来一直困扰加热炉生产调度、精准控制等的一系列难题，如钢坯的加热过程缺乏规划和连续性、加热质量难以保障、随机性强等，未得到解决。换辊或轧机故障时，也不能有效地进行炉温智能控制，无法保证恢复轧制时钢坯出钢温度达到要求的同时加热能耗达到最优。

(4)对加热炉能效及加热质量缺乏整体的评估，相关性参数也较为单一，仅仅依靠开轧或轧后温度作为评估的依据，时效性较差且难以满足目前复杂工况、炉况，以及多规格、高品质生产的需求。

面对产线智能化的需求，针对加热炉的现状，解决控制系统的痛点问题，实现"会思考"的加热炉是目标。加热炉智能化过程控制技术的突破，对推进产线数字化、智能化革新具有重要意义。为此，作者构建了加热炉燃烧智能控制系统框架，如图 1-1 所示。由图可知，智能支撑层是基础，主要包括加热炉相关运行时参数的采集以及基础自动化层的全自动控制；智能生产层是提升，以机理模型为核心，结合数据驱动的知识库，构建炉温智能优化、加热质量及能效评估的新理念[3]。

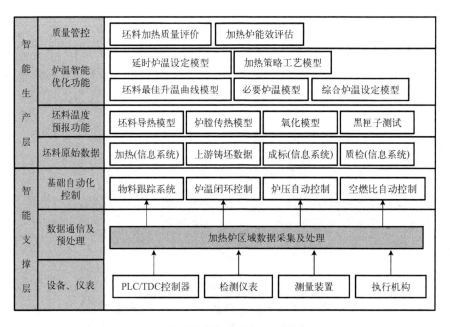

图 1-1 加热炉燃烧智能控制系统框架

1.1 生产工艺简介

在冶金流程工业中，加热炉是连接上下游工序的"纽带"，主要是通过燃料和空气混合燃烧，将钢坯加热至目标温度，并使其具备良好的温度均匀性。在加热过程中，钢坯出炉温度是衡量加热质量的主要指标。如果加热温度过高或加热时间过长，那么钢坯表面会出现过度氧化的现象，影响轧制质量及成材率。如果加热温度过低，那么钢坯无法达到目标出炉温度，可塑性较差，在之后的轧制中会磨损轧机，甚至无法轧制，轧机长期磨损会造成成本增加，并且当变形抗力过大时容易发生事故。另外，钢坯加热过程中，其表面和芯部存在的温差即断面温差，缩小出炉钢坯的断面温差、提高钢坯的整体均匀性也是评估加热质量的重要指标。

在带钢热连轧生产过程中，其工序可分为加热、粗轧、精轧、卷取四大区域。工艺流程为：首先从原料库运出（吊出）来自上游连铸的热送钢坯，并送至加热炉炉前上料辊道，对其进行规格测量和炉前校核；校核合格的钢坯通过辊道、装钢机送入加热炉中进行加热；钢坯在加热炉中充分加热，当其加热温度、断面温差满足工艺要求后，从出炉辊道送出；对出炉的钢坯进行高压水除磷，除磷后送入粗轧机组，经过 5～7 道次的粗轧，将钢坯轧制为厚度为 25～40mm 的中间坯，送入精轧机组进行进一步轧制；精轧后的带钢经过层流冷却将其冷却至 830～880℃，经由卷取机成卷并将成品钢卷送入成品库。热连轧产线工艺流程如图 1-2 所示。

热连轧产线中一般采用连续式加热炉，钢坯不断从加热炉入口向加热炉出口移动，在此过程中加热炉分阶段对每块钢坯加热直至出炉。连续式加热炉按照钢坯在炉内的运动方式可以分为推钢式和步进式等。推钢式加热炉中，钢坯排列紧凑，由推钢机将钢坯向前顶，必须有新的钢坯入炉，加热完成的钢坯才能从出炉口运出。而在步进式加热炉中，钢坯之间的距离可以调整，并且可以调整钢坯数量，使每一块钢坯都可以较为均匀地加热，同时其加热时间和步进周期都由液压系统控制，可较为准确地调整钢坯在炉内的加热时间，大大提高了加热炉控制系统的自动化水平。

在步进式加热炉中，包含固定梁和步进梁的为步进梁式加热炉。步进梁式适用于钢坯断面较大的加热过程，它利用水冷管组成步进梁，实现对钢坯的上下面加热。钢坯入炉后，步进梁动作，将钢坯以一定的步进周期依次送至加热炉的不同加热段，对钢坯进行充分均匀地加热。步进梁的运动轨迹是一个矩形，由不同速度的水平运动和升降运动组成，在开始和结束时以较缓慢速度进行，减少对钢坯的冲击影响。

加热炉炉型分为一段式、二段式、三段式以及多段式。热连轧产线一般采用三段式或多段式，这种炉型设置了热回收段、预热段和均热段。当钢坯入炉后，由于热回收段和预热段温度较低，加热较慢，钢坯在加热时温度应力小；当钢坯加热到 500℃后，进入塑性范围，可进行快速加热，直至目标温度；加热结束后，进入均热段进行均热，减小快速加热过程中存在的钢坯表面与芯部温度断面温差。该炉型既考虑了加热初期升温过快而可能存在的温度应力危险，也考虑了钢坯芯部与表面温度加热不均匀的影响，热回段和预热段采用炉气余热还可使出炉废气温度降低，减小能耗。

热连轧产线步进梁式多段加热炉工艺流程如图 1-3 所示[4]。

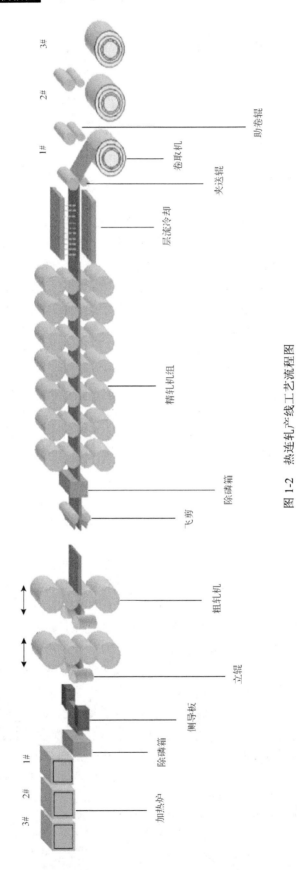

图 1-2 热连轧产线工艺流程图

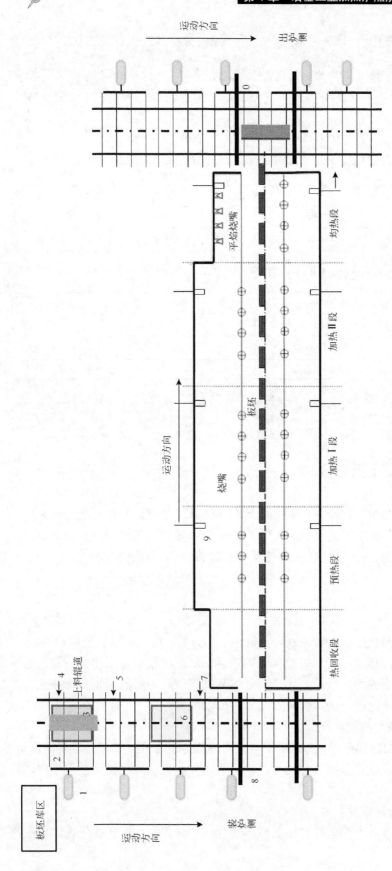

图 1-3 热连轧产线步进梁式多段加热炉工艺流程图

1-辊道电机；2-辊道；3-上料称重装置；4-激光检测器；5-识别摄像头；6-测宽测长仪；7-入炉测温仪；
8-装钢机；9-热电偶；10-出钢机

[国产化的志气——国内 CSP 产线的分布及改造升级现状]

国内 CSP 产线初始创建均为引进国外的成套设备及系统,随着国内企业及相关技术研究人员的消化吸收,其电气控制系统目前已实现了国产化,打破了国外长期垄断的局面,如表 1-1 所示。

表 1-1　国内产线概况

产线名称	原电气系统集成		过程控制系统改造		年份	
	隧道炉	轧机	隧道炉	轧机	建设	改造
珠钢CSP	LOI	SIEMENS	—	—	1999	—
马钢CSP	ITALIMP-IANTI	SIEMENS	北京科技大学	北京科技大学	2003	2015
涟钢CSP	BRICMONT	TMEIC	北京科技大学	TMEIC	2003	2013/2016
邯钢CSP	LOI	SIEMENS	北京科技大学	PRIMETALS	1999	2015
包钢CSP	LOI	SIEMENS	北京科技大学	SMS-Demug	2001	2017
酒钢CSP	TECHINT	SMS-Demug	—	北京科技大学	2006	2021
武钢CSP	TECHINT	SMS-Demug	—	—	2009	

关键技术的自主研发为某完成单位投资节支达 1.07 亿元,这无疑为重点行业国产化注入了一剂强心剂,号召现在和未来的科技工作者厚植家国情怀、心系民族未来。

1.2　系统需求分析

研发冶金工业加热炉燃烧智能控制系统旨在构建从炉前钢坯检测开始,经炉内加热,至钢坯出炉结束的全过程加热炉数字化控制系统,采用成熟的人工智能、大数据技术,搭建基于数据驱动的优化模型,突破传统加热炉控制系统"瓶颈",全面提升加热炉工序的智能化水平。具体需求分析如下。

1.2.1　功能要求

研制一套加热炉燃烧智能控制系统,从钢坯上料开始,经炉前钢坯规格检测、坯号识别,完成装炉钢坯的核对。建立基于动态热平衡的炉温闭环控制模型,采用智能控制方法进行炉温控制,并通过大数据的智能分析,实现生产过程关键生产因素的识别,形成完善、独立的生产相关性数据知识库对炉温进行优化设定。主要功能如下。

(1)炉前钢坯规格检测模块设计。

钢坯入炉前,需要对实际钢坯规格进行检测,主要包括长度、宽度、厚度和重量等参数,将其与生产计划下发的理论数据进行比对,确认钢坯实测数据是否在误差范围内,是否允许装炉。

(2)钢坯号识别模块设计。

采用机器视觉技术,对炉前行进中的钢坯进行钢坯号识别,取代传统人工肉眼核对,可

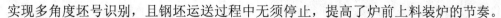

实现多角度坯号识别，且钢坯运送过程中无须停止，提高了炉前上料装炉的节奏。

（3）炉温闭环控制模块设计。

基于动态热平衡方程，构建炉温闭环控制模型。在经典双交叉 PID 控制的基础上，采用智能控制方法，设计了基于粒子群参数优化的模糊控制器进行炉温模糊控制；同时基于含氧量检测值，设计了模糊控制器对空燃比进行优化；基于阀门开度控制策略，通过对燃气流量和空气流量的调节，实现对炉温实时控制。

（4）炉温优化设定模块设计。

基于高精度的二维有限差分钢坯温度场模型，结合由历史数据和数采平台实时数据形成的大数据知识决策库，依据加热炉系统的运行参数图谱，为炉温优化设定模型提供参数优化支撑。

1.2.2　技术指标

加热炉燃烧智能控制系统的上述功能通常用关键的几项技术指标来评价其性能，为确保评价的客观性，须明确系统运行的前提，设备条件和生产工况务必处于正常状态。

（1）所有测量仪表及设备等（热电偶、高温计、流量计、烧嘴、流量调节阀等）工作状况不影响炉温自动控制效果。

（2）加热炉各设备（风机、炉门、辊道、装出钢机、步进机构等）工作正常。

（3）采用生产数据进行技术指标评价时，不满足前提条件的需要剔除。

（4）需基于批量生产数据作为评价依据，2～4 周大生产数据为宜。

在上述前提下，技术指标应满足以下要求。

（1）钢坯规格检测指标。

由于产品结构不同，不同产线指标存在差异。以某厂为例对钢坯规格检测指标进行说明，如表 1-2 所示。

表 1-2　钢坯规格检测指标

参数种类	参数名称	参数说明
原料尺寸	长度	4500～11000mm
	宽度	800～2570mm
	厚度	200～330mm
	重量	5.6～73.5t
装炉温度	—	0～800℃
钢坯速度	手动	0.8m/s
	自动	1.2m/s
技术指标	长度	±10mm
	宽度	±5mm
	厚度	±1mm
	重量	±100kg

（2）钢坯号识别指标。

机喷钢坯号具备智能识别能力，可辨识字符识别率≥99.5%（可辨识字符识别率＝正确识别字符数量/可人工辨识的字符数量，"可人工辨识"采用双方所公认的辨识标准）；对于人工无法辨识严重缺失的、模糊的字符，给出识别异常提示和用户修正界面。

（3）炉温闭环控制指标。

加热炉各炉段炉温须处于全自动模式运行，满足各炉段设定温度与热电偶实测温度偏差≤±10℃。

（4）炉温智能控制在线指标。

采用连续 4 周的生产数据进行评价。按加热炉实绩报表进行统计核算，通过记录人工干预的原因、次数、时间来判断该技术指标是否符合要求。不同产线指标存在差异，平均水平为炉温智能控制在线率≥90%。

（5）出炉温度计算指标。

通过埋偶试验，对模型参数进行优化调整，使出炉时刻钢坯计算温度与实际温度的偏差在一定范围内。不同产线指标存在差异，平均水平为模型计算钢坯温度与黑匣子实测钢坯温度偏差≤±10℃。

（6）出炉温度命中指标。

采用连续 4 周的生产数据进行评价。按加热炉实绩报表进行统计，前后钢坯目标出炉温度超过 30℃时，前后两块钢坯的温度数据不进行该指标统计，未按模型提示出钢的钢坯温度数据不进行该指标统计。不同产线指标存在差异，平均水平为钢坯出炉模型计算温度与钢坯目标温度偏差在±20℃之内，命中率≥80%。

（7）系统运行指标。

该指标描述了系统负载综合测试运行过程中硬件的可靠性和稳定性，系统运行率定义为

$$Y = [t_1 / (t_1 + t_2)] \times 100\% \tag{1-1}$$

式中，Y 为运行率；t_1 为设备正常运行时间（min）；t_2 为设备非正常运行时间（min），$t_2 = t_3 + t_4 + t_5$；t_3 为设备故障发生和修理时间（min）；t_4 为等待修理时间（min）；t_5 为非本设备故障引起的本系统不能正常运行的时间（如能源介质达不到设备正常运行所需的要求，min）。

系统运行的合格指标是 $Y \geq 99.5\%$，采用连续 4 周的生产数据进行评价，若期间 2 次不达标即认为该指标不达标。

1.3 总体方案设计

1.3.1 系统总体架构

系统基于数据中心数采系统，采用大数据智能分析方法，形成知识决策库以支撑加热炉智能优化模型，以实现加热炉的智能控制，整体框架如图 1-4 所示。

系统的研发基于自主知识产权的 PCDP（Process Control Development Plateform）中间件支撑平台[5-6]，中间件屏蔽了操作系统的异构，提供强大的支撑服务和公共组件服务，使控制系统应用模块的开发人员聚焦功能逻辑本身，提高开发效率。PCDP 中间件体系结构如图 1-5 所示。

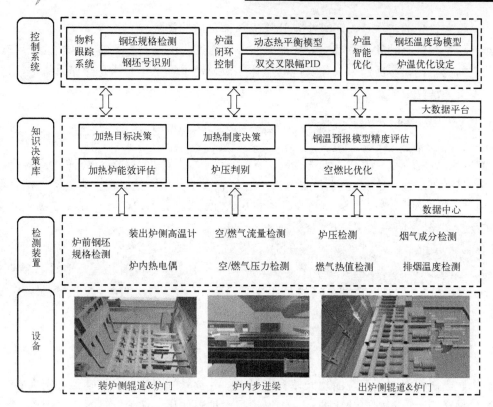

图 1-4 加热炉燃烧智能控制系统整体框架

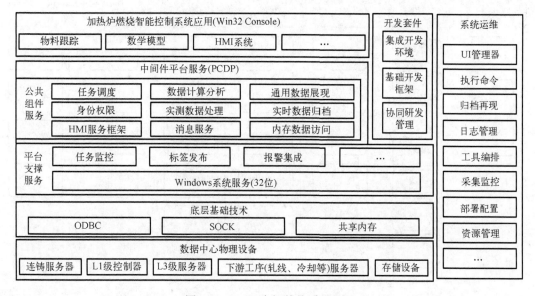

图 1-5 PCDP 中间件体系结构图

中间件层屏蔽了底层操作系统的复杂性，客户端的程序开发人员只需面对一个简单而统一的开发环境，将注意力集中在自己的业务上，不必考虑程序在不同系统软件上的移植，从而大大减少了技术上的负担及程序设计的复杂性。

中间件层带给客户端应用系统的，不只是开发的简便、开发周期的缩短，同时也减少了维护、运行和管理的工作量，还减少了计算机总体费用的投入。

作为新层次的基础软件，其重要作用是将不同时期、不同操作系统上开发的应用软件，通过一定的应用接口集成起来，使其能够整体、协调地进行工作，这是操作系统、数据库管理系统本身无法完成的。

> **[设计要点——自主知识产权的中间件]**
>
> 21世纪初期，随着计算机硬件的快速发展，高性能PC逐步取代了原有的小型机，作为冶金流程工业过程控制系统的服务器。原有运行在小型机上的中间件系统均为随设备引进的国外产品，难以移植至PC服务器。2005年北京科技大学历时2年研发了国内首套基于PC服务器的中间件系统，迄今已应用于上百条冶金产线及工序，结束了国外小型机作为服务器的历史。正如2022年8月17日，习近平总书记在沈阳市考察调研时强调："全面建设社会主义现代化强国，实现第二个百年奋斗目标，必须走自主创新之路。要时不我待推进科技自立自强，只争朝夕突破'卡脖子'问题，努力把关键核心技术和装备制造业掌握在我们自己手里。"

1.3.2 功能模块划分

加热炉燃烧智能控制系统的功能较多，对接的外部系统也较多，按功能类别主要分为原始数据、物料跟踪、基础自动化控制、钢温预报、炉温优化、通信管理等，如图1-6所示。

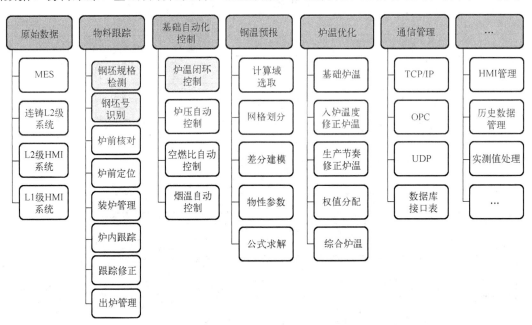

图1-6 功能模块设计图

原始数据：对不同来源的PDI（Primary Data Input）进行标准化处理。

物料跟踪：完成上料至出炉结束的钢坯位置跟踪及装出炉和炉内步进梁动作。

基础自动化控制：加热炉L1级控制系统完成的主要功能。

数学模型：主要包含钢温预报和炉温优化设定模型。

公共模块：主要包含通信管理、HMI 管理、历史数据管理、实测值处理等。

本章节主要描述钢坯规格检测、钢坯号识别、炉温闭环控制、钢温预报以及炉温优化设定模块的实现。

1.4　详细方案设计与实现

1.4.1　软硬件平台搭建

硬件平台是系统运行之本，在 1.2.2 节有一项"系统运行率"技术指标，专门对硬件的可靠性和稳定性进行评价，严重故障会使系统无法在线运行。因此，选择硬件产品时，必须根据加热炉对象的复杂程度，定制相应的硬件数量和配置，既要考虑硬件性能符合系统要求，又要考虑成本因素。

软件平台是系统所有控制功能运行的载体，它必须具备稳定性，能够兼容应用程序的各种异常状态，确保各个应用无耦合、依赖关系。稳定的软件平台是系统高鲁棒性的保障。

1. 硬件设备选型

硬件设备主要包括大数据平台边缘端服务器、智能优化模型服务器以及网络设备和开发终端等。系统的硬件配置随具体应用场景有较大差异，表 1-3 为近年来某场景加热炉燃烧智能控制系统的软硬件配置。

表 1-3　加热炉燃烧智能控制系统的软硬件配置

名称	软件配置	数量
边缘端服务器	Intel® Xeon® Silver 4114Processor*2 16G RDIMM DDR4 2666 内存*4 9361-8i 2GB 阵列卡 2.5 寸 480G SATA SSD*1 8T 7.2K SATA 3.5 英寸热插拔硬盘*2 国内 TPM 2.0 双口万兆网卡*1 4 口千兆网卡*1 冗余电源 操作系统：CentOS 64 位 7.6	3
数据库服务器	Intel®至强 3204 1.9G，6C/6T，9.6GT/s，8.25M 缓存 16GB RDIMM DDRR4-2133 内存 4TB 7.2K RPM NLSAS 12Gbps 512n 3.5 英寸热插拔硬盘 4 口千兆网卡*1 冗余电源 操作系统：CentOS 64 位 7.6	2
控制服务器	Intel® Xeon® Silver 4114Processor*2 16G RDIMM DDR4 2666 内存*4 9361-8i 2GB 阵列卡 2.5 寸 480G SATA SSD*1 8T 7.2K SATA 3.5 英寸热插拔硬盘*2	1

续表

名称	软件配置	数量
控制服务器	国内 TPM 2.0 双口万兆网卡*1 4 口千兆网卡*1 冗余电源 操作系统：Windows Server 64 位	1
工程师站调试计算机	CPU：i5 内存：8G 硬盘：512SSD 显示器：14 寸 操作系统：Windows 10	2

2. 软件开发平台搭建

系统应用基于 PCDP 中间件平台，采用 MS Visual Studio 开发。HMI 基于 VUE 框架，采用 HTML/CSS/JS B/S 前端工具，进行交互友好的浏览器式页面开发。系统的应用软件模块结构如图 1-7 所示。

应用软件模块的设计具有以下特点。

(1)多种协议、多种策略。

支持 TCP/IP、UDP、OPC 等多种协议，支持异构数据库间数据的交换，满足各类业务场景的要求。

(2)模块设计、动态调配。

基于低耦合的模块化设计，可以动态地添加或移除业务模块，模块状态与优先级也可修改。

(3)流行框架、引领革新。

颠覆传统工控 HMI 设计，基于 VUE、Web 框架的设计实现了真正意义的"瘦客户"，并将平板电脑、手机等移动终端引入工控领域。

[工业 HMI 的发展——工业需求和先进技术彼此成就]

20 世纪 90 年代中期前，组态软件在我国的应用并不普及。随着工业控制系统应用的深入，在面临规模更大、控制更复杂的控制系统时，原有上位机编程的开发方式对项目来说费时费力、得不偿失。1995 年后，组态软件在国内的应用逐渐得到了普及。InTouch、iFix、WinCC 等都是国外供应商提供的应用广泛的组态软件，组态王也是国内较有影响力的组态软件。初期 HMI 设计均采用 CS，客户端也需部署专有的软件，随着"瘦客户"的普及，BS 越来越受到工业现场的青睐，基于浏览器方式的 HMI 使得部署更加方便、快捷，且客户端无须专有软件支撑，只要在生产局域网内，IE 即能完成与 HMI 服务器的连接。于是，市场占有率较高的组态软件供应商纷纷发布了浏览器开发运行组件，支持灵活的 HMI 部署。

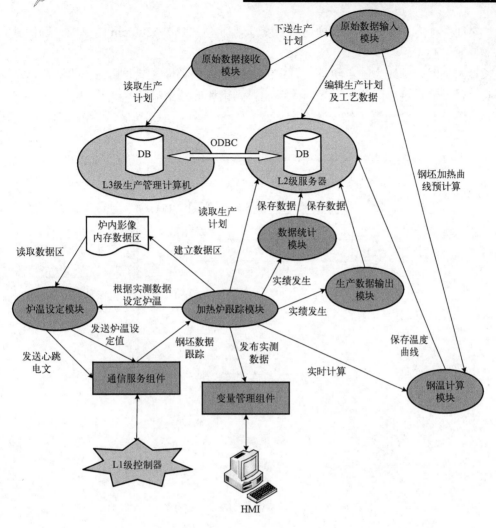

图 1-7 应用软件模块结构图

1.4.2 炉前钢坯规格检测模块设计

加热炉工序的来料一般有两种，一种是直接由连铸运送来的热坯，进行直装；另一种是由钢坯原料库通过磁力或吸盘吊至入炉辊道的凉坯或温坯。无论哪种上料方式，入炉前均需经过钢坯规格检测工序，用来核定该钢坯是否与生产计划相符，同时判断其实际测量规格是否在允许的误差范围内。

1. 钢坯尺寸检测

钢坯的长度、宽度和厚度均采用非接触式测量方式，在钢坯所在辊道两侧安装激光设备、红外双色测温仪和冷热激光检测器，并将其接入特定的通信模块，与视频监控设备一起连接至上位机的测量系统软件，即可完成钢坯尺寸的测量。

1）非接触式检测原理

测宽可用于钢坯动态自动测量，激光测距仪安装在钢坯能够正常通过且不会停留在两个测距仪之间的地方。若防护板超过钢坯高度，则切割出 150～200mm 的缝隙，确保激光能射到钢坯侧面中心位置。

长度测量时，钢坯为静止状态，对中的钢坯运行至测量区域时由激光检测器启动测长，激光测距仪安装在钢坯同侧，激光点确保能射到钢坯的两个端面。

厚度测量时，激光测距仪安装在钢坯上下两个方向，独立安装。检测原理示意如图 1-8 所示。

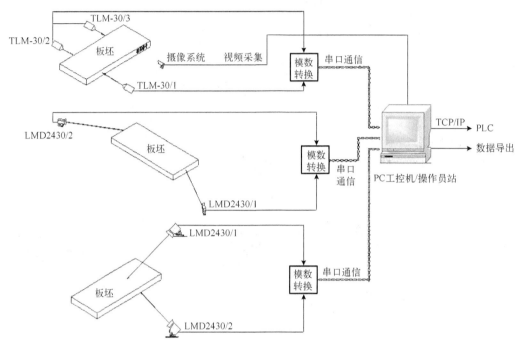

图 1-8　非接触式检测原理示意图

图 1-8 均选用潞城传感器，参数如表 1-4 所示。

表 1-4　主要传感器参数

参数	三角激光测量仪	激光测距仪	红外测温仪	激光检测器
型号	TLM-30	LMD2430	SCTQ-010A	LOS-R2-4ZC1
测量范围	700～2000mm	0～30m	0～1000℃	15m（检测距离）
测量误差	≤0.75mm	≤1mm	1%	反馈反射式（检测方式）
工作电源	DC24V	DC24V	DC24V	DC24V
测量频率	1kHz	50Hz	200ms（响应时间）	2ms（响应时间）
信号输出	4～20mA/RS422	4～20mA 模拟量输出	4～20mA 模拟量输出	PNP 电平常开/继电器接点

2) 钢坯长度测量

采用高精度激光测距仪 LMD2430/1、LMD2430/2 分别安装在钢坯一侧，对中后的钢坯运行到测量位置，激光测距仪分别测量出两者之间的距离 L_1、L_2，则

$$钢坯长度 (\Delta L) = L - L_1 \cos\alpha - L_2 \cos\beta \tag{1-2}$$

钢坯倾斜导致的测长误差，可共享测宽位置得到的钢坯倾斜角度进行实际长度的修正。钢坯测长原理如图 1-9 所示。

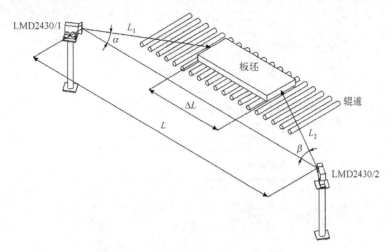

图 1-9　钢坯测长原理示意图

某场景钢坯测长技术指标如表 1-5 所示。

表 1-5　钢坯测长技术指标

测量长度	4000~12000mm
目标温度	0~1200℃
测量方式	目标静止
测量误差	≤±5mm
系统采样频率	MAX 1000Hz
PLC 通信接口	以太网、Profibus-DP

3）钢坯宽度测量

激光检测器检测到钢坯到位，激光测距仪 TLM-30/1、TLM-30/2、TLM-30/3 如图 1-10 所示，依次安装在辊道两侧，TLM-30/1、TLM-30/2 测量钢坯宽度，TLM-30/3 测量钢坯的倾斜角度，测宽的两台测距仪分别测量出到钢坯同侧的距离 L_1、L_2，同时已知激光测距仪 TLM-30/1、TLM-30/2 之间的距离 L，则钢坯的宽度为

$$钢坯宽度 = L - L_1 - L_2 \qquad (1\text{-}3)$$

如果钢坯没有对中，那么到达测量位置时位置倾斜，因倾斜导致的测量误差可通过检测到的钢坯倾斜角度计算进行修正。测宽系统实时测量钢坯宽度方向上的位置数据，再结合外部系统传送过来的钢坯速度值，即可在线测量出运动钢坯边部轮廓，从而在测量结束时生成镰刀弯状曲线图形。摄像机实时采集钢坯的图像信号，在测量系统界面显示当前钢坯的图像信息，生产操作人员可通过画面观察钢坯号等信息，对装炉钢坯进行信息复核。某场景钢坯测宽技术指标如表 1-6 所示。

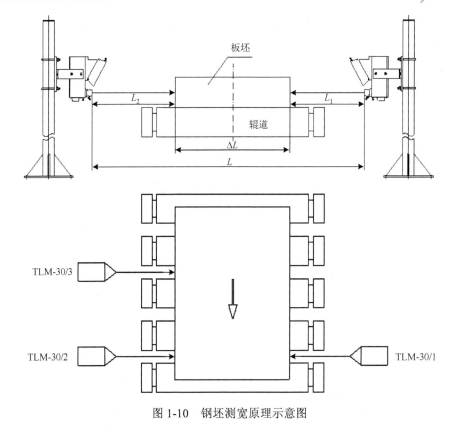

图 1-10　钢坯测宽原理示意图

表 1-6　钢坯测宽技术指标

测量宽度	600～2000mm
目标温度	0～1200℃
目标速度	≤3m/s
测量误差	对中钢坯≤±3mm
	不对中钢坯≤±5mm
系统采样频率	MAX 50Hz
PLC 通信接口	以太网、Profibus-DP

4) 钢坯厚度测量

激光测距仪安装在钢坯的上下两侧，安装时上下两台激光测距仪的激光点分别射到钢坯上下两个表面，LMD2430/1 和 LMD2430/2 分别测量出激光测距仪原点到钢坯上下表面的距离 L_1 和 L_2，则钢坯厚度为

$$钢坯厚度 (\Delta H) = H - L_1 \cos\alpha - L_2 \cos\beta \tag{1-4}$$

测厚系统实时采集上下表面的两个测量值，钢坯在移动过程中可连续测量钢坯厚度值，整合钢坯宽度曲线，测量系统可绘制出钢坯的三维图形，为生产系统有效地分辨出镰刀弯、异型坯提供判断。钢坯测厚原理如图 1-11 所示。某场景钢坯测厚技术指标如表 1-7 所示。

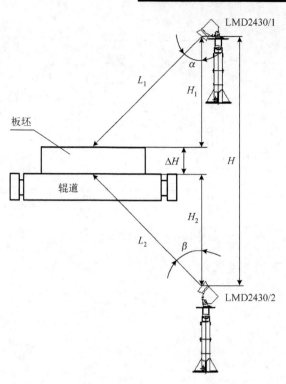

图 1-11　钢坯测厚原理示意图

表 1-7　钢坯测厚技术指标

测量厚度	50~1000mm
目标温度	0~1200℃
移动速度	≤3m/s
测量误差	≤±2mm
系统采样频率	MAX 50Hz
PLC 通信接口	以太网、Profibus-DP

2. 钢坯重量检测

炉前钢坯称重一般选用钢坯平台秤，安装在输送辊道下，钢坯由输送辊道输送至钢坯平台秤称量段，停稳后，物料跟踪系统向称重仪表发送称重开始信号，钢坯平台秤开始称量，称量完成，称重仪表向物料跟踪系统发送称量结束信号，系统通过 Profibus-DP 读取重量数据，并通知系统将钢坯向前输送。

钢坯称重装置由秤体、限位装置、传感器、称重仪表、接线盒、信号电缆、仪表柜等组成，传感器安装位置处加隔热保护装置，防止热辐射的影响。平台秤与上位 PLC 的数据通信采用 Profibus-DP 接口，仪表为从站，PLC 为主站。信号为：上位 PLC 至仪表，称重开始(I/O 接口)；仪表至上位 PLC，仪表正常(I/O 接口)、重量数据(Profibus-DP 接口)。托利多钢坯平台秤系统结构示意图如图 1-12 所示。

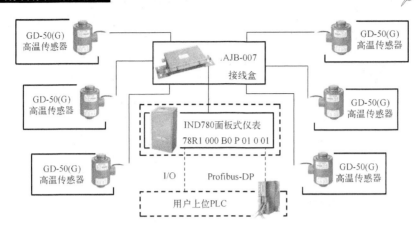

图 1-12　钢坯平台秤系统结构示意图

1) 钢坯平台秤的主要技术参数

型号：SCS-30。

准确度：Ⅲ级。

最大称量：30t。

分度值：20kg。

分度数：1500。

双向串行口：RS232 或 RS422/485。

PLC 接口：Profibus-DP 接口。

2) 配套 "GD（G）" 高温传感器参数

型号：GD-50（G）。

推荐激励电压：6～15V（DC/AC）。

最大激励电压：20V（DC/AC）。

额定输出：（2±0.002）mV/V。

非线性：±0.02% R.C。

滞后：±0.02% R.C。

重复性：0.01% R.C。

蠕变：±0.02% F.S/30min。

工作温度范围：-20～+150℃。

输出阻抗：（1160±10）Ω。

输入阻抗：（1000±3）Ω。

安全过载：125% R.C。

极限过载：300% R.C。

防护等级：IP68。

1.4.3　钢坯号识别模块设计

钢坯号识别是在上料辊道中对钢坯进行坯号、品规的识别，实现钢坯与生产计划的一一对应，以此建立加热区域的数字钢坯体系，为加热炉及下游工序数学模型提供数据输入。模块基于深度神经网络（Deep Neural Network，DNN），构建坯号识别模型。

1. 深度神经网络

随着科学技术的发展,计算机视觉已经广泛运用于图像理解、地图导航、医疗制药、无人机和无人驾驶等领域。而这些应用的核心技术就是图像处理、图像定位和图像分类等视觉识别任务。同时由于图像本身的复杂性和不确定性,图像识别任务也一直是研究的一个挑战。传统的图像识别分为两步,首先是进行特征的选择,其次是构造分类器。

特征选择是图像识别的关键一步,特征选择的好坏直接影响到分类效果的好坏。到目前为止,国外的特征提取方法已经日趋成熟并有了很多新的方法,如质心特征、对角特征、分区特征、像素惯性矩和距离编码等特征提取方法。然而,这些方法的普遍缺点是需要人为手动地选取特征。

近年来,深度学习在图像识别与检测方面也取得了瞩目的成绩,如卷积神经网络和基于递归神经网络的汉字识别方法,这两种方法的优点是不需要人为手动地提取特征,但是缺点是所需硬件配置高,若在一般的 CPU 上进行训练,花费的时间是很长的。

基于此,为了避免手动提取特征的复杂性和盲目性,在使用一般的 CPU 就可以进行训练的情况下,借助深度神经网络学习方法,设计了一种深度神经网络模型,将传统的三层 BP(Back Propagation)神经网络扩展到 6 层,让机器能够自动学习出深层次的、更有利于表达图片本身的、更健硕的特征。另外,在此基础上为了使网络能够加快学习的速度,将均方差成本函数改进为交叉熵成本函数,针对因网络结构层数多带来的过拟合问题,采用 dropout 的方法来减少过拟合。DNN 坯号识别模型如图 1-13 所示。

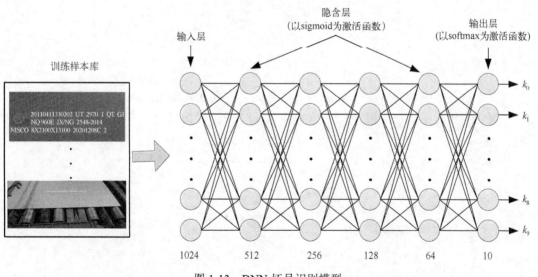

图 1-13　DNN 坯号识别模型

模型采用 6 层网络结构,包含 4 个隐含层。钢板号图片为 32×32 的灰度图像,输入层为 1024 个神经元,第一隐含层 512 个,第二隐含层 256 个,第三隐含层 128 个,第四隐含层 64 个,输出层 10 个。选用 Sigmoid 函数作为神经元的激活函数,输出层采用 Softmax 函数进行归一化处理。为提升网络学习的速度,将均方差损失函数改进为交叉熵损失函数,采用 Adam 优化器执行梯度下降,并加入 dropout 方法防止过拟合。

1)传统神经网络模式识别的方法

神经网络结构是一种前馈网络，首先按照前向传播逐层计算，每一层神经元的输入为上一层输出的加权和，直到计算到输出层。然后将输出值与期望值进行比较，衡量网络性能的好坏可用均方差误差成本函数，其定义为

$$E_p = \frac{1}{2n}\sum_{i=1}^{n}e_i^2 = \frac{1}{2n}\sum_{i=1}^{n}\|y-a\|^2 \qquad (1-5)$$

式中，n 为总的训练样本个数；a 为网络输出向量；y 为训练的标签向量。

然后进入网络的反向传播，根据微积分的链式求导原则，采用梯度下降法，用误差调整网络的各个层的权值，调整权值的学习算法为

$$w_{ij(k+1)} = w_{ij(k)} + \Delta w_{ij} = w_{ij(k)} - \eta g_k \qquad (1-6)$$

式中，$w_{ij(k+1)}$ 为更新后的权重；$w_{ij(k)}$ 为当前的权值；η 为学习率；g_k 为当前梯度。

2)深度神经网络代价函数的改进

为了让神经网络能够学习得更快，使用交叉熵成本函数来代替均方差误差成本函数。分析之前的深度神经网络均方差误差成本函数公式(1-5)，假设只有一个训练样本($n=1$)，且只有一个神经元，σ 代表 Sigmoid 函数，则成本函数变为

$$c(w,b) = \frac{1}{2}(y-a)^2 \qquad (1-7)$$

式中，$a=\sigma(z)$，$z=wx+b$。由于采用的是梯度下降法，因此分别对 w 和 b 求偏导数，可得

$$\frac{\partial c}{\partial w} = (a-y)\sigma'(z)x \qquad (1-8)$$

$$\frac{\partial c}{\partial b} = (a-y)\sigma'(z) \qquad (1-9)$$

对于 Sigmoid 函数，曲线图如图 1-14 所示，当神经元输出接近于 1 或者接近于 0 时，曲线很平缓，导致导数 $\sigma'(z)$ 接近于 0，使得对 w 和 b 的偏导数接近于 0，这样会使得网络更新很慢。

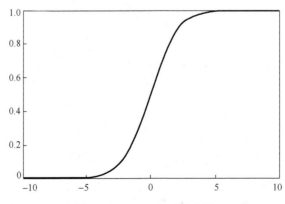

图 1-14　Sigmoid 函数曲线

定义交叉熵成本函数(假设为两分类问题)：

$$c = -\frac{1}{n}[\gamma \ln a + (1-\gamma)\ln(1-a)] \tag{1-10}$$

由式(1-10)可得：当期望值 γ 与神经网络输出相等时，$c=0$。计算其对权重的偏导数：

$$\frac{\partial c}{\partial w} = \frac{1}{n} x_j \sum_x [\sigma(z)-\gamma] \tag{1-11}$$

由式(1-11)可以看出权重的学习主要取决于 $\sigma(z)-\gamma$，也就是输出值与期望值的误差。此成本函数的优点是：当偏差大时，权重更新得快；当偏差小时，权重更新得慢。因此，代价函数选取为交叉熵代价函数。

3)防止过拟合方法的实现

在训练集上表现好，但是不能泛化到测试集上，这是深度神经网络经常出现的过拟合问题。基于此，在深度神经网络中加入 dropout 的方法来防止过拟合。

dropout 工作原理的本质是对神经网络模型结构的改变，然后计算其多个模型的平均值。dropout 工作时以一定的概率 p 使得一些神经元暂时不输出，然后在剩下的概率为 $1-p$ 的神经元网络中进行学习训练。之后，恢复所有的神经元，在进行下一次训练时，又以概率 p 随机选择一些神经元暂时不输出，一直重复此过程。使用 dropout 方法相当于每次训练都选择了不一样的网络结构，这样减少了对神经元相互间的适应性和依赖性。加入 dropout 方法后会使网络学习到更加健硕和具有鲁棒性的特征，现选取经验值 0.7。

2. 钢坯号识别软件算法

通用图像文字识别 OCR(Optical Character Recognition)技术应用广泛，但是工业场景的喷印、钢印、点阵、手写等字符属于特定的应用场景，常规 OCR 技术存在如下问题和技术难点。

(1)工业产品表面光照阴影、镜面反射、杂物遮挡等现象，降低了字符成像质量。

(2)存在模糊、缺失、笔画粘连现象，常规 OCR 技术的识别准确率低。

(3)存在字符排列为弧形，方向不定，常规 OCR 技术容易产生翻转识别。

(4)工业字符的空间分布结构、上下文语义规则具有特定规律，常规 OCR 技术忽略了空间分布和上下文语义的有价值信息。

因此，北京科技大学自主开发了 BKVision 视觉算法库，针对工业生产中的喷印、钢印字符识别进行了专门的算法开发与在线优化，具有业内领先的识别准确率。工业字符自动识别系统算法流程如图 1-15 所示，包含在线识别系统和优化训练系统，具体功能如下。

(1)在线识别系统内置于计算中心算法工作站的算法分析服务中，其功能如图 1-15 所示。

①目标自动获取：对钢坯目标进行预识别和定位，并对字符进行排列和位置校正，避免倾斜倒立字符识别错误，提高字符识别准确率，支持运动中的图像获取。

②字符识别：对喷印、钢印、点阵、手写等工业字符图像进行 OCR，采用具有自主知识产权的深度神经网络模型。该模型具有泛化能力强的优点，对喷印字符中的模糊、缺损、笔画粘连具有良好的识别效果，同时还支持喷印、点阵、手写等多种字体格式。

③上下文分析：根据语义模型自动补全缺失的字符。

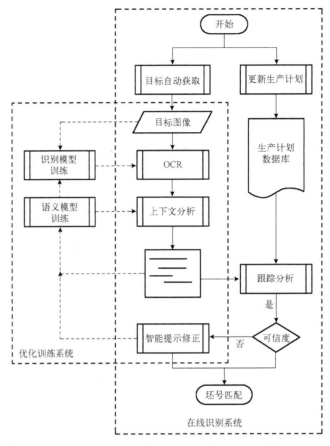

图 1-15　工业字符自动识别系统算法流程

④智能提示修正：输出坯号匹配结果的同时，智能判断匹配可信度，低可信度情况下，提示概率最高的可能选项，由人工选择或手动输入识别结果。

(2)优化训练系统即算法模型训练服务，依靠北京科技大学提供的 BKVision 云端服务，实时收集样本数据上传至 BKVision 云服务器中，训练完成的模型可下载至本地，通过现场在线识别系统进行调用，完成算法优化。

> **["你是我的眼"——传统加热炉物料跟踪系统添"明眸"]**
>
> 　　先进的非接触式测量装置以及坯号智能识别系统，使得物料跟踪系统结束了炉前多道人工控制环节、钢坯管理混乱的历史，解决了炉前定位、装钢、出钢等动作均由人工操作，造成生产效率低、劳动强度大且容易产生混钢等现象，严重影响生产节奏和后期产品质量判定等问题，实现了从连铸到出炉的物料全自动跟踪和控制，摆脱了多年影响生产节奏的"瓶颈"。其功能主要包含铸线出口喷号、上料辊道智能识别、炉前称重/测温/核对、炉前自动定位、自动测长装钢、炉内板坯位置精准跟踪及自动出钢。

1.4.4　炉温闭环控制模块设计

　　以轧钢加热炉为例，一般分为 5 个段：热回段、预热段、加热Ⅰ段、加热Ⅱ段和均热段。

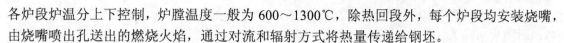

各炉段炉温分上下控制，炉膛温度一般为 600~1300℃，除热回段外，每个炉段均安装烧嘴，由烧嘴喷出孔送出的燃烧火焰，通过对流和辐射方式将热量传递给钢坯。

炉温控制关系到加热炉生产的高效性，同时影响后续轧制的产品质量。在钢坯加热期间，炉内气氛和炉温需调节得当，否则会出现加热温度不均匀、麻点、脱碳、氧化和过烧等各种缺陷。加热炉的轧制节奏和加热过程配合不好，除影响加热钢坯的质量外，还会造成大量能源消耗，采用智能化控制方法能较好地适应复杂工况的变化，提高系统的鲁棒性。

1. 动态热平衡方程模型

1）热量收入

（1）燃料燃烧的化学热：

$$Q_1 = BQ_{net} \tag{1-12}$$

式中，B 为燃料消耗量（kg/h）；Q_{net} 为燃料的低发热量（kJ/kg）。Q_{net} 的计算方式有两种：通过测定燃气各个气体的成分进行理论计算以及通过现场实际测算取平均值。一般采用第二种方式。

（2）金属氧化放热：

$$Q_2 = q_y Ga \tag{1-13}$$

式中，G 为炉子产量（kg/h）；a 为金属烧损率，一般加热炉中的烧损率为 $a = 0.01~0.03$；q_y 为金属氧化放热（kJ/kg），一般取 4.18×1350kJ/kg。

（3）预热燃料带入的物理热：

$$Q_3 = (1-K)BC_r(t_r - t_0) \tag{1-14}$$

式中，K 为燃料机械不完全燃烧的热损失率，对于气体及液体燃料为 0.01~0.02；C_r 为燃料的平均比热容（kJ/(kg·℃)）；t_r 为进入烧嘴时燃料的预热温度（℃）；t_0 为预热前燃料的温度（℃）。

工业用燃料的平均比热容如表 1-8 所示。

表 1-8　工业用燃料的平均比热容　（单位：km/(m³·℃) 或 kJ/(kg·℃)）

温度/℃	固体燃料	液体燃料	发生炉燃气	焦炉燃气	高炉燃气	水燃气
0	0.326	0.326	0.326	0.326	0.332	0.331
200	0.337	0.336	0.337	0.333	0.342	0.341
400	0.347	0.345	0.349	0.341	0.353	0.351
600	0.357	0.352	0.357	0.350	0.363	0.360
800	0.363	0.362	0.365	0.358	0.373	0.370
1000	0.373	0.370	0.373	0.367	0.382	0.380
1200	0.381	0.379	0.381	0.374	0.390	0.388

（4）空气预热带入的物理热：

$$Q_4 = (1-K)BL_0C_k(t_k - t_0) \tag{1-15}$$

式中，t_k 为进入烧嘴时空气的预热温度（℃）；C_k 为空气的平均比热容（kJ/(kg·℃)）；L_0 为单位燃料空气消耗量（m³/m³）：

$$L_0 = 4.84(0.5\varphi_{H_2} + 2\varphi_{CH_4} + 0.5\varphi_{CO} + 3.5\varphi_{C_mH_n}) \qquad (1\text{-}16)$$

式中，φ_{H_2} 为氢气占燃料的百分比；φ_{CH_4} 为甲烷占燃料的百分比；φ_{CO} 为一氧化碳占燃料的百分比；$\varphi_{C_mH_n}$ 为其他气体占燃料的百分比。

2）热量支出

（1）钢坯带走的有效热：

$$Q_5 = G(J_2 - J_1) \qquad (1\text{-}17)$$

式中，G 为加热炉产量（kg/h）；J_1、J_2 分别为钢坯出炉、装炉时的热焓量（kJ/kg）。

（2）烟气带走的热量：

$$Q_6 = (1-K)V_n C_k(t_k - t_0) \qquad (1\text{-}18)$$

式中，V_n 为单位燃料燃烧产生的烟气量（m³/kg）。

（3）燃料机械不完全燃烧热损失：

$$Q_7 = BKQ_{net} \qquad (1\text{-}19)$$

（4）燃料化学不完全燃烧热损失：

$$Q_8 = BV_n(126.4\varphi_{CO} + 108\varphi_{H_2} + 358.7\varphi_{C_mH_n}) \qquad (1\text{-}20)$$

（5）炉门、窥孔和炉墙的辐射热损失：

$$Q_9 = 4.18 \times 4.99\frac{T_L}{100}F\varphi\psi / 60 \qquad (1\text{-}21)$$

式中，T_L 为炉门和窥孔处的炉温（℃）；F 为炉门开启的面积或者墙缝的面积（m²）；φ 为角度修正系数；ψ 为 1h 内炉门或窥孔开启的时间（min）。

（6）冷却水消耗的热量：

$$Q_{10} = C_W P(t_{w2} - t_{w1}) \qquad (1\text{-}22)$$

式中，C_W 为冷却水的比热容（kJ/(kg·℃)）；P 为冷却水消耗量（kg/h）；t_{w2} 为出冷却水温度（℃）；t_{w1} 为入冷却水温度（℃）。

主要的热量收入和支出如上所述，其余的可以忽略，热平衡方程为

$$Q_1 + Q_2 + Q_3 + Q_4 = Q_5 + Q_6 + Q_7 + Q_8 + Q_9 + Q_{10} \qquad (1\text{-}23)$$

2. 双交叉限幅 PID 控制

双交叉限幅 PID 控制是燃烧控制的常用方法，目前国内大多数钢厂的燃烧工艺，如烧结机、热风炉、轧钢加热炉，其 L1 级系统均采用双交叉限幅 PID 控制。其基本原理是串级控制+流量设定优选法，以燃气控制为例，如图 1-16 所示。

燃烧终端的燃气阀门开度 M_{vg}（输出值）由内环的流量 PID 控制，燃气流量设定由外环的温度 PID 输出值 A 控制，这样就实现了基本的温度串级控制。而燃烧本身空气、燃气流量又必须遵循空燃比 A_0 的比例控制，所以由当前实际空气流量 q_{a_act} 除以 $A_0 \times \mu$（理论空燃比，μ 为

过剩系数）反算出的理论燃气流量 q_{g_cal} 应作为燃气流量设定的目标值。因此，在 q_{g_cal} 的基础上加减经验值，将其拓展为高限值 B 和低限值 D，A 在 B、D 间取中间值得出优选值 E，作为燃气流量 PID 的设定值。

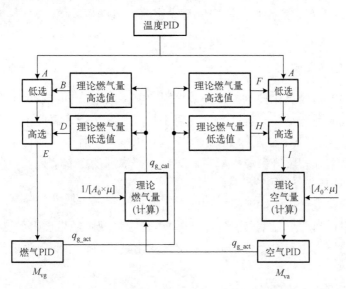

图 1-16　双交叉限幅 PID 控制逻辑图

同理，在遵循串级规则和中间值优选规则的基础上，也可对空气流量进行串级优选控制：实际燃气流量 q_{g_act} 按经验拓展为高限值 F 和低限值 H，A 在 F、H 间进行中间值优选，优选值 $I \times A_0 \times \mu$ 计算出空气流量的理论目标值 q_{a_cal}，作为空气流量 PID 的设定值。燃气、空气流量阀门开度 M_{vg}、M_{va} 对流量进行实时调节，进而实现燃烧过程中稳定地升温、降温。由于温度 PID 输出值在空气流量高低限值、燃气流量高低限值间互相限制优选，优选值既适应空燃比又符合燃烧中渐近稳定的模式，从而控制燃气与空气流量交替上升与下降，因此双交叉限幅控制能保持燃烧过程升温与降温的稳定性，保证燃烧效率。

$$q_{g\_cal} = \frac{q_{a\_act}}{A_0 \mu}$$

$$B = q_{g\_cal} + k_1 \times SH$$

$$D = q_{g\_cal} - k_2 \times SH$$

$$F = q_{g\_act} + k_3 \times SH \tag{1-24}$$

$$H = q_{g\_act} - k_4 \times SH$$

$$q_{a\_cal} = I \times A_0 \times \mu$$

式中，$k_1 \sim k_4$ 为经验选择系数；SH 为空气刻度流量值。

在实际调试过程中，需注意以下几点。

（1）经验选择系数 $k_1 \sim k_4$ 是双交叉限幅的核心参数，常用的初始参数为 $k_1 = 0.2$，$k_2 = 0.5$，$k_3 = 0.5$，$k_4 = 0.2$。实际应用时需通过现场燃烧情况逐步调整修正，调整过程的实质就是合理微调空燃比及调整升降温速度的过程。

（2）优选值 A、B、D、F、H 均统一换算成以燃气控制为基准的设定值。在空气流量设定前，再将 I 转换成理论值 q_{a_cal}，这样便于逻辑换算和编写。

（3）为方便画面系数设定操作，考虑所有设定流量量程最大值，SH 刻度流量统一选择空气刻度流量。

3. 炉温智能优化控制

在早期钢坯加热炉的优化控制中，较多采用双交叉限幅 PID 控制，但在实际加热炉生产过程中，由于工况波动严重，尤其是燃气热值不稳定、入炉钢坯温度不稳定等因素的影响导致 PID 控制超调严重、升降温速度慢，PID 控制难以投入运行，只能由工人进行手动操作，造成加热温度波动太大和燃气燃烧不稳定，难以获得满意的控制效果。为此，智能控制方法逐步被应用到加热炉生产过程控制中。

1）基于粒子群参数优化的炉温模糊控制

模糊控制器根据当前炉温偏差和偏差变化率，由模糊规则经推理得到燃气流量的变化量。其输入变量为炉温测量值与设定值的偏差 e 及其变化率 e_c，输出变量为燃气电动调节阀开度的改变量 Δu。

炉温偏差 $e \in [-20℃, 20℃]$；

论域为 $E = \{-7, -6, -5, -4, -3, -2, -1, 0, 1, 2, 3, 4, 5, 6, 7\}$；

模糊变量的词集选择为 $\{NB, NM, NS, ZO, PS, PM, PB\}$；

炉温偏差变化率 $e_c \in [-5℃/s, 5℃/s]$；

论域为 $EC = \{-4, -3, -2, -1, 0, 1, 2, 3, 4\}$；

EC 模糊变量的词集为 $\{NB, NS, ZO, PS, PB\}$；

燃气电动调节阀开度的改变量 $\Delta u \in [-5m^3/s, 5m^3/s]$；

论域 $\Delta U = \{-6, -5, -4, -3, -2, -1, 0, 1, 2, 3, 4, 5, 6\}$；

ΔU 模糊变量的词集为 $\{NB, NM, NS, ZO, PS, PM, PB\}$。

由于对炉温调节的控制精度要求较高，在其隶属度函数设计上，采用形状陡峭的三角隶属度函数，实现高灵敏度控制。由调试经验发现，炉温偏差变化率 e_c 仅在较大时，才能反映出炉温的变化趋势。因此，控制增量 U 与偏差 E 的关系较为紧密，而 EC 则主要作为 U 的一个辅助参考变量。通过对现场控制经验的总结，形成了如表 1-9 所示的燃气流量控制规则表。

表 1-9 燃气流量控制规则表

EC	E						
	NB	NM	NS	ZO	PS	PM	PB
NB	PB	PB	PM	PS	PS	ZO	NS
NS	PB	PM	PM	PS	ZO	NS	NM
ZO	PB	PM	PS	ZO	NS	NM	NB
PS	PM	PS	ZO	NS	NM	NM	NS
PB	PS	ZO	NS	N	NM	NB	NB

由上述所设计的模糊推理规则及隶属度，采用 Mamdani 模糊推理的重心法解模糊，得到

燃气电动调节阀阀门开度的变化量 Δu。随着加热炉的运行，其炉况会发生缓慢的变化，因此所设计的模糊控制器需要具备一定的自适应能力。采用粒子群优化算法，对模糊控制器的量化因子和比例因子进行优化，从而满足控制器在实时性、自适应性方面的要求。

隶属度函数参数采用实数编码，可以构造染色体种群为 $X=[x_1,x_2,\cdots,x_{N_p}]$，$N_p$ 为种群规模，个体 $x_i=[x_{i1},x_{i2},x_{i3}]$ 用于表征问题的解，每一位分别代表量化因子 k_e、k_{ec} 和比例因子 k_u。

同时，为获得满意的过渡过程动态特性，采用偏差绝对值时间积分性能指标作为参数选择的最小目标函数。为了防止控制能量过大，在目标函数中加入控制输入的平方项。因此，加热炉燃烧过程的控制目标为

$$F=\int_0^\infty [w_1|e(t)|+w_2u^2(t)]\mathrm{d}t \tag{1-25}$$

式中，$w_1=0.95$、$w_2=0.05$ 表示两个部分的权重。粒子群优化（Particle Swarm Optimizer，PSO）算法是 Kennedy 和 Eberhart 于 1995 年提出的进化计算算法，其原理简单，实现方便，且对许多优化问题的优化性能良好，可用于解决大量非线性、不可微和多峰值等优化问题。算法参数设置如下：惯性权重因子 ω 为 0.75，加速度因子 c_1、c_2 为 2，速度门限 v_{max} 为 20。

2）空气流量的模糊控制

加热炉内燃气燃烧所需空气的控制，是通过空气电动调节阀来实现的，由氧化锆探头在线检测炉内含氧量，对加热炉燃烧状况进行检测。将空气含氧量的偏差 e' 和燃气流量的变化 Δu 作为输入，采用模糊规则控制，得到空气电动调节阀开度的改变量 $\Delta u'$。

空气含氧量偏差 $e'\in[-0.65\%,0.65\%]$；

论域为 $E'=\{-3,-2,-1,0,1,2,3\}$；

模糊变量的词集选择为 $\{N,O,P\}$；

燃气流量的变化 Δu 见 1）；

空气电动调节阀开度的改变量 $\Delta u'\in[-0.2\mathrm{m}^3/\mathrm{s},0.2\mathrm{m}^3/\mathrm{s}]$；

论域 $\Delta U'=\{-4,-3,-2,-1,0,1,2,3,4\}$；

$\Delta U'$ 模糊变量的词集选择为 $\{NB,NS,ZO,PS,PB\}$。

由于对空气流量模糊控制的控制精度要求不高，在空气含氧量偏差 e' 的隶属度函数设计上，采用较为平缓的梯形隶属度函数，实现平稳控制。

通过对现场控制经验的总结，形成了如表 1-10 所示的空气流量控制规则表。

表 1-10 空气流量控制规则表

E'	ΔU				
	NB	NS	ZO	PS	PB
N	PB	PS	PS	ZO	NS
O	PB	PS	ZO	NS	NB
P	PS	ZO	NS	NS	NB

由上述所设计的模糊推理规则及隶属度，采用 Mamdani 模糊推理的重心法解模糊，得到空气电动调节阀开度的变化量。

3) 阀门控制策略

通过对阀门的工作特性进行分析可以得出，阀门调节在小开度和大开度时，其调节作用较弱，即开度增量所能引起的压力(流量)变化较小；而在阀门调整到开度的中段时，其控制作用相对比较及时、灵敏，即压力或流量的可控性较好。为了保证阀门控制的有效性与合理性，系统将阀门的控制开度区间设置为[10, 90]，若阀门控制器计算得到的阀门开度超过此范围，则认为出现异常，保持上个周期的开度给定不变。

1.4.5 炉温优化设定模块设计

炉温优化设定模块综合考虑钢坯加热质量(出炉目标温度偏差和断面温差)、各段允许的升温速率范围、各段目标温度范围、炉温的上下限、生产节奏和运行能耗等因素动态优化炉温设定值。其基于大数据知识决策库，以及复杂工况和炉况下的钢坯最优加热曲线，综合各段钢坯权重，自动感知品规及炉况工况变化进行炉温优化设定。

1. 二维有限差分钢坯温度场算法

钢坯在炉内加热过程中，涉及燃料的燃烧、气体的流动和传热传质等复杂的物理化学过程，还与许多影响因素有关，主要有以下几个方面：炉膛尺寸、炉墙的热特性、钢坯尺寸、钢坯的热物性、燃料的种类及供热量、空气、燃料预热温度及空燃比、炉气的热特性、炉气的运动、钢坯的运动等。

以步进式加热炉为例，采用二维有限差分方法建立钢坯温度场计算模型，计算钢坯在炉内任意时刻的长度方向各点(头、中、尾、水印处)的横断面温度分布。建模及温度场示意如图 1-17 所示。

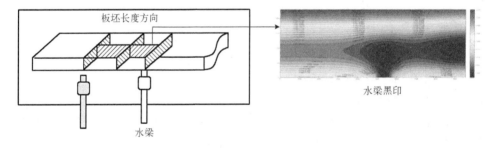

图 1-17　建模及温度场示意图

有限差分的网格划分如图 1-18 所示，以长度为 1700mm、厚度为 230mm 的计算域为例。为了重点考虑黑印及遮蔽作用的影响，选择 3 个区域划分了较密网格，其余部分成比例疏松。

对于区域 1、3，其长度为滑块宽度的一半，设置 3 个网格。位置 2 处的长度为滑块宽度全宽，设置 6 个网格。

区域 1 右边界和区域 2 左边界之间设置等比例变化的 65 个网格。

区域 2 右边界和区域 3 左边界之间设置等比例变化的 9 个网格。

厚度方向上设置等高的 10 个网格。

1) 模型假设和基本方程

针对钢坯这种三维立方体的导热计算必须依靠傅里叶定律和能量守恒定律联合求解。假设钢坯的热物性参数为定值，并且无内热源，取钢坯内的一个微小原体，令边长分别为 dx、dy、dz，如图 1-19 所示。

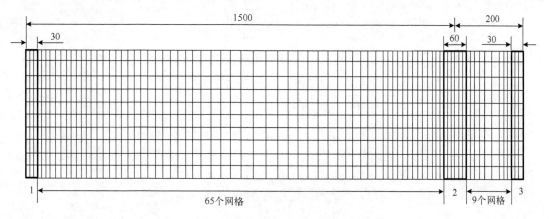

图 1-18　有限差分的网格划分

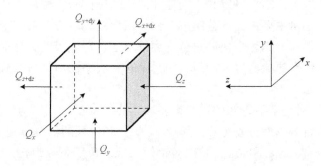

图 1-19　微元体能量传递图

在单位时间内，沿 x 轴方向导入的热量为

$$dQ_x = -\lambda \frac{\partial T}{\partial x} dydzdt \tag{1-26}$$

微元体的温度增量为 $\frac{\partial T}{\partial x} dx$，右面的温度为 $T + \frac{\partial T}{\partial x} dx$，则通过右侧面所导出的热量为

$$dQ_{x+dx} = -\lambda \frac{\partial}{\partial x}\left(T + \frac{\partial T}{\partial x} dx\right) dydzdt \tag{1-27}$$

则在 x 轴方向上微元体所得到的热量为

$$dQ_x - dQ_{x+dx} = \lambda \frac{\partial^2 T}{\partial x^2} dydzdt \tag{1-28}$$

同理，可以得到 y 轴、z 轴方向上微元体所得到的热量分别为

$$dQ_y - dQ_{y+dy} = \lambda \frac{\partial^2 T}{\partial y^2} dydzdt \tag{1-29}$$

$$dQ_z - dQ_{z+dz} = \lambda \frac{\partial^2 T}{\partial z^2} dydzdt \tag{1-30}$$

由能量守恒定律可知：微元体内能的增加等于导出微元体的热量减去导入微元体的热量。微元体内能的增加量为

$$\Delta E = \rho c \mathrm{d}x\mathrm{d}y\mathrm{d}z \frac{\partial T}{\partial t}\mathrm{d}t \tag{1-31}$$

所以联立式(1-28)～式(1-31)，可得到微元体三维非稳态导热方程：

$$\frac{\partial T}{\partial t} = \frac{\lambda}{\rho c}\left(\frac{\partial^2 T}{\partial x^2} + \frac{\partial^2 T}{\partial y^2} + \frac{\partial^2 T}{\partial z^2}\right) \tag{1-32}$$

式中，λ 为导热系数(W/(m·℃))；ρ 为密度(kg/m³)；c 为比热容(kJ/(kg·℃))。

因此，以钢坯内部导热微分方程为基础，可以建立如下二维导热温度场基本数学模型：

$$\frac{\partial}{\partial x}\left(\lambda \frac{\partial T}{\partial x}\right) + \frac{\partial}{\partial y}\left(\lambda \frac{\partial T}{\partial y}\right) = \rho c \frac{\partial T}{\partial \tau} \tag{1-33}$$

2)边界条件处理

为了求解钢坯温度场，需要确定其表面在加热过程中的热流密度变化。在加热炉内，钢坯表面从外界获得的热量主要由三部分组成：由炉气通过辐射方式传递给钢坯表面的热量；由炉壁通过辐射方式传递给钢坯表面的热量；由炉气通过对流方式传递给钢坯表面的热量。为了计算钢坯表面的综合热流密度，一般采用总括热吸收率法对计算公式进行简化，下面给出具体原理。

(1)由炉气、炉壁通过辐射方式传递给钢坯表面的热量 Q。

设炉壁和钢坯的有效辐射分别为 Q_{Fur} 和 Q_{Bil}，炉气和钢坯的黑度分别为 ε_{gas} 和 ε_{billet}，炉壁和钢坯的换热面积分别为 S_{Fur} 和 S_{Bil}，炉壁对钢坯的辐射角度系数为 η_{fb}，钢坯对炉壁的辐射角度系数为 η_{bf}，钢坯对钢坯自身的辐射角度系数为 η_{bb}，炉壁和钢坯表面温度分别为 T_f 和 T_{surf}，物体的辐射能力为 E。

投射到炉壁上的热量分为三部分：炉气的辐射 $E_g S_{Fur}$、钢坯的有效辐射 $Q_{Bil}(1-\varepsilon_{gas})$ 和炉壁的有效辐射投射到自身 $Q_{Fur}(1-\varepsilon_{gas})(1-\eta_{fb})$，由此得到：

$$Q_{Fur} = E_g S_{Fur} + Q_{Bil}(1-\varepsilon_{gas}) + Q_{Fur}(1-\varepsilon_{gas})(1-\eta_{fb}) \tag{1-34}$$

投射到钢坯上的热量也分为三部分：钢坯本身的辐射 $E_B S_{Bil}$、钢坯对炉气辐射的反射 $E_g S_{Bil}(1-\varepsilon_{billet})$ 和炉壁有效辐射的反射 $Q_{Fur}(1-\varepsilon_{gas})(1-\varepsilon_{billet})\eta_{fb}$，由此得到：

$$Q_{Bil} = E_B S_{Bil} + E_g S_{Bil}(1-\varepsilon_{billet}) + Q_{Fur}(1-\varepsilon_{gas})(1-\varepsilon_{billet})\eta_{fb} \tag{1-35}$$

从钢坯外部计算，钢坯得到的净热量为

$$Q = Q_{Fur}\eta_{fb} - Q_{Bil}\eta_{bf} \tag{1-36}$$

从钢坯内部计算，钢坯得到的净热量为

$$Q = (Q_{Fur}\eta_{fb} - Q_{Bil}\eta_{bb})\varepsilon_{billet} - E_B S_{Bil} \tag{1-37}$$

令 $\eta_{bf}=1$，$\eta_{bb}=0$，将式(1-36)代入式(1-37)得

$$Q = \frac{Q_{Bil}\varepsilon_{billet} - E_B S_{Bil}}{1 - \varepsilon_{billet}} \tag{1-38}$$

钢坯的辐射能力为

$$E_{\mathrm{B}} = \sigma[(T_{\mathrm{f}} + 273)^4 - (T_{\mathrm{surf}} + 273)^4] \tag{1-39}$$

联立式(1-34)、式(1-35)、式(1-38)和式(1-39)最终得到：

$$Q = \frac{\sigma \varepsilon_{\mathrm{gas}} \varepsilon_{\mathrm{billet}}[1 + \eta_{\mathrm{fb}}(1 - \varepsilon_{\mathrm{gas}})]}{\varepsilon_{\mathrm{gas}} + \eta_{\mathrm{fb}}(1 - \varepsilon_{\mathrm{gas}})[\varepsilon_{\mathrm{billet}} + \varepsilon_{\mathrm{gas}}(1 - \varepsilon_{\mathrm{billet}})]}[(T_{\mathrm{f}} + 273)^4 - (T_{\mathrm{surf}} + 273)^4]S_{\mathrm{Bil}} \tag{1-40}$$

(2) 由炉气通过对流方式传递给钢坯表面的热量 Q_{cov}。

设 h 为强制对流给热系数，则

$$Q_{\mathrm{cov}} = h(T_{\mathrm{f}} - T_{\mathrm{surf}})S_{\mathrm{Bil}} \tag{1-41}$$

(3) 钢坯表面的综合辐射热流密度。

由式(1-40)、式(1-41)及热流密度的定义，可以得到炉内钢坯表面的综合热流密度：

$$q = \frac{\sigma \varepsilon_{\mathrm{gas}} \varepsilon_{\mathrm{billet}}[1 + \eta_{\mathrm{fb}}(1 - \varepsilon_{\mathrm{gas}})]}{\varepsilon_{\mathrm{gas}} + \eta_{\mathrm{fb}}(1 - \varepsilon_{\mathrm{gas}})[\varepsilon_{\mathrm{billet}} + \varepsilon_{\mathrm{gas}}(1 - \varepsilon_{\mathrm{billet}})]}[(T_{\mathrm{f}} + 273)^4 - (T_{\mathrm{surf}} + 273)^4] + h(T_{\mathrm{f}} - T_{\mathrm{surf}}) \tag{1-42}$$

为了便于计算模型的未知参数，在工况稳定且钢坯类型确定的情况下，设：

$$\varphi = \frac{\varepsilon_{\mathrm{gas}} \varepsilon_{\mathrm{billet}}[1 + \eta_{\mathrm{fb}}(1 - \varepsilon_{\mathrm{gas}})]}{\varepsilon_{\mathrm{gas}} + \eta_{\mathrm{fb}}(1 - \varepsilon_{\mathrm{gas}})[\varepsilon_{\mathrm{billet}} + \varepsilon_{\mathrm{gas}}(1 - \varepsilon_{\mathrm{billet}})]} \tag{1-43}$$

于是式(1-42)可以写为

$$q = \sigma\varphi[(T_{\mathrm{f}} + 273)^4 - (T_{\mathrm{surf}} + 273)^4] + h(T_{\mathrm{f}} - T_{\mathrm{surf}}) \tag{1-44}$$

由于在高温情况下，传热方式主要是辐射传热，对流传热仅占 2%～10%。又由于炉子形状复杂、温度的不均性、金属的布料点、炉内气体的运动方式等均具有极其复杂的特点，一般不单独考虑对流，而是考虑把对流给热系数折合成辐射给热系数效果，用系数 μ 将式(1-44)进一步简化为综合辐射热流密度计算公式：

$$q = \sigma(1 + \mu)\varphi[(T_{\mathrm{f}} + 273)^4 - (T_{\mathrm{surf}} + 273)^4] \tag{1-45}$$

如果将影响钢坯表面热流的诸多因素概括为一个无因次的系数(即总括热吸收率 ϕ_{cf})来表示，那么式(1-45)可以写成如下形式：

$$q = \sigma\phi_{\mathrm{cf}}[(T_{\mathrm{f}} + 273)^4 - (T_{\mathrm{surf}} + 273)^4] \tag{1-46}$$

因此，总括热吸收率的计算公式如下：

$$\phi_{\mathrm{cf}} = (1 + \mu)\varphi = \frac{(1 + \mu)\varepsilon_{\mathrm{gas}} \varepsilon_{\mathrm{billet}}[1 + \eta_{\mathrm{fb}}(1 - \varepsilon_{\mathrm{gas}})]}{\varepsilon_{\mathrm{gas}} + \eta_{\mathrm{fb}}(1 - \varepsilon_{\mathrm{gas}})[\varepsilon_{\mathrm{billet}} + \varepsilon_{\mathrm{gas}}(1 - \varepsilon_{\mathrm{billet}})]} \tag{1-47}$$

由式(1-47)可知，总括热吸收率取决于如下参数：炉气黑度 $\varepsilon_{\mathrm{gas}}$、钢坯黑度 $\varepsilon_{\mathrm{billet}}$、炉壁对钢坯的辐射角度系数 η_{fb}、对流给热折合系数 μ。

针对具体加热炉的钢坯温度场计算时，由于折合系数 μ 难以求解，总括热吸收率的理论计算受到了很大的限制，一般需要通过黑匣子试验反算得到。黑匣子试验的核心是利用温度记录仪(俗称"黑匣子")实测和记录钢坯各位置点在加热过程中的表面及不同深度处的温度分布变化情况。以规格为 14700mm×140mm×140mm 的试验钢坯为例，说明黑匣子测点的布置，如图 1-20 所示。共选取钢坯 5 个截面布置测点，图中截面的位置均为距加热炉右侧端面

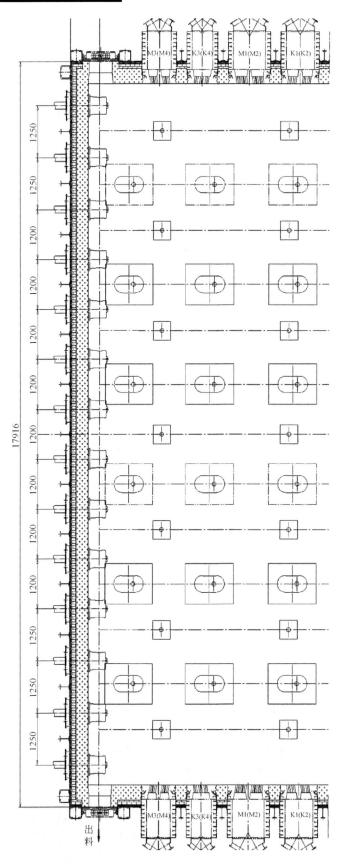

图 1-20　黑匣子测点在钢坯长度上的截面位置示意图

的距离。各截面均设置了钢坯上表面、中心和下表面的不同深度位置测点(打孔直径为 12mm),如图 1-21 所示。在截面②、③、⑤处增加上炉气的测点(不打孔)。

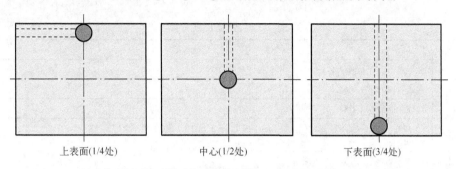

图 1-21　钢坯截面测点处的打孔深度示意图

温度测量传感器采用 K 型热电偶,精度为 1 级。温度记录仪外用高级耐火纤维进行绝热和保温,各点温度每 20s 记录一次。试验钢坯出炉后,把黑匣子部分取下来,通过辊道和天车将钢坯移出,使保温箱脱离钢坯,静置一段时间后,取出温度记录仪,将其保存的数据传输到计算机中,可以得到试验钢坯测试位置的内部点、表面点及其对应炉温的变化规律。利用传热学的基本公式,在忽略钢坯沿宽度和长度方向传热的条件下,可以计算出试验钢坯内部相邻两点间由热传导引起的“导热热流密度”q。由能量守恒定律可知,“导热热流密度”q 在数值上等于炉温和试验钢坯表面点之间引起的“综合辐射热流密度”。因此,通过式(1-47)可以反算求出加热炉相应位置的总括热吸收率。图 1-22 是利用黑匣子试验反算出的总括热吸收率的实际结果。

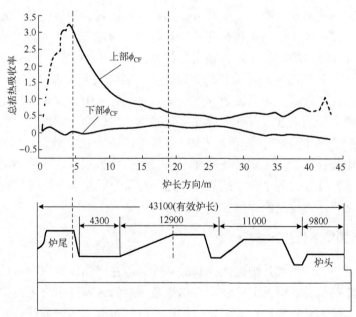

图 1-22　利用黑匣子试验反算出总括热吸收率随炉长的变化规律

3)钢坯的热物性参数

钢坯的热物性参数包括密度、导热系数和比热容,它们是影响钢温模型计算精度的关键参数。不同化学成分材质的热物性参数差异比较大，一般可以将热轧钢坯的材质大致划分为几个类别，如表 1-11 所示，同一类材质可近似采用相同的热物性参数取值。

表 1-11　钢坯材质分类

钢种	划分标准
低碳钢	含碳量：0.05%～0.2%
中碳钢	含碳量：0.2%～0.6%
高碳钢	含碳量：0.6%～1.3%
低合金钢	（0.45%～1.6%）Cr；（1.0%～1.8%）Mn；（1.1%～1.4%）Si；（0.15%～0.55%）Mo；（0.1%～0.2%）V；（1.0%～3.15%）Ni
高合金钢	（15%～22%）Cr；（8%～15%）Ni

2．钢坯温度场计算软件

钢坯温度场计算软件周期(30s)对炉内钢坯温度场进行计算，依据炉内钢坯的实际位置以及所在的实测炉温，采用二维差分模型实时计算钢坯的温度场并实时向 HMI 发布，供操作人员参考。

由于炉内温度过高，普通高温计无法安装，并且即使安装了高成本的炉内高温计，也由于钢坯的氧化烧损而无法精准测量其实际表面温度，芯部温度更是难以检测。因此，钢坯温度场计算是获得炉内钢坯实时温度的最直接、最通用的方式，高精度的钢坯温度场模型已经可以作为加热炉的软测量仪表。

钢坯温度场计算输入的参数包含：钢坯的钢种、尺寸、重量、位置，以及入口温度、钢坯进入各区域时刻、热物性参数、换热系数、加热区域数量、加热区域位置、热电偶数量、热电偶位置、炉体尺寸等。输出参数包含：计算时间、钢坯表面计算温度、钢坯芯部计算温度、钢坯下表面计算温度等。其输入、输出参数结构如图 1-23 所示。

如图 1-23 所示，钢坯温度场计算模块实时计算主要涉及两个内存文件：炉内钢坯影像和实测炉温。选择内存文件是由于其读取速度快、实时性强，为确保多个应用模块同时读取内存文件，通常采用令牌或钥匙来保证内存文件数据的一致性和完整性。

不同工艺加热炉钢坯温度计算程序流程略有差异。现以 CSP 隧道炉为例进行介绍，CSP 的特点是钢坯均比较长，若按一块钢坯即便分头、中、尾也难以准确描述整块钢坯的温度，因此将钢坯按固定长度分为各个独立的长度单元，对每个长度单元均进行温度计算，直至长度方向遍历整块钢坯，其程序流程图如图 1-24 所示[9]。

3．启发式必要炉温优化方法

必要炉温制度的优化是加热炉优化控制的基础，即在已知坯料规格、种类、目标出炉温度、装炉温度、轧制节奏等情况下，设定单块钢坯所需的各段理想炉温，使钢坯在合适的时间加热到合适的温度，且耗能最小。启发式优化方法是求取加热炉最佳必要炉温制度的一种常用方法。

1）启发式搜索规则的建立

启发式规则集的构造是该优化方法的关键，以四段加热炉为例，确定启发式搜索方向的

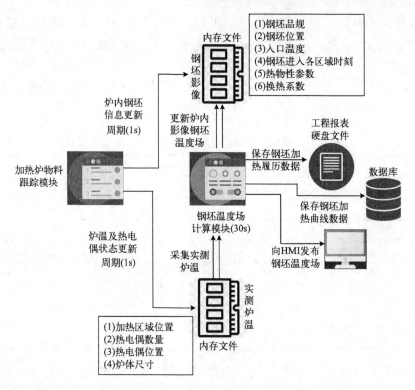

图 1-23 钢坯温度场计算软件输入、输出参数结构图

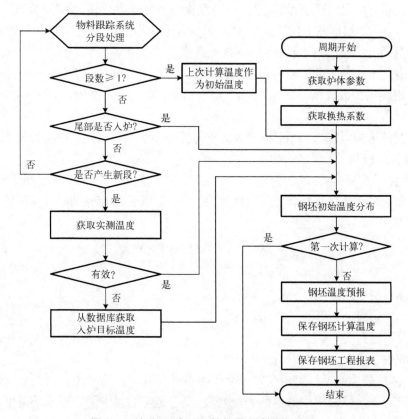

图 1-24 钢坯温度场计算软件程序流程图

方法为：设四段炉温初值分别为预热段 750℃，加热Ⅰ段 1120℃，加热Ⅱ段 1250℃，均热段 1200℃，通过改变某一段或某几段的炉温，找出其对钢坯出炉温度及断面温差的影响规律，对其进行定量分析，其结果如下。

以各段炉温单独或同时升高 10℃对钢坯各节点温度的影响为例，其他改变值的影响不予列出，如表 1-12 所示。

表 1-12　各段出炉时刻增加 10℃钢坯节点温度的变化

炉段	钢坯出炉温度变化/℃		
	表面温度	平均温度	断面温差
加热Ⅰ段	0.764	1.392	−0.978
加热Ⅱ段	1.800	3.276	−2.294
均热段	8.262	6.612	2.567
加热Ⅰ段、加热Ⅱ段	2.551	4.649	−3.259
加热Ⅰ段、均热段	9.012	7.994	1.589
加热Ⅱ段、均热段	10.04	9.876	0.261
加热Ⅰ段、加热Ⅱ段、均热段	10.78	11.24	−0.704

综合各种改变值对钢坯出炉平均温度以及断面温差等的影响，将启发式搜索规则概述如下。

(1) IF 钢坯出炉温度高于目标温度 AND 断面温差小于允许值，THEN 降低加热Ⅱ段炉温。

(2) IF 钢坯出炉温度高于目标温度 AND 断面温差略小于允许值，THEN 降低加热Ⅰ段炉温。

(3) IF 钢坯出炉温度高于目标值 AND 断面温差大于允许值，THEN 降低均热段炉温。

(4) IF 钢坯出炉温度低于目标值 AND 断面温差大于允许值，THEN 升高加热Ⅱ段炉温。

(5) IF 钢坯出炉温度低于目标值 AND 断面温差略大于允许值，THEN 相应升高加热Ⅰ段炉温。

(6) IF 钢坯出炉温度低于目标值 AND 断面温差小于允许值，THEN 升高加热段炉温。

2) 炉温优化模型

炉温优化模型就是在满足工艺条件的前提下，寻找最优的炉温控制策略。炉温优化的关键问题是如何建立目标函数和确定约束条件，以及约束条件的求解[10]。目标函数由式(1-48)确定：

$$J = P \times (t - t_{min})^2 + Q \times (\Delta t - \Delta t_{max})^2 \tag{1-48}$$

式中，$P + Q = 1$。约束条件如下。

(1) 钢坯出炉平均温度：$t \geq t_{min}$。

(2) 钢坯出炉时的断面温差：$\Delta t \leq \Delta t_{max}$。

(3) 各段炉温：$T_{min} \leq T_f \leq T_{max}$。

(4) 段间炉温差：$|T_i - T_{i+1}| \leq DT_{i+1}$。

该目标函数分为两项，每项代表一个优化条件。其中，第一项 $(t - t_{min})^2$ 代表钢坯出炉的平均温度指标，t 是预测出炉时钢坯平均温度，t_{min} 是工艺要求的钢坯平均温度最小值；第二项 $(\Delta t - \Delta t_{max})^2$ 代表钢坯出炉时断面温差的指标，Δt 是预测出炉时的断面温差，Δt_{max} 是工艺允许的钢坯断面温差最大值；D 是工艺要求的相邻段间炉温差系数。

3）模型求解

根据数学模型的特点，考虑到最优化算法的收敛速度及计算量，采用启发式搜索来求解此最优化问题[11]，规则见 1）描述，求解程序框图如图 1-25 所示。

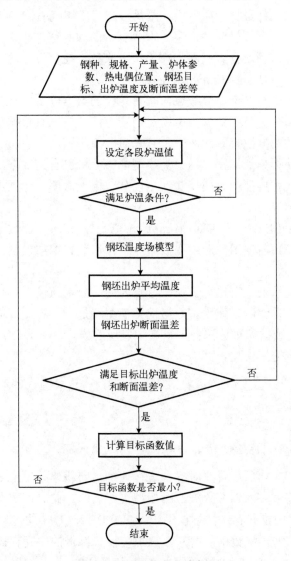

图 1-25   炉温优化程序框图

4．基于决策树的专家知识库

通过第 3 节方法获取了炉内单块钢坯的必要炉温制度，但针对目前订单式生产模式，加热钢坯种类多、规格变换频繁、待轧保温时间不定，各钢坯对应的加热制度不尽相同，因此综合考虑各段所有钢坯复杂工况下最优的炉温制度是决定加热炉加热质量和节能减排的重要手段。

决策树分类算法是一种常用的寻优方法，通过对历史生产数据以及大数据平台数据中心加热炉所有运行时参数的挖掘分析，形成基于关系数据库的产生式规则专家知识库用于在线炉温设定优化[12]。

1) 数据采集及预处理

数据采集主要分为两大类：存储于数据库的历史生产数据，如产品报表、加热履历等；加热炉实时运行参数的归档数据，如各段实测炉温、各段燃气/空气流量、阀门开口度等。将两种数据源以采集时间、钢坯号为关键字，形成有效的同时空加热炉生产数据，对数据进行去噪、平滑等处理，存储到后台数据库，作为接下来数据挖掘算法的对象。

2) 创建数据挖掘模型（Data Mining Model，DMM）

数据挖掘是一个多学科交叉研究领域，它将传统的数据分析方法与处理大量数据的复杂算法相结合，为探查和分析新的数据类型以及用新方法分析已有数据类型提供了机会。分类是具有广泛应用领域的数据挖掘算法之一，它是对一个事件或一组对象进行归类，通过对训练数据集的挖掘可以获得分类模型。用分类模型能够分析已有的数据，还可以用分类模型来预测未来。决策树是一种典型的分类算法，可以从一组无次序、无规则的事例中推理出决策树表示形式的分类规则。

OLE DB for DM（OLE DM for Data Mining）规范是 Microsoft 为数据挖掘市场提供一个工业标准而提出的一套 API，使用户能够在数据库中构造数据挖掘模型，并用这些模型来完成大量的预测和分析任务。

DMM 类似一个关系表，它包含了一些特殊的列，分别为输入列和预测列，这些列被数据挖掘中的数据训练和预测制定使用。数据挖掘模型就是一个容器，但是不像关系表那样存储原始数据，而是存储数据挖掘算法在关系表中发现的模式。OLE DB for DM 提供了与 SQL 类似的语法来创建数据挖掘模型。其语法格式为：

```
Create Mining Model
<mining model name>
(<Column definition>)
USING<Service>[(<service arguments>)]
```

数据挖掘模型创建成功后，就要对模型进行训练，向新建的模型中添加数据进行分析。可以用语句 Insert 向其中装入训练数据，对模型进行训练。此时，数据挖掘模型算法通过分析输入事例，并将获取的模式存入挖掘模型中。OLE DB for DM 的优点是可以接收任何 OLE DB 数据源的数据，不需要将数据从关系数据源转换成特殊的中间存储格式，大大简化了数据挖掘过程。同时，OLE DB for DM 采用与 SQL 相类似的语句，其格式为：

```
Insert[into]<mining model name>
[<mapped model columns>]
<source data query>
```

3) 规则专家知识库模型构建

数据挖掘分析处理完成后，挖掘结果生成一棵决策树，里面包含大量有用的数据，如何从生成的决策树中提取有用的知识或者规则是更重要的环节。

（1）规则的定义。

产生式规则通常用于表示具有因果关系的知识，其基本形式是：P—>Q，或者 IF P THEN Q。其中，P 是产生式规则的前件，用于指明该产生式规则是否可用的条件；Q 是一组结论或操作，用于指出当 P 所指示的条件被满足时，应该得出的结论或应该执行的操作。产生式规则的形式化语义可表示为：

> <规则>∷<前件>—<结论>
>
> <前件>∷<简单条件>｜<复合条件>
>
> <结论>∷<事实>｜<操作>
>
> <复合条件>∷<简单条件>AND<简单条件>［（AND<简单条件>）？］>｜<简单条件>OR<简单条件>［（OR<简单条件>）？］>

规则的前件可表示为一个三元组：

> Antecedent = <Compare, Attribute, Attribute Value>

其中，Compare 表示为{大于，大于等于，等于，小于等于，小于}；Attribute 表示属性；Attribute Value 表示属性值。

规则的结论也可以表示为一个三元组：

> Consequent＝<Class, ClassName, Reliability>

其中，Class 表示类别，是常量；ClassName 表示类别名；Reliability 表示置信度。

（2）规则的存储模型。

用 Antecedent、Consequent 分别表示前件、结论两个数据表。表结构字段完全根据产生式规则的定义来设计，如表 1-13 和表 1-14 所示。

表 1-13　前件表结构

字段名	表示含义	数据类型
ID	条件 ID	int
Compare	比较运算符	nchar(10)
Attribute	属性	nchar(100)
AttributeValue	属性值	nchar(100)

表 1-14　结论表结构

字段名	表示含义	数据类型
ID	结论 ID	int
Class	类别，常量	nchar(20)
ClassName	类别名	nchar(20)
Reliability	置信度	nchar(20)

数据表关联关系如图 1-26 所示。

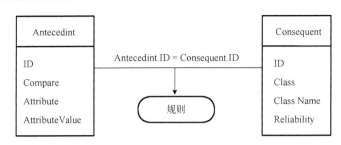

图 1-26　数据表关联关系

（3）规则的提取。

当表 Antecedent 的 ID 字段与表 Consequent 的 ID 字段相等时，输出规则由图 1-26 可知。先查询 Antecedent 表，用模板数组 CArray<int，int&>RuleID 保存前件表不同的 ID 值，然后以数组中的同一个值为查询条件分别查询 Antecedent 表和 Consequent 表，模板数组 CArray<CString，CString&>Antecedent 保存查询到的前件条件，模板数组 CArray<CString，CString&>Consequent 保存查询到的结论，模板数组 CArray<CString，CString&>Rule 保存最后的规则。最后只需顺序输出数组 Rule 的内容，流程图如图 1-27 所示，即可从规则数组中获取炉温最优设定值。

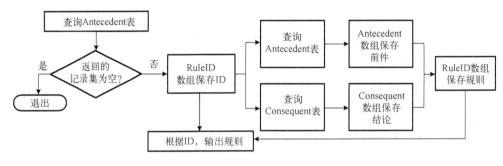

图 1-27　规则提取流程图

5．炉温优化设定软件

基于前面章节的必要炉温优化和专家知识库，炉温优化设定可以动态适应复杂炉况和工况的变化，在延迟故障期间，随着延迟时间的增加，相应炉段温度设定值将会自动降低，以节约燃料，降低氧化烧损。此外，由于炉段内各钢坯的最优必要炉温不同，综合炉温设定时需要考虑当前控制段内所有钢坯以及相邻段的钢种钢坯的权值为无限大。炉温优化设定软件输入、输出参数结构如图 1-28 所示。

炉温设定优化软件也是周期启动的，基于加热炉跟踪和钢坯温度场计算模块，计算每块钢坯到达出段目标温度的必要炉温，结合加热制度专家知识库以实现对复杂工况、炉况的自适应，最后根据段内各钢坯的优先级，综合设定各段的炉温值。

加热炉燃烧控制系统智能化水平的高低体现在炉温设定值对复杂工况、炉况的自适应程度上，它们成正比例关系。加热炉生产的节奏较慢，以轧钢加热炉为例，单块钢坯在炉内加热时间平均为 90min，这为构建加热炉集群管理及无人司炉创造了时间缓冲周期。炉温优化设定最终的目标是实现全自动烧钢，在品种单一、能源稳定的场景完全可以实现，但在能源热值、压力波动、钢坯品规变化频繁的场景无法实现 100% 的全自动烧钢，国内领先的加热炉燃烧智能控制系统的自动烧钢率能达到 96% 以上。炉温设定优化软件的流程如图 1-29 所示。

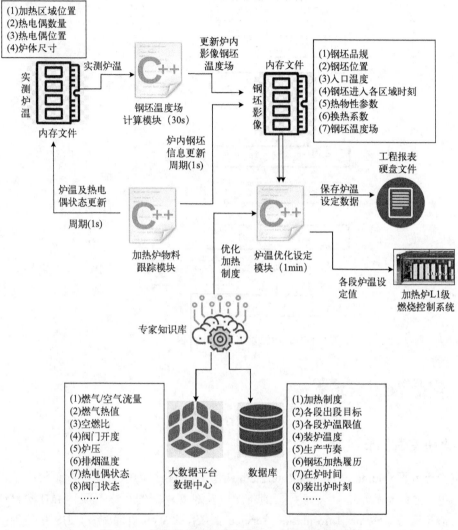

图 1-28　炉温优化设定软件输入、输出参数结构图

[永恒的经典——数据驱动是经典机理模型的支撑]

随着云平台及大数据挖掘技术的飞速发展，基于数据驱动的建模方法越来越多地应用于工控领域的控制系统中。工业生产实时数据复杂多变、耦合紧密，数据挖掘需要有强大的工艺背景作为支撑，否则很难从时空交错的生产数据中获取有效数据进行建模。实践表明，目前基于数据驱动的模型可形成多维的知识库以支撑传统的数学模型，并不能取代其进行在线实时控制。因此，在新技术飞速发展的今天，我们不应该摒弃传统的机理模型，而是在此基础上融合新技术，实现新的突破。

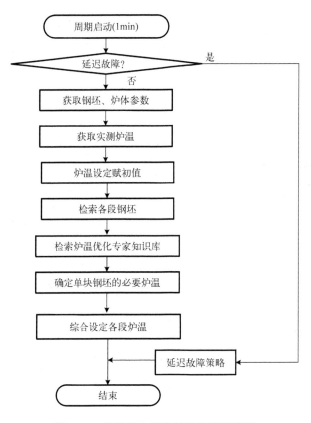

图 1-29　炉温设定优化软件程序流程图

1.5　系统集成与调试

1.5.1　人机交互界面设计

人机交互界面(Human Machine Interface，HMI)是加热炉燃烧智能控制系统必不可少的组成部分，用于系统运行状态、实时数据的监测以及对其功能的在线干预。HMI 的设计采用基于互联网信息服务(Internet Information Services，IIS)的 Web 页面开发，IIS 是一种由微软公司开发的 Web 服务器应用程序，用于在 Windows 操作系统上托管和管理 Web 应用程序与网站。IIS 提供了一个可靠、高效和安全的 Web 服务器环境，可用于托管 ASP.NET、PHP、静态 HTML 网站等各种 Web 应用程序，同时还支持 FTP、SMTP 等协议。IIS 支持多个网站和应用程序在同一台服务器上运行，并提供可靠的 Web 应用程序部署和管理工具，方便管理员进行管理。IIS 主要有以下优点。

(1)易用性：易于安装、配置和使用的 Web 服务器，可以方便地托管和管理 Web 应用程序与网站。

(2)高性能：IIS 可以同时处理多个并发请求，并提供缓存、压缩和其他优化功能，可以提高 Web 应用程序的性能。

(3)可靠性：IIS 提供了多种故障恢复和监控功能，如应用程序池、进程监控、重启和自动恢复等，可以保障 Web 应用程序和网站的可靠性和稳定性。

(4)可扩展性：IIS 支持多个网站和应用程序在同一台服务器上运行，并提供可靠的 Web 应用程序部署和管理工具，方便管理员进行管理。

(5)易于开发：IIS 提供了多种开发工具和 API，如 APS.NET、IIS 管理 API 等，可以方便开发人员进行 Web 应用程序的开发和管理。

基于 IIS 的 HMI 设计，打破了工控领域 HMI 基于 Client/Server 模式的部署，采用 Browser/Server 的浏览器模式，适应了时代的进步与技术的发展。不需要在客户端单独部署专用的 HMI 运行软件，通用终端自带的浏览器即可完成 HMI 的在线登录，该模式还可向手机 APP 及 Pad 等移动终端移植。其中，钢坯加热温度模型中工艺模型参数和仿真结果分析 HMI 如图 1-30 所示。

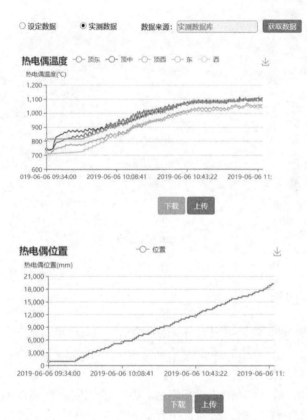

(a)工艺模型参数

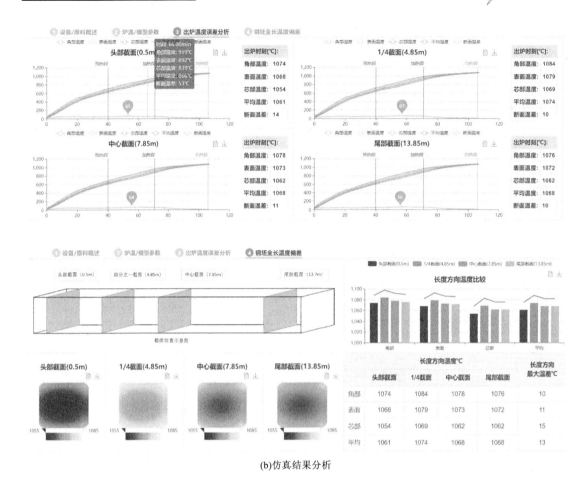

(b)仿真结果分析

图 1-30 基于 IIS 的 HMI 设计案例

1.5.2 系统调试与应用

加热炉燃烧智能控制实训平台包含 6 大类，近 20 个实训项目，用于本科相关专业课的实践教学，涉及自动化、冶金和热能等 5 个专业，10 余门课程的知识点。本节以钢坯号识别为例，介绍系统调试与应用过程。

坯号识别是在上料辊道中对钢坯进行坯号、品规的识别，实现钢坯与生产计划的一一对应，以此建立加热区域的数字钢坯体系，为加热炉及下游工序数学模型提供数据输入。本项目基于 DNN，构建坯号识别模型。

1)现场部署场景

学生选择各钢厂识别系统部署的图片或视频，了解坯号识别系统的组成，如图 1-31 所示，主要包含工业相机、光源、工业镜头、支架和计算终端。

2)基于 DNN 的识别模型

DNN 能够逐层提取图片的特征，一级一级学习出更加复杂的特征。基于 DNN 的坯号识别模型如图 1-13 所示。

3)识别模型训练

钢板图像来自不同现场，坯号的定义规则不同，因此模型训练需基于指定的场景。依据

图 1-31　具体应用场景部署

平台提供的实际场景，学生首先确定图像库的来源。在 DNN 网络参数配置中，开放迭代次数、学习率和防止过拟合 dropout 方法的节点保留概率(keep_prob)三个参数进行调整，并实时显示训练过程中的损失率曲线和准确率，学生可以直观地了解参数调整带来的变化，观察趋势、发现规律，有助于更深入地掌握 DNN 模型的原理，如图 1-32 所示。此外，将每次训练的数据均保存至硬盘，方便学生课后进行更加深入的分析和总结。

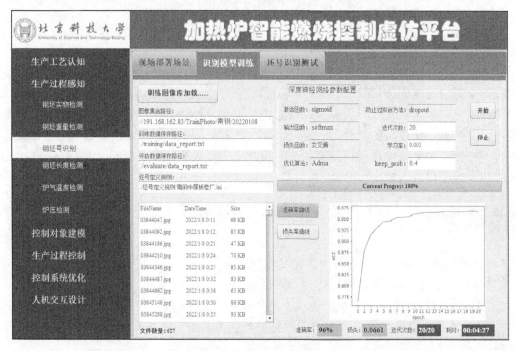

图 1-32　DNN 坯号识别模型训练

4) 坯号识别测试

深度神经网络模型经训练图像集训练达到既定准确率后，便可用于测试图像集的识别测试。训练图像集和测试图像集来自同一场景不同的图像库。为便于快速定位识别对象，测试图像集将现场的拍摄图像与生产计划进行匹配，以实际的钢板号来命名个体图像文件。测试结果显示识别的钢板号和识别率，钢板号绿浅色背景表示识别正确，深色背景表示识别错误，如图 1-33 所示。

图 1-33 DNN 坯号识别测试

本章小结

在冶金行业智能制造背景下，介绍了加热炉工序燃烧智能控制系统实训的设计与开发，包括生产工艺、需求分析、方案设计、平台搭建、钢坯规格检测、钢坯号智能识别、炉温闭环控制以及炉温优化设定的设计与实现，包含生产工艺认知、生产过程感知、控制对象建模、生产过程控制、控制系统优化以及人机交互设计 6 大类实训项目。最后，以钢坯号智能识别为例介绍了系统集成与调试。

思考题

1. 针对双交叉限幅 PID 炉温闭环控制难以适应复杂工况/炉况的现状，请选择除文中描述方法外的智能控制算法对其进行优化。

2. 设计并编写二维差分求解钢坯温度场的软件（自定义钢坯参数及软件）。

3. 如果需要在现场部署和实施一套加热炉燃烧智能控制系统，请列出你的调试计划和详细任务。

4. 你认为加热炉燃烧智能控制系统目前的瓶颈在哪里？未来的发展方向是什么？

第 2 章

带钢热连轧液压活套控制系统设计实训

 导读

钢铁工业作为我国经济发展的支柱产业，为其他制造业提供最主要的原材料，是整个国家工业化的基础。轧钢是钢铁工业的成材工序，其中带钢热连轧生产工艺应用高新技术及先进控制算法较多，具有精度要求高、生产效益高、产品市场需求大的特点。带钢热连轧工艺经过加热、粗轧、精轧、冷却、卷取等多道紧密相连工序的连续加工，将一块坯厚最大为320mm的板坯轧制成带厚最薄仅为 1mm 左右的钢卷。轧制过程中轧件产生显著宏观形变的同时微观晶体结构也发生变化，并最终决定了带钢产品的质量，因此必须在轧制生产过程中加以准确控制。

活套控制作为现代热连轧机控制系统中核心的控制工序之一，其性能的优劣将直接影响轧制生产的稳定性和产品质量。在热连轧过程中厚度、宽度和稳定的张力控制是板带尺寸控制、精度提高的基础，精轧机组活套多变量控制系统的控制技术是决定带钢厚度和宽度质量的关键，是保证产品质量的重要措施。因此，研究能够满足高精度、高稳定性控制要求的活套控制系统具有重要意义。

2.1 节讲述带钢热连轧生产工艺以及活套系统的组成及控制工艺；2.2 节为系统需求分析；2.3 节介绍总体方案设计；2.4 节介绍详细方案设计，包括液压活套控制系统模型、PID控制、智能控制以及解耦控制的设计与实现。

 **学习目标**

(1)理解带钢热连轧活套系统的作用及其特点。

(2)掌握模糊控制、模糊自适应 PID 控制、单神经元 PID 控制系统的设计方法。

学习建议

本章内容是围绕带钢热连轧液压活套系统控制展开的。学习者应在充分了解带钢热连轧生产工艺的基础上，展开本章学习。首先了解带钢热连轧生产的基本工艺流程以及液压活套系统，然后通过虚拟仿真平台系统逐步了解和学习带钢热连轧液压活套控制系统的设计和实现。

钢铁是支撑现代社会的骨架，没有钢铁就没有现代文明。我国成为制造业大国，钢铁工业功不可没，钢铁工业对国防、石油、造船、建筑等起到了很大的支撑与推动作用，为中国社会进步和经济腾飞做出了重大贡献。1949年中华人民共和国成立时，全国年钢产量不足16万吨，全球占比不足0.2%，改革开放以来，特别是进入21世纪以来，我国钢铁工业飞跃发展，中华人民共和国成立70周年时，我国粗钢产量已连续24年位居世界第一。钢铁就像粮食一样，为支撑国民经济快速发展做出了巨大贡献。21世纪的前15年内，我国生产了约70亿吨钢，如果没有这70亿吨钢，哪能建起鳞次栉比的高楼大厦、纵横交错的铁路和高速公路；如果没有钢铁工业的支撑，我国的造船业不可能在全球占那么大的比重；如果没有如此强大的造船能力，航空母舰、导弹驱逐舰就无从谈起。

钢铁流程工业通常由若干相关但又异质的制造工艺单元组成，其典型工艺包括：选矿、烧结、炼焦、炼铁、炼钢、连铸、轧制等，按照预设的上下游工序，以连续/准连续的方式动态工作。板材(钢板)是最重要的钢材品种，板材质量和生产效益对钢铁工业的技术进步和钢铁企业竞争力至关重要。板材在发达国家钢材产品中的占比达到60%以上，我国钢板产量比较低，占我国钢铁产品总量的40%左右。在板材生产过程中，采用生产效率高、轧制质量好、生产成本低的连续式带钢热轧机是最有效的办法。20世纪90年代以来，我国先后建立了一批有较高水平的板带轧机生产线，有宝钢2050mm轧机、武钢2250mm和1700mm轧机等，近几年新建成的热连轧生产线中，轧机设备的国产化程度越来越高，而且一些生产线已经做到了基本国产化，如济钢1700mm轧机、莱钢1500mm轧机等，轧机设备全部由国内自主设计制造，只有很少部件在国外采购。然而同国外先进水平相比，国内热连轧生产无论是在设备方面还是技术方面都有许多较大的缺陷，目前我国迫切需要解决的问题是如何提高板带热连轧生产技术，提高板带质量。自动控制技术对热轧板带的产品性能、生产效率、成材率等有极其重要的影响，也在一定程度上决定了热连轧生产线的先进程度。这就需要继续深入研究热连轧带钢的轧制机理和控制技术，学习国外先进技术，不断地进行改革、改造，以生产出质量更好、成本更低且符合现代工业生产需求的带钢产品。

2.1 生产工艺简介

2.1.1 带钢热连轧生产工艺

带钢热连轧生产过程将连铸过程生产的板坯(通常厚度为250mm、长度为10m、重量超过35吨)轧制成带钢(通常厚度为0.8～20mm，长度超过1000m)。如图2-1所示，典型带钢热连轧生产工艺流程由加热区、粗轧区、飞剪区、精轧区、冷却区和卷取区等多道工艺组成。

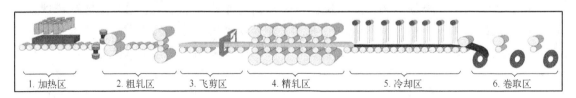

图 2-1　典型带钢热连轧生产工艺流程

　　板坯在进入粗轧机组之前，首先通过加热炉加热到 1200～1280℃，加热质量直接影响轧制带钢的质量。板坯从加热炉出炉后，由辊道送往粗轧区。粗轧区由高压水除磷、立辊、粗轧机和辊道组成。常用高压水除磷水压为 15～22MPa，清除板坯表面的一层氧化铁皮，常用粗轧除磷设备有辊式除磷机和高压水除磷装置。立辊位于粗轧机前，用于控制带钢的宽度。粗轧机用于控制带钢厚度，经过 3～7 道次往复轧制方式把热板坯减薄成适合精轧机轧制的中间带坯，经过辊道送入精轧区，粗轧机组出口坯料通常厚度为 30～35mm，长度为 70m，温度降低到 1050℃左右。精轧区进一步将带钢厚度减小到 0.8～20mm，生产出满足厚度尺寸要求的产品。精轧机组是成品轧机，是带钢热连轧生产线的核心设备，厚度均匀、板形良好的带材都是在这一阶段形成的。与粗轧的不同之处是精轧采用连轧，通常由 5～7 架轧机组成，前后两轧机间安装活套装置、侧导板、轧辊冷却水嘴等，用于控制轧制过程中的带钢张力，确保板形板厚。精轧后带钢温度降低到 830～880℃，为冷却成品带钢并控制冷却速度来改善带钢性能，带钢在输出辊道上通过层流冷却系统冷却到 650℃左右，并由卷取机进行打卷包装，最终通过运输链进入成品库。

[我国热连轧带钢生产发展历程]

　　世界上第一套热连轧机于 1926 年诞生于美国，中华人民共和国成立以后很长时期，我国热连轧带钢生产技术相对落后，1958 年鞍钢建成第 1 套 1700mm 带钢半连轧机组，1978 年武钢建成第 2 套 1700mm 带钢热连轧机组。而 20 世纪 80 年代后期，随着宝钢的 2050mm 热连轧机投产，我国热连轧带钢生产进入快速发展轨道。我国热连轧带钢的发展大体经历了 3 个阶段。

　　(1)初期发展阶段，以大企业为主，以解决企业有无为目的。这个阶段以宝钢 2050mm 轧机、攀钢 1450mm 轧机、本钢 1700mm 轧机、太钢 1549mm 轧机、梅钢 1422mm 轧机为代表。这个时期热连轧带钢轧机建设只能靠国家投入，由于资金、技术等多方面限制，轧机水平参差不齐。1989 年投产的宝钢 2050mm 轧机代表了当时国际先进水平，其采用了 1、2 级计算机控制、CVC 板形控制、强力弯辊、控制轧制与控制冷却、自动宽度和自动厚度控制等一系列当时最先进的热连轧生产技术，这些技术装备即使在今天仍不落后。但是，这个时期投产的二手设备则是国外 20 世纪 50～60 年代的装备，例如，1994 年投产的太钢 1549mm 轧机、梅钢 1422mm 轧机，整体技术水平相对落后，在安装过程中进行了局部改造，但因资金限制，整体技术水平提高有限。这个时期还有 2 套国产轧机投产，即 1980 年投产的本钢 1700mm 轧机和 1992 年投产的攀钢 1450mm 轧机。由于当时国内对热连轧带钢轧机的设计、制造等技术未完全掌握，加上当时国内制造水平的限制，因此这 2 套轧机的整体水平不高。产品与国际水平差距较大。但在当时条件下这几套轧机和宝钢、武钢的先进轧机一起满足了国民经济建设的需要；同时培养了一大批技术人才，为我国全面掌握现代热连轧技术做出了贡献。

　　(2)全面引进阶段，瞄准世界最高、最新技术，以全面提高技术水平为目的。这个阶段以宝钢 1580mm 轧机、鞍钢 1780mm 轧机、包钢 1700mm 薄板坯轧机、邯钢 1900mm 薄板坯轧机、珠钢 1500mm 薄板坯轧机为代表。20 世纪 90 年代中期以后，由于经多年生产实践对国内技术装备设计与制造水平认同度不高，加上国外薄板坯连铸连轧技术的突破，各大企业均以引进国外最先进技术为主。例如,1999 年投产的鞍钢 1780mm 轧机、1996 年投产的宝钢 1580mm 轧机,是世界传统热连轧带钢轧机最先进水平的代表,除通常现代化轧机采用的一系列先进技术以外,机组采用了轧线与连铸机直接连接的布置形式,从而可实现直接热装,并有实现直接轧制的可能;机组还采用了板坯定宽压力机,大大减少了板坯宽度规格;精轧机采用了全液压自动控制(Automatic Gauge Control,AGC)技术;采用了 PC 板形控制系统,该系统与强力弯辊系统一起工作使板形调控能力大大增加;另外,还采用了轧辊在线研磨、中间辊道保温技术和带坯边部感应加热技术;轧机全部采用交流同步电机和门级关断晶闸管(Gate Turn-Off Thyristor, GTO)电源变换器及 4 级计算机控制,并在国内首先采用了吊车跟踪系统。在这个阶段国内还捆绑引进了 3 套薄板坯连铸连轧生产线,即 1999 年投产的珠钢 1500mm 薄板坯生产线、邯钢 1900mm 薄板坯生产线和 2001 年投产的包钢 1750mm 薄板坯生产线。这些生产线采用第 1 代薄板坯连铸连轧技术,是当时世界最先进的薄板坯生产线之一。其采用近钟形连铸技术,使用漏斗形结晶器铸造 50mm 厚的薄板坯;并采用了铸坯软压下、结晶器液压振动、隧道式加热炉等技术。在轧机上采用高刚度轧机新型板形控制技术、液压 AGC 技术和新型除磷技术等,从而使能耗、投资和生产成本降低,生产流程大大缩短,产品质量提高。这些生产线的引进使我国拥有了新一代热连轧带钢生产技术,也使我国成为目前世界上拥有薄板坯连铸连轧生产线最多的国家之一;我国更多的大型钢铁企业开始从只能生产普通低技术产品而转为向生产高层次产品迈进,在技术上上了一个台阶。

(3)快速发展阶段,以提高效益、调整品种结构、满足市场需要和提高企业竞争能力为目的。由于国家经济快速发展对钢材需求不断增加,除国有大中型企业外,中小型企业甚至民营企业都把生产宽带钢作为今后发展的重点,或引进或采用国产技术,或建设传统热连轧宽带钢轧机,或建设薄板坯连铸连轧生产线。这个阶段以鞍钢 1700mm 轧机、2150mm 轧机(国产)、唐钢 1780mm 薄板坯轧机和 1700mm 轧机(国产)、马钢 1700mm 薄板坯轧机和 2250mm 轧机、涟钢 1700mm 薄板坯轧机、莱钢 1500mm 轧机(国产)、本钢薄板坯轧机、济钢 1700mm 轧机(国产)、新丰 1700mm 轧机(国产)、宝钢 1880mm 轧机、首钢 2250mm 轧机、武钢 2250mm 轧机、太钢 2250mm 轧机为代表。同时,这个阶段对引进的二手轧机和原技术较落后的国产轧机进行了全面技术改造,使其达到了现代化水平。这个阶段新建的传统带钢轧机,有以武钢 2250mm 轧机为代表的当代最先进的宽带钢轧机,有以唐钢、马钢和涟钢为代表的新一代生产超薄带钢的薄板坯连铸连轧机,有采用国产技术生产中等厚度薄板坯的连铸连轧生产线,还有一些炉卷轧机投产和建设。现在建设和投产的所有轧机都具有现代化水平,如计算机 1、2 级控制系统、液压 AGC 系统、板形控制系统、交流传动、控轧控冷技术、热送热装技术等。半无头轧制技术、铁素体加工技术、高强度冷却技术、新型卷取机等在一些轧机上也已应用。目前我国热连轧技术装备已完全摆脱落后状态,并已处于世界先进水平之列。

2.1.2 张力的作用

在热连轧过程中,带钢张力对热轧的顺利进行起到比较大的作用,主要表现在以下几个方面。

（1）控制带钢方向，防止带钢跑偏。在实际生产过程中，经常会因咬钢时对中不准确使得带钢在宽度方向上压力分布不均衡，进而导致带钢跑偏。采用张力轧制时，带钢可以平稳地进入和走出辊缝，张力反应迅速，基本无时滞，有利于轧出高精度的产品，但是张力不宜过大，以防造成拉窄变形或断带事故。

（2）使带钢板形平直。板形是衡量带钢的重要指标之一，如果轧制时板带材变形不均，带钢中的残余应力超过了稳定时所允许的压应力，那么会导致浪皱、宽度方向和长度方向反弯等，在轧制时给带钢加上一定的单位张力，可以限制带钢沿宽度方向上的压应力，使其不超过允许压应力，进而保证板形平直。

（3）降低金属的变形抗力。有张力作用时可以减小带钢水平方向和垂直方向受到的压应力，进而轧制力也会变小。

2.1.3　活套系统控制工艺

热连轧带钢张力的控制是一个敏感的问题，张力的波动直接影响成品带钢的精度和质量。精轧连轧过程中，由于相邻机架电机发生不同程度的转速波动、粗轧来料板坯厚度存在一定的波动、板坯温度不均匀造成轧件变形抗力不等，影响轧件的变形量；在厚度自动控制过程中，机架辊缝调节会引起带钢流量变化等，相邻机架之间的带钢流量经常发生微量的变化。当下游机架的速度升高导致秒流量偏高时，带钢被拉伸而产生张力，严重时导致带钢断裂。当下游机架的秒流量低于上游机架时，就会在机架之间形成套量，套量达到一定值时发生带钢折叠，重叠的带钢进入下游机架会使轧辊或者轴承损坏。为了提高产品质量，实现稳定连轧，现代热连轧生产线上均设置活套系统，图 2-2 所示为七机架精轧机组示意图。

活套设置在精轧机组各机架之间，用来张紧机架之间出现的带钢活套，使连轧机相邻机架间的带钢在一定张力状态下储存一定的活套量，作为机架间带钢流量不协调时的缓冲环节。活套在精轧机组中占有很重要的地位，当机架间流量不协调时，能在短时间内释放或缩短带钢套量，使流量的偏差不会立即影响带钢所受的张力；同时，当活套减少或增大活套量时，活套臂摆动，发出角度位移信号，用来调节前后机架速度，纠正流量差，保证带钢热连轧在稳定的小张力下进行轧制。因此，活套除通过活套臂给带钢提供支撑外，活套系统作用主要体现在以下三个方面。

（1）控制活套高度偏差，确保上下游机架的金属秒流量配比关系，达到平稳连轧。

（2）当机架速度波动时，可调节活套高度，吸收多余套量。

（3）活套系统能够使带钢保持一定张力，防止拉钢或张力波动对板形造成不良影响。

根据机械设备的不同，活套经历了从气动活套到电动活套、液压活套的发展过程。气动活套由气缸驱动，结构复杂，特性较差，除了在某些早年的窄带钢还有使用外大多已经淘汰。电动活套由电机驱动，通过控制电机的转速改变电机的转矩负载，达到张力控制目的，其调节范围与精度较低。液压活套由液压缸驱动，将液压缸的压力作为自动调节系统的控制对象，通过调节液压缸的压力使带钢保持给定的张力恒定不变。液压活套因为成本低、动态响应快和稳态精度高而被越来越多地采用，目前大部分热连轧生产线均采用液压活套。液压活套机构如图 2-3 所示[13]，图中，A 为液压缸支点；C 为活套臂支点；θ 为活套角度；BC 为活套动力臂长度 r'；CD 为活套工作臂长度 R；ϕ 为活套动力臂和工作臂定夹角；ξ 为液压缸和竖直方

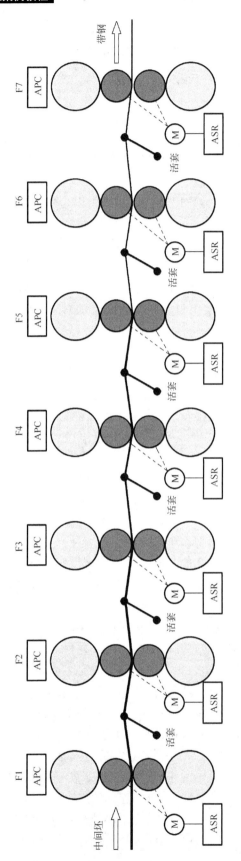

图 2-2 七机架精轧机组示意图

向的夹角；δ 为活套动力臂切线方向与液压力的夹角。A、C 是固定的，BC、CD 的长度和 ϕ 角是已知且不变的。

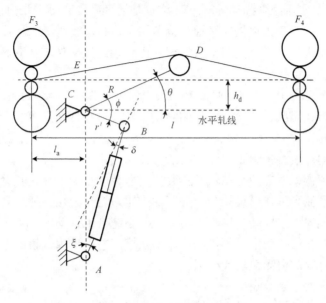

图 2-3　热连轧活套机构示意图

2.2　系统需求分析

活套系统需要满足下列要求。

(1)活套应保证机架之间存在一定长度的带钢。

(2)活套应在一定的转角范围内保持带钢上张力恒定，以便降低张力变化对带钢宽度和厚度稳定性的影响。

(3)活套应惯性小，响应快，保证实现在后机架咬钢后迅速升起形成张力，防止带钢折叠并且保证带钢尺寸精度。在前机架抛钢之后，应迅速降下活套，以免抛钢时带钢尾部翘起，造成抛钢用尾轧破。

(4)活套控制应该能够在带钢轧制过程中自动保持角度与张力基本稳定。

2.2.1　特性分析

热连轧带钢生产过程中活套控制十分重要，它的动态性能对成品带钢质量及生产效率有重要影响。活套高度-张力控制系统具有非线性、多扰动和大延迟等特点，因此提高热连轧活套精度控制是国内热轧线上的普遍问题。

1)活套控制系统的被控对象

对于控制系统，控制品质的好坏与对被控对象的认知程度有密切关系，深入地了解和认识被控对象有利于对其进行较好的控制。相反，若对控制系统的被控对象没有很好的认识，就会相应地增加对系统控制时分析与设计的困难程度。

活套系统控制的目的就是使带钢保持恒张力轧制，在出现扰动的情况下仍能保持很好的

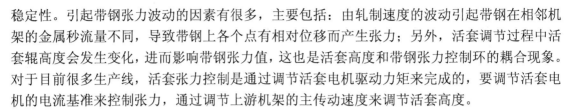

稳定性。引起带钢张力波动的因素有很多，主要包括：由轧制速度的波动引起带钢在相邻机架的金属秒流量不同，导致带钢上各个点有相对位移而产生张力；另外，活套调节过程中活套辊高度会发生变化，进而影响带钢张力值，这也是活套高度和带钢张力控制环的耦合现象。对于目前很多生产线，活套张力控制是通过调节活套电机驱动力矩来完成的，要调节活套电机的电流基准来控制张力，通过调节上游机架的主传动速度来调节活套高度。

2) 活套系统控制过程扰动分析

热连轧带钢生产过程中，生产条件及环境复杂，工况恶劣，不可避免地存在着各种扰动，控制过程中包括压力、温度、速度等大量的物理参数及弹塑性变形等复杂的过程，还涉及轧件的组织性能等问题。

轧件速度的扰动是使得带钢张力波动的最主要原因，一般情况下，轧件速度的扰动有几个方面：硬度波动使得带钢前后滑系数发生变化，机架 AGC 动作使辊缝发生改变，以及各设定值的误差。并且活套工作时旋转会产生摩擦力矩，这一力矩会随设备磨损程度的增加而增加，这一部分引起的未建模动态也会给活套控制系统带来扰动。

另外，系统执行器的扰动由内环控制，而未建模动态很难用建模的方式进行分析，在仿真时往往采用宽度有限的白噪声取代模拟。

3) 活套控制系统的控制难点

精轧过程控制系统包括精轧设定计算、偏心补偿、带钢厚度控制、轧辊凸度及带钢平直度的控制、活套控制等子系统，分别实现对轧制过程的速度、偏心、厚度、凸度及平直度、张力的控制。活套高度张力控制在精轧过程中占有很重要的位置，依靠活套装置实现微套量、恒张力轧制。目前，活套高度-张力系统的控制存在以下难点。

(1) 活套控制过程中带钢张力和活套高度是相互耦合的关系。例如，当带钢和活套辊的接触面打滑时，张力失张而突然变小，此时活套电机输出力矩大于负载力矩，活套辊自然向上摆使角度增大；当下游机架轧制速度受外扰突然变大造成拉钢时，张力值变大，负载力矩大于活套输出力矩，活套辊自然向下摆使角度变小。同理，角度突然变小时造成活套量变小，相应地带钢拉伸量变小，由胡克定律可知，带钢的张力变小；相反，角度突然变大则带钢张力变大。可见，活套系统角度与张力间存在很强的耦合关系。

当轧制速度或辊缝出现扰动引起带钢张力的变化时，活套高度也会相应地改变，相反，活套高度的变化也会引起带钢张力的波动。正是由于这种交叉关系的存在，被控量精确调节受到严重影响。因此，目前已有的控制方法都是以高度和张力解耦作为目标，使控制器设计的复杂性有所简化，活套高度控制性能有所提高；另外，角度和张力环在解耦后具有相互独立的动态特性，使带钢速度波动较大时系统的抗干扰能力下降，即通过调节活套高度来补偿较大的张力波动无法实现，与活套装置的初衷设计不符。要想系统地对活套高度和带钢张力协调控制，普遍认为模型预测控制拥有很好的研究前景。

(2) 从控制建模上看，活套高度和张力控制系统是一个典型的双输入双输出强耦合系统，获得精确的数学模型比较困难。从张力控制部分来看，传统建模是从静态观点来实施的，依据张力的设定值确定活套电机力矩相应的电流量，为典型的开环控制。而活套的高度控制方面，仅通过调节上游机架主传动速度进行套量调节作为补偿控制，只是考虑了控制通道中的一部分，忽略了其他状态变量的相互影响。预测控制算法是基于脉冲响应或阶跃响应的模型算法控制，这类响应容易从生产现场直接获得，避免了活套精确数学模型的推导。

（3）传统的 PI/PID 控制中，活套高度和带钢张力的控制是独立进行的，而实际的热连轧过程中，活套系统与其他控制系统，尤其是厚度自动控制系统（AGC）之间存在相互作用，辊缝调节导致带钢出口厚度发生变化，同时压下量变化会引起前滑系数、后滑系数、主传动电机转速及力矩的变化，因而影响带钢出口速度和入口速度，进而导致轧件张力的波动。厚度自动控制系统的动作很快，使带钢张力产生剧烈的波动，从而影响生产过程的稳定性，严重时导致成品带钢出现质量缺陷影响生产率。所以各个子系统采用独立运行的形式已经满足不了高精度的控制要求。本项目采用活套系统预测控制方案，运用现代控制理论中的优化思想，将热连轧生产过程中实测信息不断地反馈进行多步预测，当轧辊辊缝、板坯厚度等因素造成带钢张力波动时，预测控制系统实时反馈，并且对系统在线校正优化，使得控制系统的鲁棒性提高，一定程度上降低并克服了不确定性扰动的影响。

2.2.2　性能指标分析

活套控制系统性能指标包括工艺指标和控制系统指标，以某钢厂 1700mm 带钢热连轧生产线精轧机组 F3、F4 机架及 F3 活套系统为例进行说明。

1）工艺指标要求

活套角度设定范围：$22°\sim28°$。

张力设定范围：$3.2\sim3.5$MPa。

F3 机架速度：$3.6\sim3.9$m/s；F4 机架速度：$4.8\sim5.1$m/s。

2）控制系统指标要求

高度上升时间：小于 0.8s；张力上升时间：小于 0.9s。

高度峰值时间：小于 1.0s；张力峰值时间：小于 1.1s。

高度超调量：小于 $0.6°$；张力超调量：小于 0.09MPa。

高度调节时间：小于 1.8s；张力调节时间：小于 1.2s。

高度稳态误差：小于 $0.06°$；张力稳态误差：小于 0.01MPa。

2.3　总体方案设计

2.3.1　活套系统控制原理

正确地吸收活套量、保证机架间的速度匹配关系是实现热连轧的基本条件；稳定的张力控制能够防止轧件摆动，保证带钢板形平直。因此，活套是实现稳定连轧、保证带钢产品质量的关键设备。热连轧带钢活套控制过程贯穿整个精轧阶段，从带钢头部进入精轧第一机架起到带钢尾部离开末机架为止，活套的运动在此过程要经历三个阶段：起套阶段、恒张力调节阶段和落套阶段。

活套控制系统主要包括通过控制上游机架传动速度进行活套高度控制与通过控制液压缸推力控制机架间张力恒定两个方面。由于带钢热连轧常采用加速轧制的方法，且卷取机采用张力卷取，精轧末机架作为成品机架和卷取机的速度之间保持一定的速度匹配关系。为了保证产品质量，避免轧制速度频繁变化，以精轧机组的末机架作为基准机架，通过调节上游机架主传动速度和活套力矩保持稳定连轧，达到控制带钢张力和活套高度的目的。工作时，活套控制系统是以逐级联调的方式进行速度调节以保持恒张力控制，在精轧机架上进行调节分配速度，使机架之间具有相应的适配速度关系。主控制器采集出口板带的厚度信号与下游机架主传动电机的运行速度变化信号，是调节上游机架的主传动速度的依据。图 2-4 所示为活套对机架主传动的速度调节图。

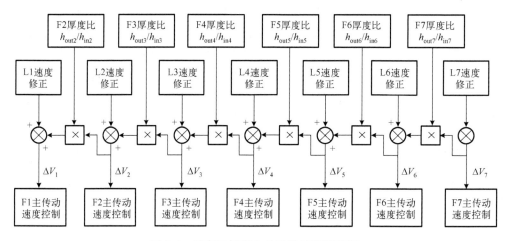

图 2-4　活套对机架主传动的速度调节图

Li：Fi 出口活套；Fi：精轧机 i；$h_{\text{out}i}$：带钢出口厚度；$h_{\text{in}i}$：带钢入口厚度

1. 活套高度控制原理

活套的高度间接反映了机架间多余的带钢量（套量）。机架间套量由相邻机架间带钢出入口速度差的积分决定，即

$$\Delta L = \int (v_{\text{out},i} - v_{\text{in},i+1}) \, \mathrm{d}t \tag{2-1}$$

式中，ΔL 为 i 和 $i+1$ 机架间套量（m）；$v_{\text{out},i}$ 为 i 机架出口线速度（m/s）；$v_{\text{in},i+1}$ 为 $i+1$ 机架入口线速度（m/s）。

为了保证成品带钢质量，实际工业中常采用调节上游机架的主传动速度来调节活套高度。工作过程中活套在轧制线高度上的角度为活套臂零位，活套摆角范围大于活套运行角，其中运行工作角是活套支持器与水平线的夹角，作为活套高度基准。预先设定活套高度基准值 θ，系统出现扰动时调节上游机架的主传动速度实现活套量恒定。机架间的套量是由上下游机架出入口速度差决定的，稳定轧制时出现辊缝或来料温度波动等干扰时，导致两者速度差的积分值发生改变，使得活套的实际高度与预设基准值之间出现偏差，根据偏差值使上游机架速度做出相应调整。

由于活套高度控制系统为闭环控制，且活套张力控制为电流闭环工作，具有快速响应的优点，活套支持器紧贴带钢使得 θ 角的检测无滞后，因此可以忽略活套张力控制的惯性。活套高度控制系统由四部分组成，分别为活套高度基准环节 I、活套高度检测环节 II、活套高度控制环节 III 及控制对象 IV。其控制系统原理框图如图 2-5 所示。

活套高度基准环节 I。机架间的实际套量需要通过其与活套高度的关系间接得出，两者间存在固定的几何关系。活套高度基准值的设定可以通过手动设定和计算机设定两种模式完成。机架间套量的偏差与相邻机架轧辊速度偏差的积分值成正比，与活套辊摆角偏差为平方函数关系。因此不能直接采用活套高度 θ 作为预设高度基准，而是通过函数变换器 G 按 $F(\theta) = K\theta^2$ 的关系将活套高度值变换为套量值，输入端为给定的高度基准值 θ_B，变换后得到活套量基准值 l_B。操作员也可以通过 HMI 通过手动设定直接输入活套预设角度。对于不同的成品带钢厚度，热连轧机架的活套高度目标值也不同。

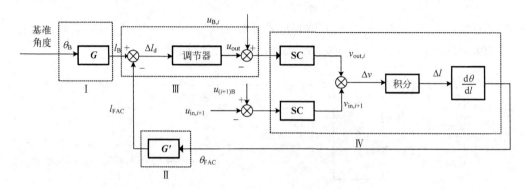

图 2-5　活套高度控制系统原理框图

活套高度检测环节 Ⅱ。活套高度控制系统为闭环控制，通过反馈的角度实际值与预设值间的偏差信号作为输入，因此必须测量轧制时活套辊角度的实际值 θ_{FAC}。活套高度实际值由活套辊摆角位置检测器检测得出，检测器安装在活套支持器的传动装置上（如光电编码器），并经过函数变换器 G'，得到实际套量 l_{FAC}。

活套高度控制环节 Ⅲ。活套高度调节器以套量基准值 l_B 与实测套量的反馈值 l_{FAC} 之差为输入信号。当输入值为零时不存在偏差，调节器不发生改变；当偏差不为零时，输出端速度调节信号发生改变。为了提高系统控制响应的快速性和准确性，采用比例调节进行控制，并且从精度方面考虑时采用积分调节，综合考虑后该环节采用比例-积分(PI)调节器。调节器的输入端套量偏差信号 Δl_d 变化时，环节输出端的速度调节信号 u_o 也相应地发生变化，并与 i 机架的速度基准值 $u_{B,i}$ 累加，得到一个速度控制信号输出，通过调节机架主传动速度改变 i 机架的轧制速度，消除 Δl_d 或将其控制在允许的小范围之内。

控制对象 Ⅳ。活套高度控制系统的控制对象是主传动电机、机架间带钢和活套支持器，改变 i 机架的主电机速度来改变活套量，进而改变活套支持器的高度。可把控制对象当成一个惯性加积分的环节来处理。

$v_{out,i}$ 随着 i 机架主电机的速度而改变，从而出现了 $v_{out,i} \neq v_{in,i+1}$ 的现象，当 $\Delta v = v_{out,i} - v_{in,i+1} \neq 0$ 时，随时间积累，此速度差会导致机架间带钢长度发生变化，即 $\Delta l = \int_0^\tau \Delta v \, \mathrm{d}t$（$\tau$ 为调节时间），用积分环节表示。而套量的变化又会引起活套支持器角度的变化 $\theta_{FAC} = \dfrac{\mathrm{d}\theta}{\mathrm{d}l}\Delta l$，这种变化用 $\dfrac{\mathrm{d}\theta}{\mathrm{d}l}$ 表示。

明确各个环节的构成和各自作用之后，进一步研究其控制过程。活套高度检测环节得到活套实际高度 θ 的变化，经过 G' 变换得到实际套量 l_{FAC} 后，并与给定的活套套量预设值 θ_B 进行比较，得出偏差信号 Δl_d 输入给调节器。当偏差为零时，表示活套高度的实际值与预设基准值相等。工艺参数波动导致机架之间的活套变化，使得实际的活套高度与给定的高度出现偏差，经调节器调节之后，输出速度调节信号 $\pm u_\circ$，并与 i 机架的速度基准值 $u_{B,i}$ 进行比较，得到控制 i 机架速度的控制信号，并使其速度相应地改变，进而消除偏差或将偏差值控制在一个允许的范围之内。

2．带钢张力控制原理

对于目前很多生产线，活套张力控制是通过调节活套电机驱动力矩来完成的，其实质是控制活套电机的电流。活套张力控制系统结构图如图 2-6 所示[14]。

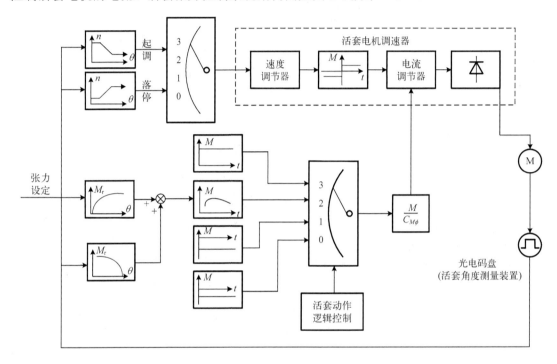

图 2-6　活套张力控制系统结构图

活套张力控制分为起套、调节、落套三个阶段，活套电机所需的总力矩是张力力矩和重力平衡力矩之和。活套张力的控制目的不仅在于调控活套电机的力矩输出，使活套保持恒定张力，更重要的是避免起套阶段和落套阶段的波动。

1）起套阶段

起套阶段指带钢头部进入轧辊开始，到带钢建立起张力之前的阶段，要求活套辊尽快升起并使带钢张紧，形成稳态轧制时所需的微张力。整个轧制过程中该阶段较迅速，时间为 1s 左右。带钢咬入时，轧机由于受到带钢冲击载荷作用，会产生动态速降；而动态速降会产生一定的套量，破坏了秒流量恒定的原则，要求迅速起套，以维持带钢流量与张力的平衡，避免堆钢。带钢经过下游机架时，在板带与活套辊接触前，活套在设定的大电流值(加速力矩)的作用下快速起套。加速力矩作用一定时间后消失，目的是使活套速度有所下降，在接触带钢时速度变小，以达到软接触的目的。活套开始投入工作，调节上游机架主电机降速收缩带钢，使活套辊压向工作零位角的位置，此时活套电机速度调节器处于饱和状态，活套电机堵转，活套电机基准电流由大电流切换至恒张力控制的电流，为小张力轧制过程控制做好准备。活套起套过程示意图如图 2-7 所示。

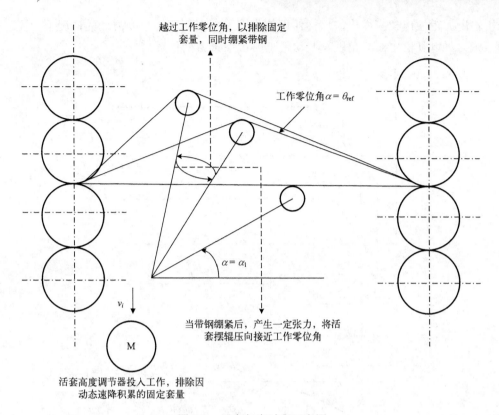

越过工作零位角，以排除固定
套量，同时绷紧带钢

工作零位角 $\alpha = \theta_{\text{ref}}$

$\alpha = \alpha_1$

v_i

M

当带钢绷紧后，产生一定张力，将活
套摆辊压向接近工作零位角

活套高度调节器投入工作，排除因
动态速降积累的固定套量

图 2-7　活套起套过程示意图

　　活套支持器收到下游机架发出的咬钢信号时，要迅速支撑起由轧机动态速降造成的套量，使带钢建立张力。但是在活套辊紧贴带钢的瞬间，活套辊的设定速度还不能为零，否则当套量由于波动增加时，活套辊将无法再贴紧带钢，此时轧件张力将失控，产生严重后果；若活套辊在紧贴带钢时速度依然很高，就会对带钢产生撞击，尽管这种撞击对活套控制系统影响不大，但会使带钢头部出现拉窄，产生"缩颈"现象，影响成品带钢尺寸精度。生产线上往往采用"软接触"的起套方式：活套的起套速度在初期较大，实现快速起套，达到一定位置后，立即变为慢速起套，减少了起套阶段对带钢头部的冲击。

　　起套过程中各参数的变化规律如图 2-8 所示。图中，P 为 $i+1$ 机架压力；I 为 $i+1$ 机架主电机电流；n 为 $i+1$ 机架主电机转速；θ 为 i 机架与 $i+1$ 机架间活套辊的摆角；σ 为 i 机架与 $i+1$ 机架间的张力；n_0 为空载转速；Δn_{d} 为动态速降；Δl_{d} 为动态速降形成的固定套量；θ_0 为活套臂机械零位；θ_{max} 为活套高度控制允许的最大工作角。

　　2) 调节阶段

　　完成起套过程后，进入调节阶段，即稳定的微张力连轧阶段。调节阶段活套电机基准电流由起套时的固定大电流切换至恒张力控制的电流。控制活套需要克服的总力矩为带钢张力力矩、带钢重力力矩及动态补偿力矩之和，是带钢张力 σ 和活套角度 θ 的函数，并且套量与活套辊角度呈一定的函数关系。在实际轧制过程中，由于辊缝和速度等工艺参数的波动，活套辊角度不可避免地在一定范围内波动，如果此时活套电机输出力矩不变，那么带钢张力将相应地发生变化。在活套高度调节器的作用下活套角度 θ 可以保持不变，但在整个调节过程中，活套支持器是以恒定力矩传动的，不能够保持带钢的张力恒定。因此，要求活套支持器的电机输出力矩做出相应变化，这样便可使带钢张力在活套辊角度波动的情况下不受影响，保持恒张力，以补偿由活套角度 θ 波动带来的带钢张力变化。

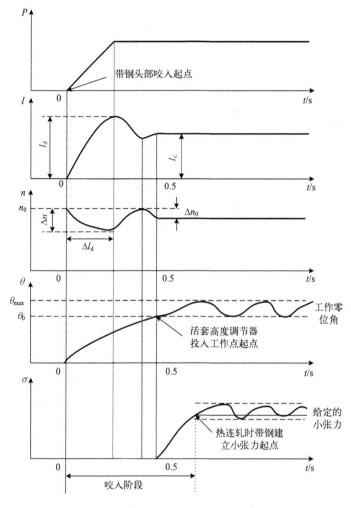

图 2-8　热连轧过程中活套控制系统各参数的变化规律

3) 落套阶段

落套阶段是指从接收到带钢落套命令起到活套辊下落至零位这一阶段。落套动作要求必须在准确的时间进行，落套过早，相当长一段带尾会由于失张而变厚；而落套过晚，又会造成带尾上翘，因此常采用软着陆控制策略，提前采用小套量轧制以实现落套控制。小套量轧制即带钢即将离开末机架时，活套预设定角度从正常轧制时设定的角度变为小套量轧制角度，在收到上游机架抛钢信号时立即发出落套指令，使活套辊从小套量轧制角度落到机械零位角，减小了带钢失张的长度，从而降低了甩尾的可能性。落套后，基准电流切换至停止电流基准值，活套辊回到机械零位。

[我国带钢热连轧自动控制系统的奠基人——孙一康]

早在 1961 年，年仅 29 岁的孙一康就以其突出的科研贡献破格晋升为副教授，成为登上

《人民画报》封面的最年轻的国家级科技标兵。20 世纪 70 年代中期，孙一康教授作为国家重点建设项目——武钢"〇七工程"的专家组成员，通过艰苦卓绝的努力，消化引进了 1700mm 热连轧机计算机控制技术，此项技术为该轧机的建成投产做出了突出贡献。其间，受冶金工业部委托，他主持举办了多期冶金自动化培训班，为宝钢、武钢、鞍钢等大型钢铁企业培养了 500 多名工程技术人员，其中很多人已成为本领域的专家和栋梁之材。同时，在这一工程中培养锻炼了教师队伍，为北京科技大学自动化系各专业的发展做出了重要贡献。

孙一康教授几十年笔耕不辍，先后出版专著 4 部，发表论文 50 余篇，培养了数十名博士和硕士研究生。退休之后直至耄耋之年，他始终关注着热连轧机计算机控制技术的进步和我国钢铁工业自动化的发展。"老骥伏枥，志在千里"，孙先生用自己不懈奋斗的一生完美地诠释了这一人生格言，堪称典范。

2.3.2　虚拟仿真平台整体方案设计

冶金自动化装备体积庞大、价格昂贵、耗能高、系统复杂，系统调试具有高度危险性，学生很难有机会在实际装置上进行控制实验，难以体会到复杂工业系统的建模与控制。本实训充分发挥作者所在学校冶金特色优势，借助虚拟仿真技术，围绕带钢热连轧多变量、强耦合、非线性活套系统的建模与控制问题，建设了"带钢热连轧活套系统智能控制虚拟仿真实验"教学平台，对现有的教学手段进行补充与完善，帮助学生全面深入理解掌握智能控制理论，加强学生理论知识与工程实践的深度融合。

虚拟仿真平台以某钢厂热连轧精轧机组的液压活套装置为实验对象，主要包括"液压活套系统认知与体验""液压活套系统模型建立""液压活套系统控制算法设计与实现"三大功能模块，共计 10 大交互操作步骤、32 个子步骤，如图 2-9 所示。根据图 2-9，虚拟仿真平台整体设计方案如下。

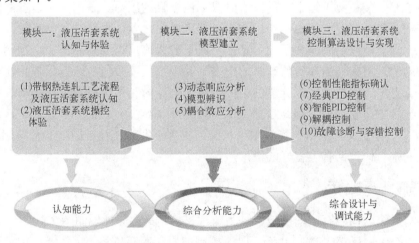

图 2-9　带钢热连轧液压活套系统智能控制虚拟仿真实验项目框架

(1)通过构建某钢厂 1700mm 带钢热连轧工艺真实场景高仿真度的三维虚拟仿真场景，立体还原热连轧精轧过程活套控制系统的操控过程，突破传统教学环节中实验教学为主、工业演示为辅的局限性，使学生对带钢热连轧工艺流程以及液压活套系统构成及功能有一个直观认识。

(2)通过动态响应分析了解被控对象的动态特性,基于输入输出数据建立液压活套系统数学模型,深入了解液压活套系统的工作原理及耦合效应。

(3)结合带钢热连轧工艺指标和控制指标要求,引导学生将经典 PID 控制、模糊控制、模糊 PID 控制、单神经元自适应 PID 控制、解耦控制、容错控制等控制算法应用于液压活套多变量控制系统,完成控制系统的设计与实现,并通过虚拟仿真实验校验控制系统的运行效果。

三个模块逐层递进引导学生应用前期课程所学理论知识解决工程实际问题,培养学生的认知能力、综合分析能力和综合设计能力,提高学生解决复杂工程问题的能力。另外,虚拟仿真平台采用 B/S 架构,实现了实验过程记录自动保存、自动汇总以及基于关键词匹配的实验报告自动初评。

2.4 详细方案设计与实现

2.4.1 液压活套控制系统模型[15]

液压活套由液压缸驱动,液压活套系统由活套、液压缸、液压伺服阀、活套角度编码器、压力传感器、控制器、主电机、带钢等设备组成。活套在带钢生产中起着重要作用,活套与带钢直接接触并撑起带钢。在正常轧制过程中,活套起着吸收带钢多余套量和保持带钢张力恒定的作用。活套的起落由液压缸控制,当液压推杆伸出时,活套升高;当液压推杆缩回时,活套降低。液压缸由安装在站内的液压伺服阀控制,伺服阀通过油路连接到液压缸的有杆腔和无杆腔,伺服阀连通高压油和无杆腔,液压推杆伸出,伺服阀连通高压油和有杆腔,液压推杆缩回。活套角度编码器安装在活套转轴上,用以实时监测活套旋转角度,即活套实际高度。压力传感器安装在液压缸上,用以实时监测液压缸的压力。压力传感器有两个,分别在液压缸的有杆腔和无杆腔,计算两个压力传感器测量值之差,再经过角度换算,就得到带钢的实际张力。活套角度编码器和压力传感器将测量的数值反馈到控制器中,控制器安装在电气室内,控制器是逻辑判断和数值计算的中心,其根据反馈数值与给定数值的比较,再经过控制算法计算得出计算结果,以计算结果控制液压伺服阀和主电机。主电机与轧机工作辊通过传动轴相连,主电机转动,带动工作辊转动,工作辊转动带动带钢前行。带钢在轧制过程中约 1000℃,呈黄色,带钢贯穿于整个机架,在两两机架之间带钢被活套撑起,保持张力恒定。恒定的张力使带钢有了良好的板形质量。

1. 伺服阀-液压缸模型

液压活套系统以伺服阀驱动的液压缸为执行机构,其物理模型如图 2-10 所示。液压活套的控制输入为-10~10mA 电流,并通过电流控制伺服阀阀芯位移,进而通过控制液压缸流量使无杆腔压力 p_1 和有杆腔压力 p_2 变化,实现力矩控制。

伺服阀-液压缸模型中,伺服阀的传递函数可表示为二阶振荡环节:

$$G_{SV}(s) = \frac{Q_L(s)}{I(s)} = \frac{K_{SV}}{\frac{1}{\omega_{SV}^2}s^2 + \frac{2\xi_{SV}}{\omega_{SV}}s + 1} \tag{2-2}$$

式中，I 为输入电流；K_{SV} 为伺服阀流量增益；ω_{SV} 为伺服阀固有频率；ξ_{SV} 为伺服阀阻尼比。

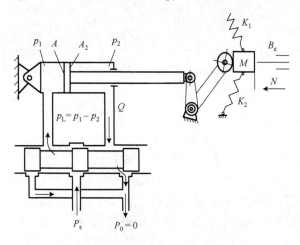

图 2-10　液压活套系统物理模型

根据液压缸流量连续性方程，可列出：

$$\begin{cases} Q_{\mathrm{L}} = K_{\mathrm{q}} x_{\mathrm{V}} - K_{\mathrm{C}} p_{\mathrm{L}} \\ Q_{\mathrm{L}} = A_{\mathrm{p}} \dfrac{\mathrm{d} x_{\mathrm{p}}}{\mathrm{d} t} + C_{\mathrm{tp}} p_{\mathrm{L}} + \dfrac{V_{\mathrm{t}}}{4\beta_{\mathrm{e}}} \dfrac{\mathrm{d} p_{\mathrm{L}}}{\mathrm{d} t} \end{cases} \tag{2-3}$$

式中，Q_{L} 为负载流量；K_{q} 为伺服阀流量增益；x_{V} 为阀芯位移；K_{C} 为伺服阀流量压力系数；p_{L} 为负载压力；A_{p} 为液压缸活塞有效作用面积；x_{p} 为活塞位移；C_{tp} 为液压缸总泄漏系数；V_{t} 为总压缩容积；β_{e} 为液体有效容积弹性模量。

采用线性化方法对液压缸进行负载力分析，忽略油液质量、库仑摩擦力等非线性负载，则根据牛顿第二定律可得液压缸和负载力的平衡方程如下：

$$F = A_{\mathrm{p}} p_{\mathrm{L}} = m_{\mathrm{t}} \frac{\mathrm{d}^2 x_{\mathrm{p}}}{\mathrm{d} t^2} + B_{\mathrm{p}} \frac{\mathrm{d} x_{\mathrm{p}}}{\mathrm{d} t} + K x_{\mathrm{p}} + F_{\mathrm{L}} \tag{2-4}$$

式中，F 为液压缸推力；m_{t} 为负载总质量；B_{p} 为负载阻尼系数阀芯位移；K 为负载刚度；F_{L} 为外力扰动。

将式(2-3)和式(2-4)进行拉氏变换，假定热连轧恒定小张力阶段外力扰动 $F_{\mathrm{L}} = 0$，忽略液压缸总泄漏系数与负载阻尼比系数，可得阀控液压缸传递函数：

$$G_{\mathrm{S}}(s) = \frac{F}{Q_{\mathrm{L}}} = \frac{\dfrac{A_{\mathrm{p}}}{K_{\mathrm{C}}}\left(\dfrac{m_{\mathrm{t}}}{K} s^2 + 1\right)}{\left(\dfrac{1}{\omega_{\mathrm{r}}} s + 1\right)\left(\dfrac{s^2}{\omega_{\mathrm{h}}^2} + \dfrac{2\xi_{\mathrm{h}}}{\omega_{\mathrm{h}}} s + 1\right)} \tag{2-5}$$

式中，ω_{r} 为惯性环节角频率 $\omega_{\mathrm{r}} = \dfrac{K_{\mathrm{C}} K / A_{\mathrm{p}}^2}{1 + K / K_{\mathrm{h}}}$；$\omega_{\mathrm{h}}$ 为二阶振荡环节角频率，$\omega_{\mathrm{h}} = \sqrt{\dfrac{4\beta_{\mathrm{C}} A_{\mathrm{p}}^2}{V_{\mathrm{t}} m_{\mathrm{t}}} + \dfrac{K}{m_{\mathrm{t}}}}$；$\xi_{\mathrm{h}}$ 为油缸阻尼系数，$\xi_{\mathrm{h}} = \dfrac{1}{2\omega_{\mathrm{h}}}\left(\dfrac{4\beta_{\mathrm{C}} K_{\mathrm{C}}}{V_{\mathrm{t}}(1 + K_{\mathrm{h}})}\right)$，其中 K_{h} 为液压刚度，$K_{\mathrm{h}} = \dfrac{4\beta_{\mathrm{C}} A^2}{V_{\mathrm{t}}}$。

由式(2-2)和式(2-5)可以得到活套系统伺服阀-液压缸传递函数为

$$G(s) = G_{S}(s)G_{SV}(s) = \frac{\dfrac{A_{p}K_{SV}}{K_{C}}\left(\dfrac{m_{t}}{K}s^{2}+1\right)}{\left(\dfrac{1}{\omega_{r}}s+1\right)\left(\dfrac{s^{2}}{\omega_{h}^{2}}+\dfrac{2\xi_{h}}{\omega_{h}}s+1\right)\left(\dfrac{1}{\omega_{SV}^{2}}s^{2}+\dfrac{2\xi_{SV}}{\omega_{SV}}s+1\right)} \tag{2-6}$$

2. 活套套量模型

上游机架带钢出口速度与下游机架带钢入口速度不等时，套量将不断增加或减少。过大的套量会导致堆钢或叠轧断辊的严重事故，而过小的套量将会导致带钢拉窄甚至拉断。为了解决上述问题，活套通过活套臂的升降来吸收连轧过程中产生的套量变化。活套几何尺寸如图 2-11 所示，机架间套量可由活套支持器的角度间接求得。

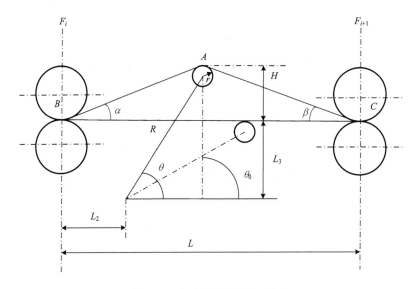

图 2-11　机架间活套几何尺寸

根据图 2-11 所示的几何关系，套量 ΔL 为

$$\Delta L = BA + AC - BC = BA + AC - L \tag{2-7}$$

式中

$$BA = \sqrt{(R\sin\theta - L_{3} + r)^{2} + (L_{2} + R\cos\theta)^{2}}$$

$$AC = \sqrt{(R\sin\theta - L_{3} + r)^{2} + (L - L_{2} - R\cos\theta)^{2}}$$

图 2-11 中，活套支持器在轧线高度上的角度 θ_{0}、活套支持器工作角度 θ、相邻机架间距离 L、活套支持器支点至上游机架距离 L_{2}、活套支持器支点至轧制平面的高度 L_{3}、活套带钢顶距离轧制平面的高度 H、活套支持器支臂长度 R、活套半径 r 均为常数。活套套量仅以 θ 为变化量，因此可记为 $\Delta L = f(\theta)$。

3．活套张力系统建模

1）带钢张力产生机理

热连轧轧制过程中，由于轧制方向上存在着速度差，带钢上不同部位的金属发生相对移动，从而在带钢上产生张力。作用于带钢上的张力如图 2-12 所示，带钢上的平均单位张力 σ_{Tm} 与张力所作用的截面积 A 的乘积就是作用在带钢上的张力 T，即

$$T = A\sigma_{Tm} \tag{2-8}$$

带钢上产生张力的根本原因就是带钢发生了弹性应变。取带钢上任意两点 a、b，如图 2-13 所示，两点的运动速度分别为 v_a、v_b，且 $v_a < v_b$，变形前 a、b 两点之间的距离为 l_0，由于两点的速度差引起的带钢在长度方向上产生的相对位移量为 Δl，变形后 a、b 两点之间的距离为 l_1，弹性应变 ε 可表示为

$$\varepsilon = \frac{\Delta l}{l_0} \tag{2-9}$$

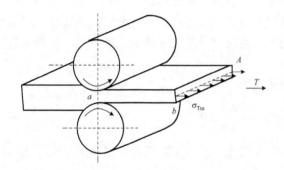

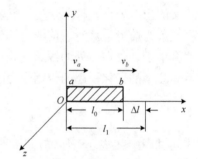

图 2-12　带钢上的张力示意图　　　　图 2-13　带钢张力产生原因的示意图

根据胡克定律，金属弹性形变时，应力 σ 与弹性应变 ε 呈正比关系，即

$$\sigma = E\varepsilon \tag{2-10}$$

式中，E 为材料的杨氏模量(又称弹性模量)，钢的弹性模量为 $E = 1.5 \times 10^3 \, \text{MPa}$。

由此可求得带钢的应力(即平均张力) σ_0 为

$$\sigma_0 = E\varepsilon = E\frac{\Delta l}{l_0} \tag{2-11}$$

由此可求得当 a、b 两点存在速度差时，作用于带钢上的张力 T_0 为

$$T_0 = A\sigma_0 = A\frac{E}{l_0}\int (v_b - v_a)\mathrm{d}t \tag{2-12}$$

在给定轧制条件下，A、E、l_0 都为定值，轧制过程中带钢张力的产生是由 a、b 两点的速度差引起的。在实际轧制过程中，a 点和 b 点除了两点间存在速度差，两点速度 v_a、v_b 本身也是变化的，当 v_a、v_b 分别发生微小变化 Δv_a、Δv_b 时，作用在带钢上的应力 σ 和带钢张力 T 分别为

$$\sigma = \sigma_0 + \Delta\sigma = \frac{E}{l_0}\int(v_b - v_a)\mathrm{d}t + \frac{E}{l_0}\int(\Delta v_b - \Delta v_a)\mathrm{d}t \tag{2-13}$$

$$T = T_0 + \Delta T = A\frac{E}{l_0}\int(v_b - v_a)\mathrm{d}t + A\frac{E}{l_0}\int(\Delta v_b - \Delta v_a)\mathrm{d}t \tag{2-14}$$

当带钢的不同位置在其运动方向上存在速度差时，才可能产生张力，带钢张力的大小与 v_a、v_b 本身的大小无关，只和它们差值的大小有关，因此带钢张力产生的本质是带钢上不同位置处速度差的历史累积。

2）带钢张力模型

在带钢进入精轧阶段，连轧张力建立后，前后机架速度变化将只影响活套的套量，但是当前后机架速度差过大时，会使带钢绷紧，影响张力值。因此在计算带钢张力时要考虑两个方面，一方面是由前后轧机速度变化引起的带钢张力变化量，另一方面是由套量发生变化时所引起的张力变化量。

在轧制过程中，相邻机架间金属秒流量的不同使轧件的不同部位在轧制时延展程度不同形成张力。而轧件相对于上游机架与下游机架的轧辊分别向出口方向与入口方向流动，因而在上游机架的出口处，轧件的速度比轧辊线速度快，在下游机架入口处，轧件比轧辊线速度慢，此种现象为前滑与后滑。前滑为轧件的出口速度大于轧辊在该处的线速度，后滑为轧件的入口速度小于轧辊在该处的线速度。

由活套套量的变化引起的带钢张力的变化量为

$$\Delta\sigma_i = \frac{E}{L}\Delta L_i(\theta) = \frac{E}{L}\frac{\mathrm{d}L_i}{\mathrm{d}\theta}\Delta\theta \tag{2-15}$$

热连轧过程中某些因素导致 i 机架带钢的出口速度或 $i+1$ 机架的入口速度发生变化，将引起带钢张力的变化量为

$$\Delta\sigma_i = \frac{E}{L}\int(\Delta v_{\mathrm{in},i+1} - \Delta v_{\mathrm{out},i})\mathrm{d}t \tag{2-16}$$

$i+1$ 机架带钢入口速度为

$$v_{\mathrm{in},i+1} = (1 - \beta_{i+1})\omega_{i+1}R_{i+1} \tag{2-17}$$

式中，β_{i+1} 为 $i+1$ 机架带钢后滑量；ω_{i+1} 为 $i+1$ 机架轧辊角速度(rad/s)；R_{i+1} 为 $i+1$ 机架轧辊半径(m)。

$i+1$ 机架带钢入口速度的变化量为

$$\Delta v_{\mathrm{in},i+1} = (1 - \beta_{i+1})\Delta\omega_{i+1}R_{i+1} - \Delta\beta_{i+1}\omega_{i+1}R_{i+1} \tag{2-18}$$

由于机架间张力调节是以 $i+1$ 机架的轧辊速度作为基准来调节的，只调节 i 机架的轧辊速度保持 $i+1$ 机架的轧辊速度不变，即

$$\Delta v_{\mathrm{in},i+1} = -\Delta\beta_{i+1}\omega_{i+1}R_{i+1}$$

i 机架的带钢出口速度为

$$v_{\mathrm{out},i} = (1 + f_i)\omega_i R_i \tag{2-19}$$

式中，f_i 为 i 机架的前滑量；ω_i 为 i 机架轧辊角速度（rad/s）；R_i 为 i 机架轧辊半径（m）。i 机架带钢出口速度的变化量为

$$\Delta v_{\text{out},i} = (1+f_i)\Delta\omega_i R_i + \Delta f_i \omega_i R_i \tag{2-20}$$

对上下游机架 i、$i+1$ 进行建模，张应力的增量方程为

$$\frac{\mathrm{d}\Delta\sigma_i}{\mathrm{d}t} = \frac{E}{L}[(1-\beta_{i+1})\Delta\omega_{i+1}R_{i+1} - \Delta\beta_{i+1}\omega_{i+1}R_{i+1} - (1+f_i)\Delta\omega_i R_i - \Delta f_i \omega_i R_i] \tag{2-21}$$

机架的前滑量和后滑量与各机架的辊缝、带钢的厚度及机架前后段带钢张力值有关。在精轧阶段，带钢厚度已经减薄到一定程度，所以在此忽略辊缝与带钢厚度对前滑系数和后滑系数的影响。并且，在研究 i 与 $i+1$ 机架间的带钢张力时，前后段张应力的影响可以忽略。

综上可知，带钢张力控制系统的数学模型为

$$\Delta\sigma_i = \frac{E}{L}\left[\frac{\mathrm{d}L_i}{\mathrm{d}\theta}\Delta\omega_{L,i} - (\Delta f_i \omega_i R_i + \Delta\beta_{i+1}\omega_{i+1}R_{i+1}) + (1-\beta_{i+1})\Delta\omega_{i+1}R_{i+1} - (1+f_i)\Delta\omega_i R_i\right] \tag{2-22}$$

4. 活套高度模型

活套臂上升或下落时，活套液压缸输出的力矩也会随之变化。活套液压缸作为执行机构，其需要提供的总力矩主要包括带钢张力作用在活套的负载力矩、活套与带钢的重力矩与活套臂的动作产生角加速度而形成的动力矩。因此，活套液压缸输出的总力矩为

$$M = M_{\text{T}} + M_{\text{W}} + J\frac{\mathrm{d}\omega}{\mathrm{d}t} \tag{2-23}$$

式中，M 为液压缸的总输出力矩；M_{T} 为带钢张力力矩；M_{W} 为带钢与活套的重力力矩；J 为活套与液压缸转动惯量之和；ω 为活套角速度。

忽略重力矩的变化，其增量形式为

$$\Delta M = \Delta M_{\text{T}} + J\frac{\mathrm{d}\omega}{\mathrm{d}t} \tag{2-24}$$

选取量纲单位为 MPa、° 和 N·m，则有

$$\frac{\mathrm{d}^2\Delta\theta}{\mathrm{d}t^2} = \frac{1}{J}\frac{180}{\pi}\left(\Delta M - \frac{\partial M_{\text{T}}}{\partial\theta}\Delta\theta - \frac{\partial M_{\text{T}}}{\partial\tau_i}\Delta\tau_i\right) \tag{2-25}$$

将式（2-25）进行拉氏变换，得到：

$$s^2\Delta\theta = \frac{1}{J}\frac{180}{\pi}\left[\Delta M(s) - \frac{\partial M_{\text{T}}}{\partial\theta}\Delta\theta(s) - \frac{\partial M_{\text{T}}}{\partial\tau_i}\Delta\tau_i(s)\right] \tag{2-26}$$

5. 活套高度和带钢张力状态空间模型

热连轧活套高度与带钢张力控制系统为双输入双输出耦合系统，以上游机架主传动速度 ω 和活套电机驱动力矩 M 为输入变量，活套高度 θ 和带钢张力 σ 为输出变量。通过控制上游机架主传动速度来控制张力，调整活套驱动力矩控制活套高度。

对于轧机主传动系统，其主电机数学模型可以近似为一阶惯性环节：

$$G_V(s) = \frac{1}{T_V s + 1} \tag{2-27}$$

式中，T_V 为时间常数。

以伺服阀输入电流变化 Δi_{ref} 与上游机架主传动速度变化 ΔV_{ref} 为系统输入，以活套角度变化 $\Delta \theta$ 与带钢张力变化 $\Delta \tau_i$ 为系统输出，以 3 号机架为例，根据液压缸-伺服阀传递函数以及张力和高度模型可得液压活套系统双输入双输出耦合模型如图 2-14 所示。

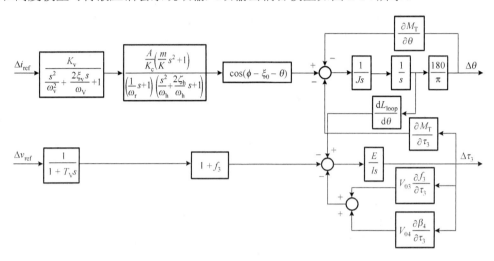

图 2-14　活套系统动态模型

被控对象的数学模型

被控对象是指自动控制系统中所要控制的工艺生产设备。只有全面了解和掌握被控对象的动态特性，才能合理设计控制方案。对象特性是指对象在受到干扰作用或操纵变量改变后，被控变量随时间而变化的特性。分析和研究对象特性，就是要建立描述被控对象动态特性的数学模型。

建立对象数学模型的基本方法有机理法和测试法。测试法即著名的"黑箱"建模方法，其在工程上应用非常广泛。阶跃响应曲线法是一种经常采用的实验测试法，对处于开环稳态的被控对象施加阶跃输入，测取对象输出随时间变化的时间曲线，然后用数学方法对曲线进行处理，得到描述对象特性的特征参数。

6. 活套系统建模仿真实训

虚拟仿真实验完全模拟了某钢厂 2250 带钢热连轧精轧机组 F3、F4 机架液压活套系统在高度和张力阶跃信号作用下的动态响应过程，直观感知被控对象的动态响应特性。

结合实际带钢热连轧精轧机组液压活套系统，单独施加或同时施加张力和高度阶跃信号，改变主轧机的速度以及液压缸的压力，得到液压活套实际张力数据和实际高度数据，利用最小二乘法等辨识系统数学模型并对该液压活套系统进行耦合效应分析。

1) 液压活套系统动态响应分析

进入"动态响应"操作步骤，输入动态响应激励信号的类型及大小，设置设定值，单击"开始轧制"按钮，软件系统动态显示液压活套系统动作以及活套张力、高度响应曲线，动态响应分析操作界面如图 2-15 所示。

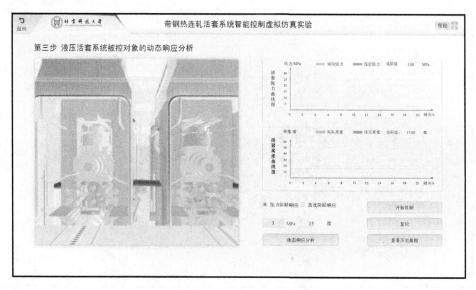

图 2-15　动态响应分析操作界面

2) 液压活套系统模型辨识

虚拟仿真平台中嵌入 MATLAB 系统辨识工具箱，基于液压活套系统动态响应分析实验数据，根据闪烁引导框提示完成被控对象数学模型辨识。进入"模型辨识"操作步骤，选择待辨识的输入输出数据，选择最小二乘法的多项式模型，设置待辨识模型分母和分子的阶数，辨识得到系统的差分方程模型，给辨识得到的模型施加单位阶跃信号，观察对该模型的阶跃响应曲线，分析辨识模型的精度，辨识结果如图 2-16 所示。

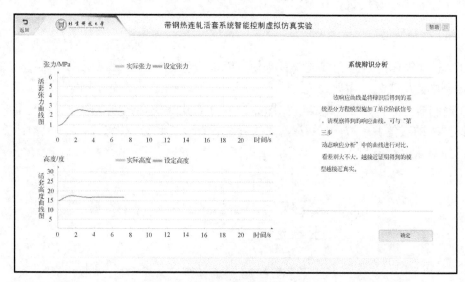

图 2-16　辨识模型的阶跃响应分析

3）液压活套系统耦合效应分析

带钢热连轧液压活套系统是一个双输入双输出耦合系统，进入"耦合效应"操作步骤，分别给张力（高度）回路施加阶跃信号，观察轧制过程中液压活套系统高度（张力）响应曲线，如图 2-17 所示，理解耦合的概念。

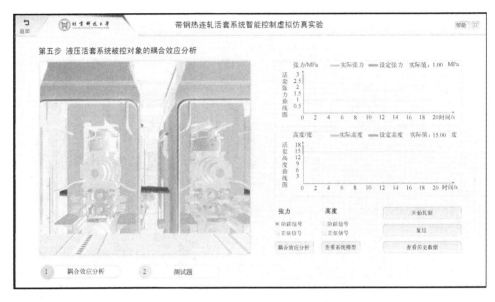

图 2-17　耦合效应分析主操作界面

2.4.2　液压活套系统 PID 控制

活套系统中带钢张力和活套高度之间相互影响，是典型的耦合模型。为了消除两者之间的相互作用，传统的活套控制系统采用 PID 控制器进行控制，当前后轧机间出现带钢张力波动或者活套高度发生变化时，可以分别通过各个回路中的 PID 控制器，实现对活套液压缸输出力矩和上游机架主速度进行调节。

1．PID 控制原理

20 世纪 20 年代提出的 PID 控制具有使用简单、适应性强、鲁棒性好、可靠性高等特点，在工业控制实践中仍处于主要地位。

PID 控制器是一种线性控制器，如图 2-18 所示，由比例、积分、微分三部分组成，根据系统反馈回来的误差 $e(t) = r(t) - y(t)$，对误差进行比例、积分、微分运算，根据计算出的控制量对被控对象进行控制。

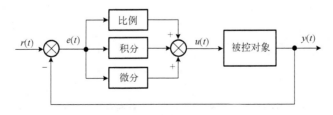

图 2-18　PID 控制原理框图

连续系统 PID 控制器的数学描述为

$$u(t) = K_p \left[e(t) + \frac{1}{T_i} \int_0^t e(t) \mathrm{d}t + T_d \frac{\mathrm{d}e(t)}{\mathrm{d}t} \right] \tag{2-28}$$

$$= K_p e(t) + K_i \int_0^t e(t) \mathrm{d}t + K_d \frac{\mathrm{d}e(t)}{\mathrm{d}t}$$

传递函数为

$$G(s) = \frac{U(s)}{E(s)} = K_p + K_i \frac{1}{s} + K_d s \tag{2-29}$$

式中，K_p 为比例系数；T_i 为积分时间常数；T_d 为微分时间常数；$K_i = K_p / T_i$，为积分系数；$K_d = K_p \times T_d$，为微分系数。

比例环节及时成比例地反映控制系统的偏差信号 $e(t)$，偏差一旦产生，控制器立即产生控制作用以减小误差。当偏差 $e(t) = 0$ 时，控制作用也为 0。因此，比例控制是基于偏差进行调节的，即有差调节，仅有比例控制时系统输出存在稳态误差。积分环节能对误差进行记忆，主要用于消除静差，提高系统的无差度，积分作用的强弱取决于积分时间常数 T_i，T_i 越大，积分作用越弱，反之则越强。微分环节能反映偏差信号的变化趋势(变化速率)，并能在偏差信号值变得太大之前，在系统中引入一个有效的早期修正信号，从而加快系统的动作速度，减小调节时间。

PID 控制器参数常用的工程整定方法有衰减曲线法、临界比例带法、动态参数法等。衡量一个 PID 控制系统性能好坏的指标主要有：上升时间、超调量、调节时间和稳态误差，这四个参数反映了系统的动态性能和稳态精度。

2. 液压活套系统 PID 控制方案

液压活套系统 PID 控制方案将活套分解为张力和角度两个独立的系统进行控制。高度闭环控制以活套高度设定值与实际值的偏差为输入，通过 PID 控制器给定主传动速度控制器的附加值，调节上游机架的速度使活套高度回到基准值。张力控制系统根据带钢张力的基准值与活套实际高度的反馈值，通过活套力矩计算模块得出这一角度下应输出的力矩，作为活套力矩控制器的输入，改变伺服阀电流控制液压缸的输出力矩，保持带钢张力为恒值。根据输入输出对和控制方式的不同，可分为三种基本的控制类型，如图 2-19～图 2-21 所示，图中 θ_r、τ_r 分别表示活套角度和带钢张力的设定值；θ_i、τ_i 分别表示活套角度和带钢张力的实际检测值；T_i 表示活套液压缸输出转矩；v_i 表示上游轧机出口带钢的线速度。

图 2-19 所示的控制结构通常称为流量控制，这种控制方式没有张力检测环节，主要应用在带钢张力无法检测的热连轧生产线中。该控制系统中活套高度控制为闭环控制，是一个电流内环、速度次外环、套量(高度)外环的控制系统，采用 PID 控制器。在活套辊转轴上安装有角度传感器，将检测到的实际角度信号与设定的角度信号值进行比较得到角度偏差，然后通过活套高度控制器调节上游轧机主传动速度(MAIN ASR)，达到调节活套角度的目的。带钢张力控制为开环控制，根据给定的带钢单位张力值和带钢断面，以及检测到的实际活套角度值，再根据活套力矩计算模块(LTCB)，得出这一角度下活套应该输出的力矩，作为活套力矩控制器(Looper ATR)的输入，调节带钢张力保持稳定。这一控制方法工作范围广，系统鲁

棒性强，但是由于缺少张力反馈环节，因而稳态精度欠佳，目前比较先进的生产线都已经逐步淘汰了这种控制方式。

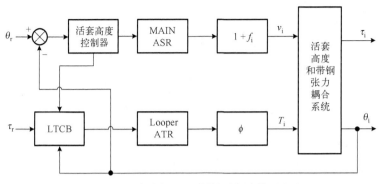

图 2-19　活套常规 PID 控制系统结构图（Ⅰ）

图 2-20 所示的控制结构带有张力检测装置，活套高度控制和带钢张力控制都是闭环，将实际张力反馈值与设定值进行比较，所得的张力偏差值通过张力控制器调节上游轧机的主传动速度，进而控制轧件张力。活套设定角度和实际角度的偏差值通过活套高度控制器实现对活套力矩的调节，控制活套角度稳定。

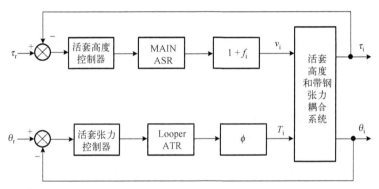

图 2-20　活套常规 PID 控制系统结构图（Ⅱ）

图 2-21 所示的控制系统采用了与图 2-20 完全相反的控制输入输出对结构，活套高度的控制是采用活套角度偏差通过活套高度调节器调节上游轧机主传动速度，带钢张力调节是张力偏差通过张力控制器调节活套张力调节器实现的。

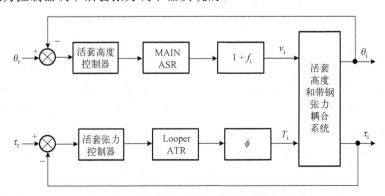

图 2-21　活套常规 PID 控制系统结构图（Ⅲ）

上述三种方案中活套高度控制器和张力控制器均采用 PID 控制器，由于结构简单、易于实现等优点，被广泛应用，但是由于未考虑高度和张力之间的耦合，控制精度不高，在存在外部扰动的情况下，张力和高度容易出现较大波动。而且在系统参数发生摄动时，控制精度不高。

3. 液压活套系统 PID 控制实训

虚拟仿真平台完全模拟了某钢厂 2250 带钢热连轧精轧机组 F3、F4 机架液压活套系统在经典 PID 控制下的动态响应过程，同时输出数据以曲线的形式显示。

进入"PID 控制"操作步骤，如图 2-22 所示，单击"系统回路设计"按钮，完成液压活套系统张力和高度控制回路的 PID 控制器设计及参数整定，观察响应曲线，分析被控对象在不同 PID 控制器参数下跟踪设定值、抗干扰性等指标的变化，掌握 PID 设计及参数整定方法。

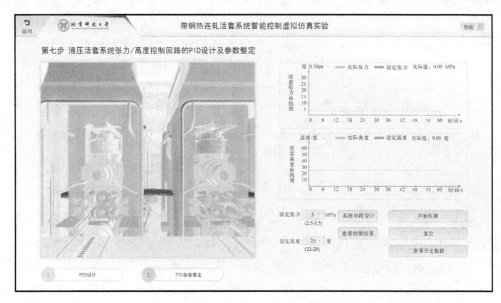

图 2-22　液压活套系统 PID 控制器设计

由 PID 算法的控制原理可知，比例环节可以成比例地反映系统的偏差，比例系数越大，系统响应速度越快，但是过大会引起系统的振荡，使系统无法达到稳态值；积分环节可以消除系统的静态误差，同样积分系数过大也会使得系统产生振荡；微分环节可以减小系统的超调量，减轻振荡，但是微分系数过大也会使系统不稳定。根据以上机理并结合经验，经过多次调试得出液压活套系统高度和带钢张力 PID 控制参数如表 2-1 所示。

表 2-1　液压活套系统高度和带钢张力 PID 控制参数

参数名称	K_p	K_i	K_d
活套高度	0.07	0.63	0.012
带钢张力	0.92	28.68	0.032

给定液压活套系统张力和高度一个阶跃信号，液压活套系统高度和张力 PID 控制响应曲线如图 2-23 所示。

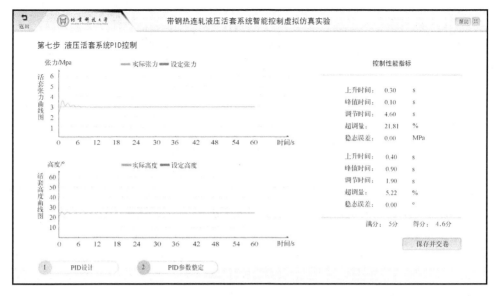

图 2-23　液压活套系统高度和张力 PID 控制响应曲线

2.4.3　液压活套系统智能控制

神经网络控制和模糊控制是智能控制的重要组成部分，在工业过程控制系统中得到了广泛应用。

1．智能控制器介绍

1）模糊控制器

模糊控制器是近年来发展比较迅速的一种可以提高工业自动化能力的智能控制技术，对于工业自动控制过程中遇到的非线性、时变以及无法获得精确数学模型的复杂系统，传统的控制策略并不能满足其控制要求，而模糊控制器不依赖于被控对象的精确数学模型，因此模糊控制器在具有时变性、耦合的非线性伺服系统中获得了较为广泛的应用。

模糊控制器作为模糊控制的核心部分，取代了常规控制器。模糊控制基本原理如图 2-24 所示，首先将误差信号 e 通过 A/D 转换成数字量，然后进行模糊化处理后转化成模糊语言，再对其进行模糊推理，然后通过解模糊运算和 D/A 转换，得到控制信号，作用于执行机构，实现对被控对象的控制。

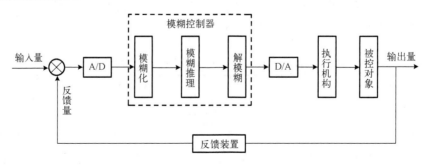

图 2-24　模糊控制原理框图

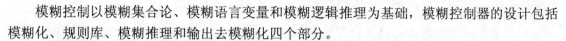

模糊控制以模糊集合论、模糊语言变量和模糊逻辑推理为基础，模糊控制器的设计包括模糊化、规则库、模糊推理和输出去模糊化四个部分。

（1）模糊化。

模糊化的主要作用是选定模糊控制器的输入量，并将其转换为系统可识别的模糊量，具体包含三步：

第一步，对输入量进行满足模糊控制需求的处理；

第二步，对输入量进行尺度变换；

第三步，确定各输入量的模糊语言取值和相应的隶属度函数。

模糊控制器一般是将某一个变量的偏差、偏差变化等作为控制器的输入量，可称为单变量系统。目前被广泛采用的是二维控制器，以误差和误差变化为输入，以控制量为输出。

一般情况下选用"大、中、小"的方式来描述输入、输出变量的状态，同时考虑到变量的零状态。例如，将变量的模糊集合取为{负大，负中，负小，零，正小，正中，正大}，语言变量表示为{NB，NM，NS，ZO，PS，PM，PB}。理论上，模糊子集论域中元素的个数越多，其控制精度也会越高，但是其受到计算机字长的限制。

①量化因子。为了进行模糊化处理，将输入变量从基本论域转化到模糊论域中，这之间要将输入的精确量乘以相应的量化因子，一般量化因子越大，其对应的语言值也会越大。设误差信号的连续取值范围是 $E = [-e_{\max}, e_{\max}]$，误差信号变化率的实际取值范围是 $EC = [-ec_{\mathrm{L}}, ec_{\mathrm{H}}]$，则

$$K_e = \frac{n}{e_{\max}} \tag{2-30}$$

$$K_{ec} = \frac{2m}{ec_{\mathrm{H}} - ec_{\mathrm{L}}} \tag{2-31}$$

式中，$e_{\max}$ 为实际误差信号的最大值；n、m 分别为误差信号 E 和误差信号变化率 EC 所取模糊子集的论域的最大值。

②比例因子。经模糊控制算法得出的控制量不能直接进行控制，需要转化到控制对象的基本论域中，因此需要乘以相应的比例因子进行转化。假设控制量的连续取值范围是 $u = [u_{\mathrm{L}}, u_{\mathrm{H}}]$，则其比例因子为 $K_u = \frac{u_{\mathrm{H}} - u_{\mathrm{L}}}{2l}$，其中，$l$ 为控制量模糊子集论域中的最大值。

量化因子和比例因子都会对系统的控制性能产生很大的作用，应该合理取值。K_e 如果选取过大，那么会导致系统超调量过大，延长调整时间；K_{ec} 越大系统响应速度变慢，但是对超调具有很强的抑制作用；而 K_u 作为控制器总增益，取值过小会引起系统振荡加剧。这三个因子之间也相互影响，因此合理地选择因子对控制器也是非常重要的。

③选择隶属度函数。在模糊控制器的结构确定了之后，要把输入的精确量转化为相应模糊控制器自己的隶属度函数，即对输入量进行模糊化，为模糊语言变量选取相应的隶属度函数。比较常见的隶属度函数类型有正态型、柯西型、梯形、三角形、正态型等。通常隶属度函数曲线的斜率越大，其分辨率就越高，就具有越高的控制灵敏度；反之，曲线斜率越小，系统稳定性越好。

（2）规则库。

模糊规则库包含众多控制规则，是从实际控制经验过渡到模糊控制器的关键步骤。模糊控制规则是由模糊条件语句组成的，通过条件语句来描述输入量、输出量的状态。控制规则是模糊控制器设计的关键。模糊控制规则是基于手动控制策略做出的控制决策，实际上是将语言表示的控制策略通过模糊集合理论和语言变量转化为计算机识别的控制规则。

模糊控制规则的基本设计原则是：当误差大或者较大时，以尽快消除误差为主；当误差较小时，应该以保持系统稳定为主，防止出现超调。

（3）模糊推理。

模糊推理主要实现基于知识的推理决策。模糊推理作为模糊决策的前提，是模糊控制的理论基础，模糊推理总的规则是采用似然推理的方法，一般实际生产中模糊推理方法有拉森直接推理法、Sugeno 模糊法、Mamdani 法、Zadeh 法等。

（4）输出去模糊化。

输出去模糊化主要作用是将推理得到的控制量转化为控制输出。

2）模糊自适应 PID 控制器

模糊自适应 PID 控制是在经典 PID 算法的基础上，以误差 $e(t)$ 和误差变化率 $ec(t)$ 作为输入，利用模糊规则进行模糊推理，调整 PID 三个参数 K_p、K_i、K_d，实现双入三出控制结构，以满足不同时刻的 $e(t)$ 和 $ec(t)$ 对 PID 参数自整定的要求，如图 2-25 所示。

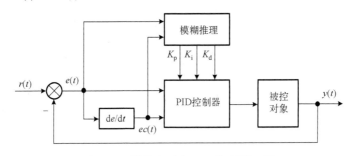

图 2-25　模糊自适应 PID 控制原理图

3）单神经元 PID 控制器

单神经元作为构成神经网络的基本单位，具有自学习和自适应的能力，且结构简单、易于计算。传统的 PID 则具有结构简单、调整方便和参数整定与工程指标联系紧密等特点。将二者结合，可以在一定程度上弥补传统 PID 调节器不易实时整定参数，难以对一些复杂过程和参数时变、非线性、强耦合系统进行有效控制的不足。

单神经元含有 n 个输入，仅 1 个输出，每个输入记作 $x_i(1,2,\cdots,n)$，输出记作 o，不同输入端进入单神经元的连接权值不同，记作 ω_i，表示连接第 i 个输入端的连接权值。神经元接收多个输入时是一个累加-整合的过程，即先有 $\mathrm{net}=\sum_{i=1}^{n}\omega_i x_i$，再经历 $o=f(\mathrm{net})$ 才得到输出。$f(\mathrm{net})$ 称为激活函数，可选用各种有阈值限制的非线性函数，如常用的有切换函数 $f(\mathrm{net})=\mathrm{sgn}(\mathrm{net})$、反正切函数 $f(\mathrm{net})=\arctan(\mathrm{net})$ 等。

学习是神经网络的主要特征之一。神经元/神经网络的学习规则，即修正（更新）连接权值所选用的算法，可分类为有监督学习和无监督学习。有监督学习通过外部教师信号进行学习，即要求同时给出输入和正确的期望输出模式对，当计算结果与期望输出有误差时，网络将通过自动调节机制调节相应的连接强度，使之向误差减小的方向改变，经过多次重复训练，最后与正确的结果相符合。无监督学习则没有外部教师信号，其学习表现为自适应于输入空间的检测规则，其学习过程为系统提供动态输入信号，使各个单元以某种方式竞争，获胜的神经元本身或相邻域得到增强，其他神经元则进一步被抑制，从而将信号空间分为有用的多个区域。常用的学习规则有以下三种：无监督 Hebb 学习连接权值的修正与输入 x_i 和输出 o 的乘积成正比，即有 $\Delta\omega_i^{(k)} = \eta(x_i^{(k)} \cdot o^{(k)})$ ；有监督 Delta 学习在无监督 Hebb 学习的基础上引入教师信号，将输出 o 替换为实际输出 o 相对期望输出 d 的误差，即有 $\Delta\omega_i^{(k)} = \eta(x_i^{(k)} \cdot (d^{(k)} - o^{(k)}))$ ；有监督 Hebb 学习结合无监督 Hebb 学习和有监督 Delta 学习，即连接权值更新正比于输入、输出、输出误差的乘积，即有 $\Delta\omega_i^{(k)} = \eta((d^{(k)} - o^{(k)}) \cdot x_i^{(k)} \cdot o^{(k)})$ 。其中，上角标 (k) 表示当前的迭代轮次；$\Delta\omega_i^{(k)}$ 为计算得到的连接权值的修正量，即有 $\omega_i^{(k+1)} = \omega_i^{(k)} + \Delta\omega_i^{(k+1)}$ 。

单神经元 PID 控制器的输入、输出与 PID 控制器一致，其目的是要自适应地更新 PID 控制器的三个参数 K_p、K_i、K_d。取单神经元的输入维数 $n = 3$，将误差的比例、积分和微分作为单个神经元的输入量，就构成了单神经元 PID 控制器，其控制系统框图如图 2-26 所示。

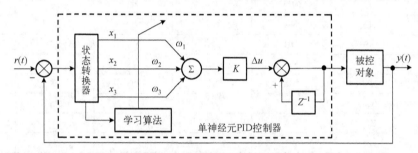

图 2-26　单神经元 PID 控制系统框图

$r(t)$ 为系统的设定值，$y(t)$ 为系统的实际输出值，系统误差信号 $e(k)$ 经过状态变换器变换成神经元的三个输入量 $x_1(k) = e(k)$、$x_2(k) = e(k) - e(k-1)$、$x_3(k) = e(k) - 2e(k-1) + e(k-2)$，神经元的权系数 $\omega_1(k) = K_i$、$\omega_2(k) = K_p$、$\omega_3(k) = K_d$，单神经元 PID 控制器的输出为

$$u(k) = u(k-1) + K\sum_{i=1}^{3}\omega_i(k)x_i(k) \tag{2-32}$$

式中，K 为单神经元比例系数，$K > 0$。与传统 PID 控制不同，单神经元 PID 控制器正是通过对加权系数的调整来实现自适应、自学习功能的，大大提高了控制器的鲁棒性。采用不同的学习规则调整加权系数可以构成不同的控制算法。

2. 张力回路模糊自适应 PID 控制设计

液压活套张力回路选用模糊自适应 PID 控制器。由模糊控制器的基本结构可知，模糊自适应 PID 控制器的设计包括模糊化、规则库、模糊推理、输出去模糊化四个部分。

模糊化运算将输入空间的观测量映射为输入论域上的模糊集合，液压活套系统张力回路采用三角形模糊集合方法。

根据工程技术人员及专家经验，将 e、ec、K_p、K_i、K_d 的模糊子集描述为 {NB, NM, NS,

ZO, PS, PM, PB}，其中，子集中元素分别代表负大、负中、负小、零、正小、正中、正大。表 2-2～表 2-4 为模糊控制表。

表 2-2　K_p 模糊规则控制表

ec	e					
	NB	NM	NS	ZO	PS	PM
NB	PB	PB	PM	PM	PS	ZO
NM	PB	PB	PM	PS	PS	ZO
NS	PM	PM	PM	PS	ZO	NS
ZO	PM	PM	PS	ZO	NS	NM
PS	PS	PS	ZO	NS	NS	NM
PM	PS	ZO	NS	NM	NM	NB
PB	ZO	ZO	NM	NM	NM	NB

表 2-3　K_i 模糊规则控制表

ec	e					
	NB	NM	NS	ZO	PS	PM
NB	NB	NB	NM	NM	NS	ZO
NM	NB	NB	NM	NS	NS	ZO
NS	NB	NM	NS	NS	ZO	PS
ZO	NM	NM	NS	ZO	PS	PM
PS	NM	NS	ZO	PS	PS	PM
PM	ZO	ZO	PS	PS	PM	PB
PB	ZO	ZO	PS	PM	PM	PB

表 2-4　K_d 模糊规则控制表

ec	e					
	NB	NM	NS	ZO	PS	PM
NB	PS	NB	NB	NB	NB	NM
NM	PS	NS	NB	NM	NM	NS
NS	ZO	NS	NM	NM	NS	NS
ZO	ZO	NS	NS	NS	NS	NS
PS	ZO	ZO	ZO	ZO	ZO	ZO
PM	PB	NS	PS	PS	PS	PS
PB	PB	PM	PM	PM	PS	PS

(1)模糊推理。对于多输入多输出(Multiple Input Multiple Output，MIMO)模糊控制器，规则库可看成由多个子规则库组成，每一个子规则库由多个多输入单输出的规则组成，由于各个子规则是相互独立的，因此只需要考虑 MISO 子系统的模糊推理问题。

(2)清晰化计算。经过模糊推理得到的是模糊控制量，为满足实际控制要求，需要对模糊输出量进行清晰化计算，这里采用面积重心法进行清晰化计算，通过求取模糊输出量 $u_c(z)$ 的加权平均值为 z 的清晰值。

$$z_0 = \mathrm{d}f(z) = \frac{\int_a^b z u_c(z)\mathrm{d}z}{\int_a^b u_c(z)\mathrm{d}z} \tag{2-33}$$

3．高度回路单神经元 PID 设计

液压活套高度回路采用单神经元 PID 控制，这里选用有监督 Hebb 学习算法，即同时调用了本轮更新的输出误差，为了保证学习算法的收敛性和控制鲁棒性，规范化处理后加权系数的学习规则为

$$u(k) = u(k-1) + K\sum_{i=1}^{3}\omega_i(k)x_i(k) \tag{2-34}$$

$$\omega_i'(k) = \omega_i(k)\bigg/\sum_{j=1}^{3}\omega_j(k) \tag{2-35}$$

$$\begin{cases} \omega_1(k+1) = \omega_1(k) + \eta_p e(k)u(k)x_1(k) \\ \omega_2(k+1) = \omega_2(k) + \eta_i e(k)u(k)x_2(k) \\ \omega_3(k+1) = \omega_3(k) + \eta_d e(k)u(k)x_3(k) \end{cases} \tag{2-36}$$

式中，η_p、η_i、η_d 分别为比例控制、积分控制、微分控制的学习速率。在单神经元 PID 算法中，采用不同的学习速率分别对三个加权系数进行调整，有利于找到最优的控制作用。

比例系数 K（$K>0$）值的选择非常重要。K 值的大小决定了单神经元收敛的速度，K 值取值越大其收敛速度越快；与之相反，K 值取值越小其快速性较差。当然，K 值如果选取过大，那么容易使系统产生较大的超调量，以至于影响到系统的稳定。因此，应用该算法时，如何确定比较合理的 K 值甚为关键。

通过大量实例结果总结学习速率 η_p、η_i、η_d 及比例系数 K 的调整规律如下。

(1) 对于阶跃输入，若输出超调大，且多次出现正弦衰减现象，应减少比例系数 K，维持 η_p、η_i、η_d 不变；若上升时间长，无超调，应增大 η_p、η_i、η_d 及 K。

(2) 对于阶跃输入，若被控对象产生多次正弦衰减现象，应减小 η_p，其他参数不变。

(3) 若被控对象响应特性出现上升时间短，有过大超调，应减小 η_i，其他参数不变。

(4) 若被控对象响应特性上升时间长，增大 η_i 又导致超调过大，可适当增加 η_p，其他参数不变。

(5) 开始调整时，η_d 选择较小值，当调整 η_p、η_i 和 K 使被控对象有良好特性时，再逐渐增加 η_d，其他参数不变时，系统稳态输出基本无纹波。

(6) K 是系统最敏感的参数，K 值增大、减小相当于 P、I、D 三项同时增加、减小。调整时建议先根据(1)调整 K，然后根据(2)~(5)调整 η_p、η_i、η_d。

4．液压活套系统智能控制实训

虚拟仿真平台完全模拟了某钢厂 2250 带钢热连轧精轧机组 F3、F4 机架液压活套系统在模糊自适应 PID、模糊控制、单神经元 PID 控制下的动态响应过程，同时输出数据以曲线的

形式显示。下面以液压活套系统张力回路采用模糊自适应 PI 控制器、高度回路采用单神经元 PID 控制器为例进行介绍。

首先进入"智能控制"操作步骤,分别单击"张力回路系统设计"和"高度回路系统设计"按钮,如图 2-27 所示,按照控制器设计提示步骤完成活套张力回路和高度回路智能 PID 设计。然后设定活套系统张力、高度设定值,同时加入不同的干扰,单击"开始轧制"按钮,虚拟仿真平台自动生成活套系统高度和张力响应曲线,观察曲线分析其稳定性、设定值跟踪、抗干扰性等指标。为进一步优化控制效果,可以根据控制效果进一步修改控制器的参数等,多次仿真运行,最终得到满意的控制效果。

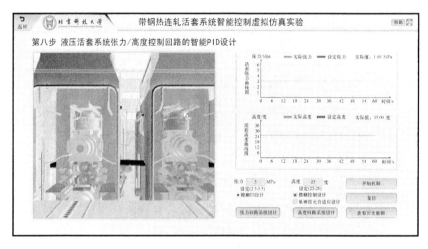

图 2-27　液压活套系统智能控制主界面

1)活套张力回路模糊 PID 控制器设计

液压活套系统张力回路模糊自适应 PID 控制基于 MATLAB 模糊控制工具箱实现控制算法设计。单击"张力回路系统设计"按钮,在图 2-28 所示的界面中依次填入量化因子和比例因子,本示例中 E、EC 的量化因子分别取 0.5、0.5, K_p、K_i 的比例因子分别取 3 和 0.1。然后双击"模糊 PID"打开模糊工具箱,按"2. 张力回路模糊自适应 PID 控制设计"中的步骤设计模糊 PI 控制器,选择输入信号隶属度曲线、修改模糊规则,最后单击张力和高度回路"干扰",添加干扰信号,完成后单击"确定"按钮,完成张力回路模糊 PID 控制算法设计。

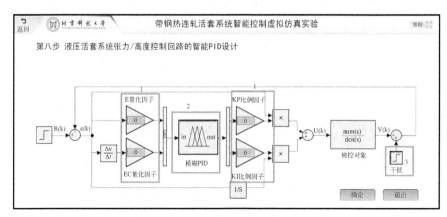

图 2-28　模糊 PID 控制器设计

2）活套高度单神经元 PID 控制器设计

在图 2-27 中选择"单神经元自适应设计"单选按钮，单击"高度回路系统设计"按钮，按软件提示操作完成单神经元自适应控制器设计，如图 2-29 所示。比例系数 K 取 0.002，比例控制、积分控制、微分控制的学习速率 η_p、η_i、η_d 分别取 0.4、0.35、0.4。

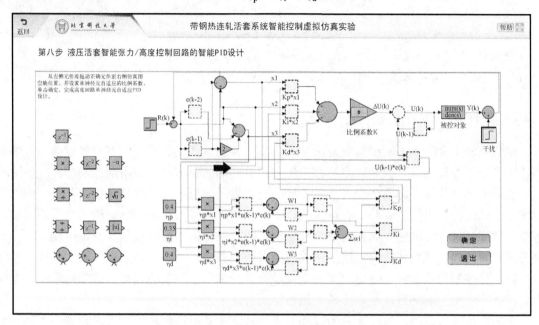

图 2-29　单神经元自适应控制器设计界面

3）控制结果

当给活套张力和高度一个阶跃信号时，液压活套系统智能控制效果如图 2-30 所示。

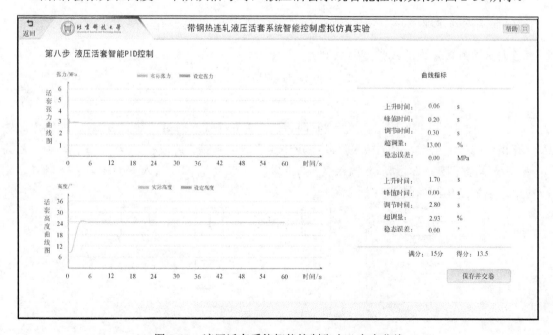

图 2-30　液压活套系统智能控制张力、高度曲线

[热连轧中的干扰]

常用干扰有阶跃、白噪声、正弦波三种形式。阶跃干扰一般指工业现场存在的突发性干扰，例如，带钢由于水印的问题，它的温度往往是突变的；上游机架的咬钢和抛钢均有突发的压力变化。白噪声干扰即随机性的干扰，白噪声在测量和正常的控制系统中非常常见，在轧钢系统中厚度 AGC 的控制会造成压下来回不停运动，可以近似看成一种随机性的对张力的干扰或高度的干扰。在工业现场中，工频交流电的干扰、带钢延伸以后的温度干扰，均可类似看作正弦波。

2.4.4 液压活套系统解耦控制

现代化的工业生产不断出现较复杂的设备或装置，这些设备或装置本身要求的被控参数往往较多，需要设置多个控制回路进行控制。随着控制回路增加，在不同控制回路之间造成相互影响的耦合作用，即系统中每一个控制回路的输入信号对所有回路的输出都会有影响，而每一个回路的输出又会受到所有输入的作用，要想一个输入只控制一个输出几乎不可能，这就构成了"耦合"系统。耦合关系，往往使系统难以控制、性能很差。解耦控制系统，就是采用某种结构，寻找合适的控制规律来消除系统中各控制回路之间的相互耦合关系，使每一个输入只控制相应的一个输出，每一个输出又只受到一个控制的作用。解耦控制是一个既古老又极富生命力的话题，是多变量系统控制的有效手段。

在带钢热轧过程中，为保证轧制过程的平稳性需要采用活套装置。活套装置的控制一般由活套表面张力控制子系统和高度控制子系统两部分组成，在对活套表面张力子系统进行调节时将影响到高度控制子系统，反之也存在同样的情况，因此活套系统属于典型的存在耦合作用的双输入双输出系统。

1. 解耦控制原理

考虑多输入多输出的线性定常系统：

$$\begin{cases} \dot{x} = Ax + Bu \\ y = Cx \end{cases} \tag{2-37}$$

式中，x 为 n 维状态向量；u 为 p 维控制向量；y 为 q 维状态向量。如果 $p = q$，即输出和输入具有相同的变量个数，控制律采用状态反馈结合输入变换，即取 $u = -Kx + Lv$。其中，K 为 $p \times n$ 反馈增益矩阵；L 为 $p \times p$ 输入变换矩阵；v 为参考输入；输入变换矩阵 L 非奇异。相应的反馈系统结构图如图 2-31 所示。

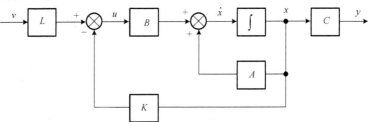

图 2-31 引入状态反馈结合输入变换控制律的反馈系统结构图

图 2-31 所示的包含输入变换的状态反馈系统的状态空间描述为

$$\begin{cases} \dot{x} = (A - BK)x + BLv \\ y = Cx \end{cases} \tag{2-38}$$

其传递函数矩阵为

$$G_{KL}(s) = C(sI - A + BK)^{-1}BL \tag{2-39}$$

由于 $p = q$，因此 $G_{KL}(s)$ 为 $p \times p$ 的有理分式矩阵。

因此，解耦控制问题就是寻找一个输入变换和状态反馈矩阵对 $\{L, K\}$，使得传递函数矩阵 $G_{KL}(s)$ 为非奇异对角有理分式矩阵，即

$$G_{KL}(s) = \mathrm{diag}(g_{11}(s), g_{22}(s), \cdots, g_{pp}(s)) \tag{2-40}$$

$$g_{ii}(s) \neq 0, \quad i = 1, 2, \cdots, p$$

考虑到 $\hat{y}(s) = G_{KL}(s)\hat{v}(s)$，系统实现解耦后，其输出变量和参考输入变量之间满足：

$$\hat{y}_i(s) = g_{ii}(s)\hat{v}_i(s), \ i = 1, 2, \cdots, p \tag{2-41}$$

尽管受控系统中包含着变量间的耦合，但通过外部控制作用(状态反馈和输入变换)可使一个 p 维的多输入多输出系统化成 p 个相互独立的单输入单输出控制系统，实现一个输出变量仅由一个输入变量完全控制。

2．热连轧活套系统解耦控制实训

热连轧活套系统的控制过程需历经活套自身起落套的速度控制，当与带钢接触后，在相邻两个轧机机架之间形成张力，反映到活套系统就是力矩。而活套挑起后与带钢接触，此时形成活套臂与轧制线水平位置之间的夹角，定义为活套高度。活套高度受相邻两个机架的速度差来控制，通常是通过微调上游机架的速度，达到活套高度设定值，活套高度与活套张力是相互作用而最终达到二者的平衡点，从而也说明了活套高度与张力是一个典型的双变量耦合问题。活套张力高度耦合模型如图 2-32 所示[16-18]。其中，ΔV 和 ΔM 分别是变化速度和扭矩的设定点；L 是轧制机架间的距离；E 是杨氏模量；J 是转动惯量；σ 是带钢张力；θ 是活套角；

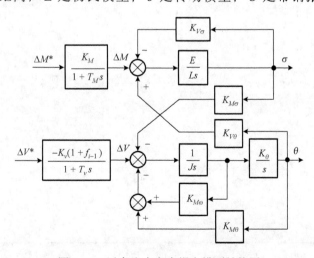

图 2-32　活套张力高度耦合模型结构图

f_{i-1} 是带钢的前滑系数；$K_{M\sigma}$ 是由张力的活套角引起的耦合效应；$K_{V\theta}$ 是由于活套角度的张力而产生的耦合效应。

　　首先进入"解耦控制"操作步骤，单击"解耦设计"按钮，如图 2-33 所示，进入解耦控制设计界面，如图 2-34 所示，拖动界面中元件完成状态方程的系统结构图。然后求解矩阵 K、L，并将矩阵 K、L 的值填到线条框图中相应的位置，如图 2-35 所示。修改设定值，选择"阶跃信号"或"正弦信号"，单击"开始轧制"按钮，液压活套系统解耦控制效果如图 2-36 所示。

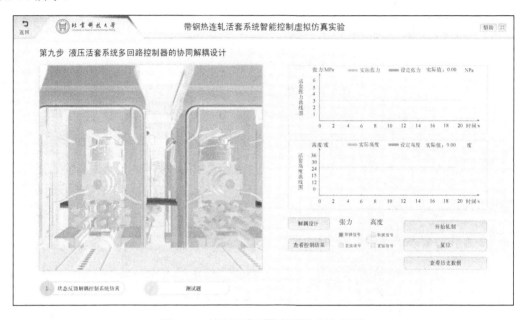

图 2-33　液压活套系统解耦控制主界面

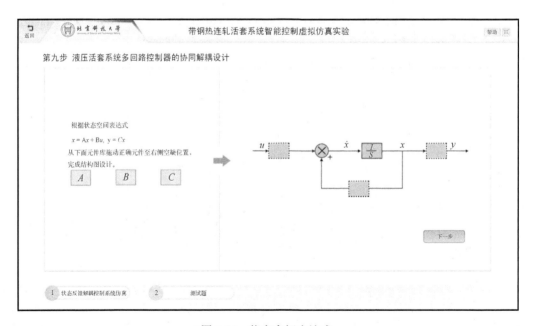

图 2-34　状态空间表达式

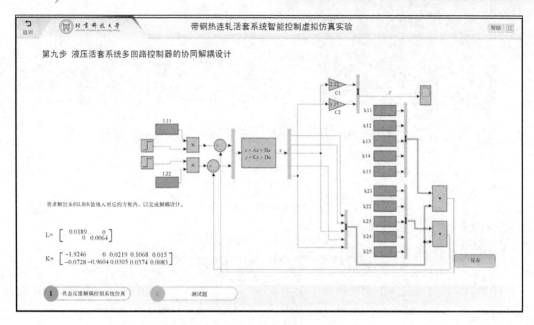

图 2-35　解耦控制器设计

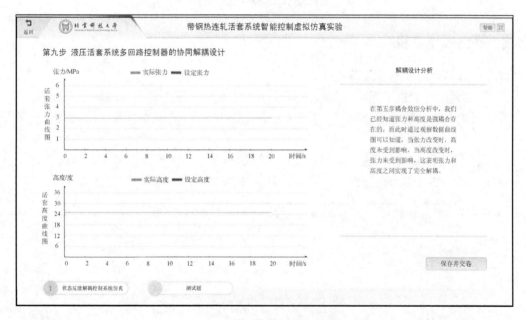

图 2-36　解耦控制效果分析

2.5　系统集成与调试

2.5.1　人机交互界面设计

根据虚拟仿真平台整体设计方案及系统各模块功能,设计虚拟仿真平台主界面如图 2-37 所示,主要包括导航、选课、虚拟实验、理论学习、账户信息、学习记录、个人信息等部分。

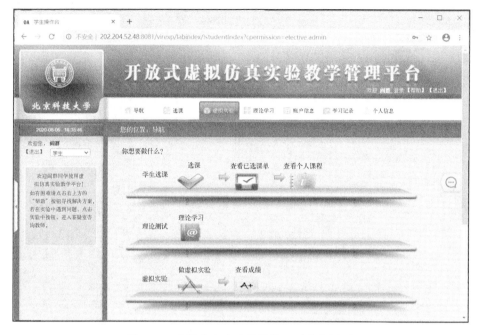

图 2-37　虚拟仿真实验教学管理平台主界面

2.5.2　系统操作流程

虚拟仿真平台的基本操作流程如下。

(1)学生利用计算机等网络终端设备登录学校"开放式虚拟仿真实验教学管理平台",在登录区分别输入自己的账号和密码,系统将进入图 2-37 所示的虚拟仿真实验教学管理平台主界面。

(2)选择"虚拟实验",进入带钢热连轧液压活套系统智能控制虚拟仿真实验项目,实验操作主界面如图 2-38 所示。操作步导航栏在界面左侧,其中第一步和第二步为模块一,第三~

图 2-38　实验操作主界面

五步为模块二，第六～十步为模块三。学生通过外部交互设备鼠标、键盘等进行输入，在导航栏选择不同操作步骤可进入不同实验模块开展不同的实验内容，每个操作步骤包含 2～6 个子步骤。

本章小结

本章系统地介绍了带钢热连轧液压活套系统的运行过程，详细推导并建立了热连轧液压活套高度系统模型和带钢张力系统模型。活套系统属于典型的双输入双输出非线性耦合系统，鉴于此，将经典 PID 控制、模糊控制、模糊自适应 PID 控制、单神经元 PID 控制、解耦控制等应用于液压活套多变量控制系统，完成控制系统的设计与实现，并通过虚拟仿真实验平台校验控制系统的运行效果。

思考题

1. 简述带钢热连轧液压活套系统的组成及工作原理。
2. 简述带钢热连轧液压活套系统的作用，并分析其耦合特性。
3. 带钢热连轧液压活套系统涉及的控制量有哪些？如何对其进行控制？
4. 通过实验分析液压活套系统智能控制的优缺点。

第 3 章

带钢热连轧卷取-打捆-喷印-入库一体化控制系统设计实训

 导读

随着人工智能、物联网、大数据、云计算等前沿科技的发展，以智能产业牵引的新一轮科技革命和产业变革正在进行。智能制造作为"中国制造 2025"的主要方向，是促进我国传统制造业向智能化制造转型升级，实现我国由制造大国向制造强国跨越的重要基础。带钢热连轧卷取-打捆-喷印-入库一体化控制系统由统一的信息控制系统、物料储运系统和一组数字控制加工设备组成，为能够适应加工对象变换的自动化机械制造系统，是智能制造理念在冶金行业成功落地的典型应用。通过带钢热连轧一体化控制系统实训项目的建设与教学实施，对于锻炼提升学生的工程实践能力和工程创新思维，培养"智能制造"背景下冶金自动化人才具有重要的支撑作用。

带钢热连轧卷取-打捆-喷印-入库一体化控制系统设计实训采用 CDIO 教学模式，引导学生经过构思、设计、实施和运行四个环节，完成一体化控制系统的需求分析、总体方案设计、软硬件平台搭建、功能模块设计与实现、系统集成与调试等系统全流程设计与开发，锻炼培养学生的工程知识应用、工程设计、工程创新、独立分析问题、团队协作、沟通交流等能力。

3.1 节讲述带钢热连轧机一体化控制系统的生产工艺；3.2 节为系统需求分析；3.3 节给出系统的总体方案设计；3.4 节详细讲述一体化控制系统软硬件平台搭建和卷取、打捆、喷印、入库、总控各功能模块的设计；3.5 节介绍系统集成与调试。

学习目标

(1) 了解带钢热连轧及一体化控制系统工艺流程及其特点。
(2) 掌握控制系统总体设计思路、软硬件设计与实现方法，以及 PLC 编程方法。
(3) 理解工程设计中独立思考与分析、创新性思维、团队协作等的重要性。

 **学习建议**

本章内容主要围绕带钢热连轧卷取-打捆-喷印-入库一体化控制系统设计展开。学习者应在充分了解带钢热连轧基本流程及一体化控制系统生产工艺的基础上，展开本章学习。同时，学习本章内容需要对"自动控制原理""传感器技术""PLC"等课程有一定基础。首先了解

一体化控制系统的基本工艺流程，然后通过系统实训逐步地了解和学习一体化控制系统的软硬件设计和实现。

近年来，我国钢铁行业得到持续发展，生产技术已经十分成熟，工艺布置、设备能力和控制水平都已经接近或达到世界先进水平，钢铁产量和消耗量已连续多年位居世界首位。据世界钢铁工业协会统计，我国粗钢产量约占全球钢铁产量的 50%，为实质意义上的钢铁大国。其中，带钢热连轧生产具有生产效率高、经济性好等特点，在轧钢生产中发展最为迅速。热轧带钢是国民经济重要的原材料之一，广泛应用于工业、农业、国防和民用产品等领域，尤其在机械、船舶、石化、矿山、建筑、家电等工业部门使用量巨大。除了作为最终产品直接使用，热轧带钢还可以作为冷轧板、螺旋焊管等的原材料进行进一步的深加工。热轧带钢的产量和质量是钢铁工业发展水平的重要指标。随着热轧带钢生产工艺流程不断改进和发展，带钢热连轧生产也成为各种新技术开发和应用最广泛的一个领域。

由于热轧过程多变量、非线性、强耦合的特点，利用传统方法已经不能满足现代化高精度轧制过程控制的要求。利用计算机控制的人工智能方法可靠性高、针对性及适应性强，更有利于优化热连轧过程[19-20]。卷取、打捆、喷印、入库等是热连轧生产线的最后环节，其一体化智能操作水平对于提升热轧带钢企业的生产效率和经济效益水平具有重要意义。

基于以上背景，作者所在教学团队设计实现了卷取-打捆-喷印-入库一体化控制系统。该系统融合了传感器检测、PLC 控制、运动控制、电机驱动、工控机组态监控及人机界面等技术，对实施热连轧生产线智能制造和企业可持续发展均具有极为重要的现实意义和应用价值。通过该系统的教学实践，有助于学生系统地理解带钢热连轧生产工艺流程和自动控制技术原理，掌握控制系统设计与实现方法，综合培养学生的工程实践能力和研究探索能力，实现根据行业发展需求培养冶金自动化领域复合创新型人才的目标。

3.1 生产工艺简介

3.1.1 热连轧生产工艺

热连轧采用连续轧制的方式生产产品，其特点是生产线庞大、设备众多，且年产量可高达 400 万吨以上。带钢热连轧生产线主要组成包括：板坯(连铸坯)厚度 200mm 以上，长度一般为 4.5～9m(也有达 12m)；具有一定容量的板坯库；设有加热炉区(一台或多台步进式加热炉)；具有粗轧机，后接精轧机组，热输出辊道(上设层流冷却装置)，地下卷取机及成品运输链/成品库，如图 3-1 所示。热连轧生产线的主要工艺流程如下。

(1)检查合格的热态连铸板坯，由连铸车间出坯跨的出坯辊道送往炉前。在入炉辊道上由托钢机托至步进式加热炉受料台架上，再由步进梁托入炉内加热。板坯在加热炉内被加热至约 1250℃，用出钢机将加热后的板坯从加热炉中托出放到出炉辊道上，送往高压水除磷装置清除板坯表面氧化铁皮。

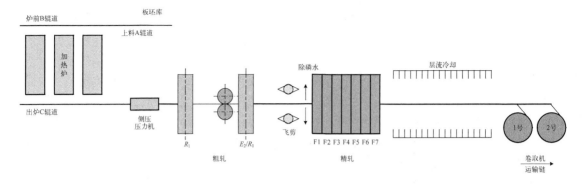

图 3-1　带钢热连轧生产线

（2）根据所轧制带钢厚度，粗轧机组将板坯轧为厚度为 30～50mm 的中间带坯，在粗轧机组后设测宽仪、高温计等测量仪表。粗轧轧出的中间坯经过中间辊道送往精轧区，中间辊道可设有保温罩用于减少输送过程中的温降，也可采用热卷箱保温并减少头尾温差。

（3）为保证精轧质量，送入精轧机的中间坯温度应为 1050℃左右，不合格的中间坯在中间辊道上由中间坯推出装置推出到收集架上。合格的中间坯经过中间辊道送至飞剪，经飞剪切头截尾，再经过精轧除磷装置除去二氧化碳铁皮，然后送入精轧机组轧制到成品带钢厚度。

（4）精轧机组机架间设有液压活套装置，使带钢进行恒定微张力轧制，保证带钢的轧制精度。在精轧机后设有测厚仪、测宽仪、板型仪或凸度仪，测量并显示带钢的厚度、宽度，与精轧机组的 F1～F7 液压 AGC 控制系统、弯辊横移系统配合，以提高带钢纵向尺寸精度和减小带钢横向厚度公差。带钢终轧温度控制在 830～880℃。

（5）轧制后的带钢经过输出辊道经夹送辊送入卷取机卷取。精轧机组和卷取机之间的辊道上设有层流冷却装置，分别对带钢上、下表面进行喷水冷却，根据带钢的钢种、厚度、速度和终轧温度的要求来调节喷水集管的组数和水量，将带钢卷取温度控制到 650℃左右。

（6）经卷取机卷取成卷后，由卸卷小车卸卷并由打捆机打捆，由步进梁式运输机运至快速链上，再由运输系统送往检查线和成品库。合格的钢卷称重喷印并由打捆机打捆后送往成品库，分类堆放。

3.1.2　系统硬件框架

卷取-打捆-喷印-入库是热连轧生产线的最后环节，其一体化控制实训系统由卷取、打捆、喷印、入库和运输 5 个工作站组成，各工作站均设置一台 PLC 承担其控制任务，各 PLC 之间通过 RS485 串行通信实现互联，构成分布式的控制系统。一体化控制实训系统硬件结构如图 3-2 所示，为了让每个部分在相互联系的情况下完成各自模块的功能，每个部分均有各自的控制处理器，每个处理器之间实现通信，通过传感器的检测和反馈，实现对执行机构的控制，协同完成一体化控制系统的整体功能。各功能模块的操作设备及安装位置分别如图 3-3 和图 3-4 所示，从右到左依次完成卷取、打捆、喷印、入库等任务，各个单元模块之间的运输由安装在直线导轨上的机械手抓完成。

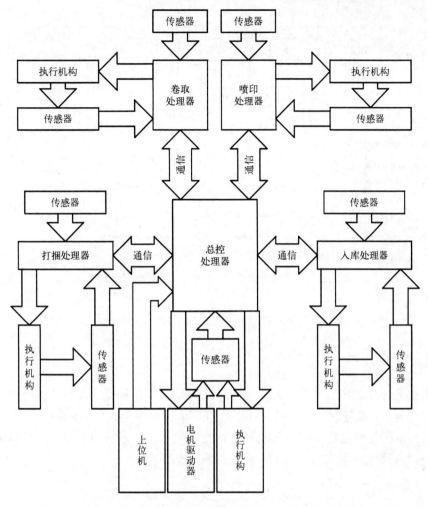

图 3-2　带钢热连轧一体化控制实训系统硬件结构图

图 3-3　带钢热连轧一体化控制实训系统设备

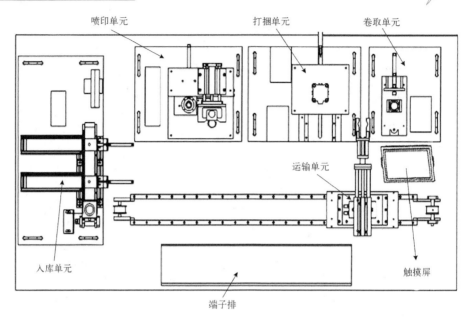

图 3-4　带钢热连轧一体化控制实训系统设备俯视图

3.1.3　系统工作流程

带钢热连轧一体化控制实训系统的基本工作流程为[21]：首先将经过层流冷却的带钢送入卷取单元物料台，完成卷取操作后将轧件送往打捆单元物料台，由打捆机械手进行打捆操作，然后把完成打捆的轧件送往喷印单元物料台进行喷印操作，最后将完成喷印操作的轧件送往入库单元按规格储存，系统的详细工作流程如图 3-5 所示。

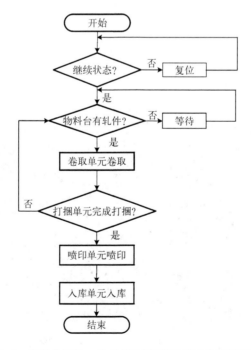

图 3-5　带钢热连轧一体化控制实训系统工作流程图

系统通电后，首先自动执行复位操作，使输送站机械手装置回到原点位置；这时，绿色警示灯以 1Hz 的频率闪烁；输送站机械手装置回到原点位置后，复位完成；如果卷取站物料台有轧件，则绿色警示灯常亮，表示允许启动系统；按下启动按钮，系统启动，若没有轧件，则黄灯以 1Hz 的频率闪烁，系统无法启动；若轧件不足(只有一个轧件)，则只有黄灯闪烁 3s间歇 3s，系统仍可运行。各模块的具体流程如下。

(1)卷取单元：当卷取站物料台传感器检测到轧件后，把待卷取轧件从物料台移送到卷取区域卷取气缸的正下方，完成对轧件的卷取加工，然后把加工好的轧件重新送回物料台。

(2)打捆单元：当打捆站物料台传感器检测到轧件到来后，首先执行把轧件转移到打捆机械手下方的操作，然后由打捆机械手执行把轧件打捆的操作。打捆动作完成后，向系统发出打捆完成信号。

(3)喷印单元：当喷印站物料台传感器检测到轧件后，把待喷印轧件从物料台移送到喷印区域喷印气缸的正下方，完成对轧件的喷印操作，然后把完成喷印的轧件重新送回物料台。

(4)入库单元：如果轧件规格检测为规格 1，则该轧件到达 1 号滑槽中间，传送带停止，轧件被推到 1 号槽中；如果为规格 2，则该轧件到达 2 号滑槽中间，传送带停止，轧件被推到 2 号槽中。当入库气缸活塞杆推出轧件并返回后，变频器停止运行，并向系统发出入库完成信号。

(5)输送单元：其主要功能为按顺序完成各个操作单元轧件的运输工作。

系统的控制方式采用分布式网络控制。系统指令工作信号由连接到输送站的按钮/指示灯模块提供，安装在工作桌面上的警示灯显示整个系统的主要工作状态，如复位、启动、停止、报警等，并且提供输送站的按钮/指示灯模块的 2 个指示灯用于指示网络的正常和故障状态。

3.1.4　气动技术的应用

带钢热连轧一体化控制实训系统涵盖了机、电、光、气一体化专业中所涉及的多学科、多专业综合知识，可最大限度缩短实训过程与实际生产过程的差距，涉及的技术包括：PLC控制技术、传感器检测技术、气动技术、电机驱动技术、工控机组态监控及人机界面技术、机械结构与系统安装调试、故障检测技术、Profibus 总线技术、PPI 总线技术、变频调速技术、触摸屏技术、运动控制、工控机技术及系统工程等，有利于学生的专业理论知识综合应用。

气动技术的全称为气压传动与控制技术，是生产过程自动化和机械化的最有效手段之一，具有高速、高效、清洁安全、低成本、易维护等优点，被广泛应用于轻工机械领域中，在食品包装及生产过程中也正在发挥越来越重要的作用。

气动技术以空气和惰性气体作为工作介质，空气的供给量充足且无须成本。更重要的是，空气和惰性气体对周围环境不造成污染，是清洁介质。气动技术可以做到远距离供气，减少本地机械设备，节省厂房空间。但是，气体的压缩性使得气动元件的动作速度容易受到负载变化的影响。气动设备的输出力能满足大部分的工业操作需要，但是和液压设备相比，气动设备的输出力还是要小一些。另外，气缸在低速运动时，受摩擦力影响较大，稳定性稍差。

气动技术应用最典型的代表是工业机器人。工业机器人能代替人类的手腕、手以及手指正确并迅速地做抓取或放开等细微的动作。除了工业生产上的应用，在游乐场的过山车上的制动装置、机械制作的动物表演以及人形报时钟的内部，均采用了气动技术，实现细小的动作。

液压可以得到巨大的输出力但灵敏度不够;另外要用电能来驱动物体,总需要用一些齿轮,同时不能忽视漏电所带来的危险。而与此相比,使用气动技术既安全又对周围环境无污染,即使在很小的空间里,也可以实现细小的动作。如果尺寸相同,其功率能超过电气。与此特性所带来的需求完全相一致的就是半导体产业。在生产线上,实现前进、停止、转动等细小简单的动作,在自动化设备中不可或缺。在其他方面,如制造硅晶片生产线上不可缺少的电阻涂抹工序中使用的定量输出泵以及与此相配合的周边机器。

[钢铁行业——民族的脊梁]

中华人民共和国成立以来,尤其是改革开放以来,我国工业持续快速发展,建成了门类齐全、独立完整的产业体系,我国已经成为制造业大国,有力地推动了我国工业化和现代化的进程,显著增强了综合国力,支撑了世界大国的地位。同时必须看到,我国成为制造业大国,钢铁工业功不可没。钢铁工业对国防、石油、造船、建筑等工业体系均起到了很大的支撑与推动作用,是我国大国崛起、民族复兴的重要基石。在我国的钢铁工业发展中,也涌现了一批以孙一康等专家学者为杰出代表的行业领军人才,为钢铁生产技术的国产化转型做出了突出贡献。其中,孙一康教授参与的武钢1700mm宽带热轧机计算机控制系统的自主开发成果,在我国率先打破了大型轧机自动化系统重复成套引进的格局,开创了我国复杂工业控制系统全部控制软件立足国内的先河,为我国钢铁行业的发展带来巨大的经济效益,成为钢铁生产技术自主创新的成功典范。

3.2 系统需求分析

研发带钢热连轧一体化控制系统的需求在于实现热连轧生产线带钢产品轧制完成后卷取、打捆、喷印、入库等一体化操作的智能感知与控制,为钢铁企业智能制造工厂的实现提供支撑。根据生产工艺,完成精轧并经层流冷却后的带钢进入卷取区,卷取完成后打捆,再经过喷印后送出入库,整个流程实现一体化智能控制。具体需求分析如下。

3.2.1 实训任务分析

带钢热连轧一体化控制系统实训的主要任务包括以下方面。

(1)明确卷取-打捆-喷印-入库一体化控制系统自动生产线的工作目标,即将满足卷取条件的带钢由卷取机卷取成钢卷,然后将钢卷送往打捆机打捆,合格的钢卷称重喷印后,送往成品库,分类堆放。

(2)完成各个功能模块的安装,并组合在一起。

①设备安装。

完成一体化控制系统的卷取、打捆、喷印、入库单元和输送单元的部分器件装配工作,并把这些工作单元安装在一体化控制系统的工作桌面上。

②气路连接。

根据生产线工作任务对气动元件的动作要求和控制要求,连接气路。

③电路设计和电路连接。

a. 根据控制要求,设计输送单元的电气控制电路,并根据所设计的电路图连接电路。

b. 按照给定的 I/O 分配表，连接卷取、打捆和喷印单元控制电路。对于入库单元，按照给定 I/O 分配表预留给变频器的 I/O 端子，设计和连接变频器主电路和控制电路，并连接入库单元的控制电路。

c. 根据生产线的网络控制要求，连接通信网络。

④程序编制和程序调试。

a. 根据生产线正常生产的动作要求和特殊情况下的动作要求，编写 PLC 的控制程序和设置步进电机驱动器参数及变频器参数。

b. 调试机械部件、气动元件、检测元件的位置和编写的 PLC 控制程序，满足设备的生产和控制要求。

(3)培养学生工程实践能力和创新能力。本实训系统由"工业自动化生产过程""自动控制原理""电力拖动""PLC""工业组态软件""控制网络技术"等多门课程融合而成，有利于学生综合掌握自动化专业的课程体系。

3.2.2　功能需求分析

研制一套带钢热连轧卷取-打捆-喷印-入库一体化控制系统，将热连轧生产线带钢经精轧、层流冷却处理后的卷取直至入库实现一体智能化操作，实现现场各工艺流程的一体化控制设计。主要功能如下。

1) 卷取模块

当带钢经过层流冷却进入卷取区时，根据速度和温度传感器检测数据，控制卷取机完成带钢卷取。操作完成后，向系统发出卷取完成信号，由输送单元运送到打捆模块。

2) 打捆模块

当打捆机物料台的物料传感器检测到钢卷到来后，应首先执行把该站料仓的钢卷转移到打捆机械手下方的操作，然后由打捆机械手执行把钢卷打捆的操作。打捆动作完成后，向系统发出打捆完成信号。

3) 喷印模块

当喷印站物料台的传感器检测到钢卷到位后，把待喷印钢卷从物料台移送到喷印区域喷印气缸的正下方；完成对轧件的喷印操作，然后把完成喷印的钢卷重新送回物料台。操作结束后，向系统发出喷印完成信号。

4) 入库模块

当输送站机械手装置放下钢卷、缩回到位后，入库站的变频器即启动，驱动传动电动机以频率为 30Hz 的速度，把钢卷带入入库区。如果钢卷规格检测为规格 1，则该钢卷到达 1号滑槽中间，传送带停止，钢卷被推到 1 号槽中；如果为规格 2，则该钢卷到达 2 号滑槽中间，传送带停止，钢卷被推到 2 号槽中。当入库气缸活塞杆推出钢卷并返回后，应向系统发出入库完成信号。变频器停止运行，并向系统发出入库完成信号。

5) 总控模块

总控模块的主要功能为通过单击一体化控制系统各个单元的按键，具体包括卷取单元、打捆单元、喷印单元、入库单元和输送单元，可以进入该单元的界面内对其进行操控。同时还有"物料状态"的按键，单击可进入查看各单元的物料状态(各单元的传感器前有无物料)。

6)输送单元

输送单元的主要功能为完成各个部分轧件的运输工作，按顺序运到下一个工作部分。

7)通信单元

通信单元的主要功能为负责各个单元之间的通信，传递相关信号以及负责主站与触摸屏之间的通信。

3.2.3 生产效率需求分析

1)方案一

采用流水线操作，系统依次完成卷取、打捆、喷印、入库单元操作，之后，返回至原点，进行下次轧件的入库操作。经初步预期计算，各单元的具体情况如下。

(1)卷取单元：机械手从原点到卷取需1.5s，放料需1.25s，完成卷取需4s，取料需2.5s。

(2)打捆单元：卷取到打捆需4s，放料需1.25s，完成打捆需5s，取料需2.5s。

(3)喷印单元：打捆到喷印需5s，放料需1.25s，完成喷印需3s，取料需2.5s。

(4)入库单元：喷印到入库需1s，放料需1.25s，完成规格检测需1s，入库需2s。

(5)卷取单元：入库到卷取需10s。

经计算可得，若完成10个钢卷的卷取打捆等功能，所需时间为480s。

2)方案二

采用同步操作，在打捆单元进行打捆时，返回至其他模块，优先执行相应的操作。循环方式为：卷取→打捆→卷取→打捆→喷印→入库→打捆→喷印→入库→卷取，经初步预期计算，各单元的具体情况如下。

(1)卷取单元：机械手从原点到卷取需1.5s，放料需1.25s，完成卷取需4s，取料需2.5s。

(2)打捆单元：卷取到打捆需4s，放料需1.25s。

(3)卷取单元：打捆到卷取需4s，放料需1.25s，完成卷取需4s，取料需2.5s。

(4)打捆单元：卷取到打捆需4s，放料需1.25s，取料需2.5s。

(5)喷印单元：打捆到喷印需5s，放料需1.25s，完成喷印需3s，取料需2.5s。

(6)入库单元：喷印到入库需1s，放料需1.25s。

(7)打捆单元：入库到打捆需6s，取料需2.5s。

(8)喷印单元：打捆到喷印需5s，放料需1.25s，完成喷印需3s，取料需2.5s。

(9)入库单元：喷印到入库需1s，放料需1.25s。

(10)卷取单元：入库到卷取需10s。

经计算可得，若完成10个工件的卷取打捆等功能，所需时间为402.5s。

对比方案一与方案二的时间可知，基于时间效率等因素的考虑，方案二的效率明显优于方案一。因此，为满足厂家对生产效率和经济效益的需求，决定采用方案二。

[生产效率——企业的重要考核指标]

生产效率是指固定投入量下，制程的实际产出与最大产出两者间的比率，可反映出达成最大产出、预定目标或是最佳营运服务的程度，也可衡量经济个体在产出量、成本、收入，或是利润等目标下的绩效。生产效率的提升依赖生产人员技术水平和生产设备自动化程度的提高，有利于降低人工成本，提升企业经济效益水平。

3.2.4 对象特性分析

1）卷取单元

卷取单元机械部分由直线导轨、送料气缸、夹紧气缸、工作台、卷取压头、下压气缸、推料气缸等组成。送料气缸将轧件送至工作台预定位置以备进行卷取操作，夹紧气缸用于卷取操作时夹紧固定轧件，推料气缸将卷取完成的轧件推出到工作台预定位置以备传送机械手抓取。

2）打捆单元

打捆单元机械部分由料仓、摆动气缸、双杆气缸、气动手爪、下降气缸、工作台等组成。

3）喷印单元

喷印单元机械结构由直线导轨、送料气缸、夹紧气缸、工作台、喷印压头、下压气缸、推料气缸等组成。

以上卷取单元、打捆单元、喷印单元控制部分均采用西门子 S7-200 PLC 作为控制器，输出口控制单向电磁阀的通断，从而操纵气缸按照一定的逻辑进行动作。PLC 通过通信电缆与主控制器进行通信。

4）入库单元

入库单元机械结构由三相异步电机、传送带、规格 1 轧件槽、规格 2 轧件槽、规格 1 轧件推料气缸、规格 2 轧件推料气缸等组成。

控制部分用西门子 S7-200 PLC 作为控制器，输出口控制单向电磁阀的通断，从而操纵气缸按照一定的逻辑进行动作，PLC 输出口同时控制变频器，从而控制三相异步电机的动作。PLC 通过通信电缆与主控制器进行通信。

5）输送单元

输送单元机械结构由步进电机、同步带、直线导轨、滑台、机械手爪、上升气缸、旋转气缸、双杆气缸等组成。输送单元传动组件和机械手装置的侧视图如图 3-6 所示。

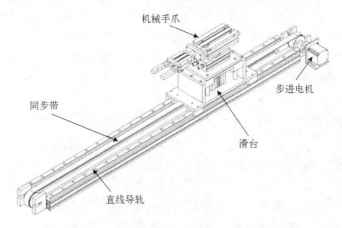

图 3-6 输送单元传动组件和机械手装置的侧视图

3.2.5 工艺流程需求分析

1）卷取单元

当工作台物料检测传感器检测到轧件信号时，速度和温度传感器检测符合卷取要求，开始执行卷取操作,主要流程为:送料气缸缩回—夹紧气缸伸出夹紧—卷取压头下压—压头上升—夹紧气缸缩回—送料气缸送出—卷取动作完成。

2)打捆单元

当工作台物料检测传感器检测到轧件信号时,开始执行打捆操作,主要流程为:送料气缸缩回—夹紧气缸伸出夹紧—打捆机械手下压—打捆机械手旋转动作—打捆机械手上升—夹紧气缸缩回—送料气缸送出—打捆动作完成。

3)喷印单元

当工作台物料检测传感器检测到轧件信号时,开始执行喷印操作,主要流程为:送料气缸缩回—夹紧气缸伸出夹紧—喷印压头下压—压头上升—夹紧气缸缩回—送料气缸送出—喷印动作完成。

4)入库单元

当工作台物料检测传感器检测到轧件信号时,开始执行入库操作,主要流程为:变频器驱动电机旋转—传送带运动—规格 1(2)位检测传感器检测到信号—电机停转—规格 1(2)位气缸推出—入库动作完成。

5)输送单元

当每个单元模块发出完成任务的信号时,移动机械臂到对应位置,然后夹取轧件,传送至下一个工作单元。

3.2.6 系统安全需求分析

1)卷取单元

如果发生来自卷取站"轧件不足够"的预报警信号或"轧件没有"的报警信号,那么系统动作如下。

(1)若没有轧件,则黄灯以 1Hz 的频率闪烁,系统无法启动。

(2)若轧件不足(只有一个轧件),则只有黄灯闪烁 3s 间歇 3s,系统仍可运行。

若报警信号为"轧件没有",且卷取站物料台上已推出轧件,系统继续运行,直至完成该工作周期尚未完成的工作。当该工作周期工作结束时,系统将停止工作,除非"轧件没有"的报警信号消失,系统不能再启动。

2)打捆单元

如果发生来自打捆站的"轧件不足够"的预报警信号或"轧件没有"的报警信号,那么系统动作如下。

(1)若没有轧件,则黄灯以 1Hz 的频率闪烁,系统无法启动。

(2)若轧件不足(只有一个轧件),则只有黄灯闪烁 3s 间歇 3s,系统仍可运行。

若报警信号为"轧件没有",且打捆站回转台上已落下打捆机械手,则系统继续运行,直至完成该工作周期尚未完成的工作。当该工作周期工作结束时,系统将停止工作,除非"轧件没有"的报警信号消失,系统不能再启动。

3)喷印单元

如果发生来自喷印站的"轧件不足够"的预报警信号或"轧件没有"的报警信号,那么系统动作如下。

(1)若没有轧件,则黄灯以 1Hz 的频率闪烁,系统无法启动。

（2）若轧件不足（只有一个轧件），则只有黄灯闪烁 3s 间歇 3s，系统仍可运行。

若报警信号为"轧件没有"，且喷印站已落下喷印压头，则系统继续运行，直至完成该工作周期尚未完成的工作。当该工作周期工作结束时，系统将停止工作，除非"轧件没有"的报警信号消失，系统不能再启动。

3.3　总体方案设计

根据带钢热连轧一体化控制需求，整个系统采用分级、多层的方案进行设计，总体架构如图 3-7 所示[22-23]。在带钢热连轧现场实际生产情况的基础上，根据企业生产任务、各设备生产效率等，重点研究卷取、打捆、喷印、入库、总控等一体化控制系统主要功能模块的设计与实现技术。

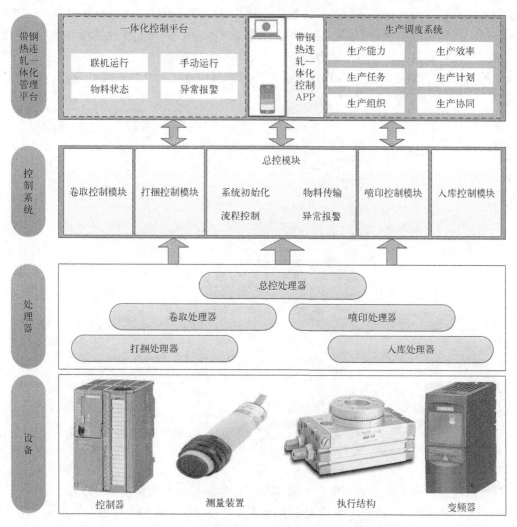

图 3-7　带钢热连轧一体化控制系统总体架构

3.4　详细方案设计与实现

3.4.1　软硬件平台搭建

1. 硬件设备选型

一体化控制系统硬件设备主要包括控制器、测量变送装置、执行机构、I/O 模块配置、仪表盘、控制柜、配电装置等。

1) 控制器选择

控制器采用的是德国西门子(SIEMENS)公司的 S7-200 系列 PLC 控制器。该系列是一种可编程序逻辑控制器(Micro PLC)，它能够控制各种设备以满足自动化控制需求。S7-200 的用户程序中包括位逻辑、计数器、定时器、复杂数学运算以及与其他智能模块通信等指令内容，从而使它能够监视输入状态，改变输出状态以达到控制目的。紧凑的结构、灵活的配置和强大的指令集使 S7-200 成为各种控制应用的理想解决方案。S7-200 PLC 设备结构如图 3-8 所示。

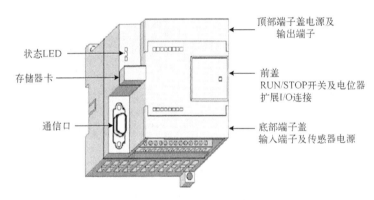

图 3-8　S7-200 PLC 设备

2) 测量装置选择

(1) 接近开关。

①型号。

有两种型号的接近开关可供选择，分别如下。

a. LJ12A3 Z/BX：沪工接近开关，7.5 元。

b. PR12-4DN：Autonics 三线接近开关，30 元。

②系统用途。

该系统用于卷取单元、打捆单元、喷印单元、入库单元等的金属检测。在卷取单元、打捆单元、喷印单元时，当接近开关检测到有金属轧件在物料平台时发出信号。在入库单元时，当接近开关检测到金属轧件通过传送带时发出信号。

③功能介绍。

接近开关(图 3-9)是一种无须与运动部件进行机械直接接触而可以操作的位置开关，当

物体接近开关的感应面到动作距离时，不需要机械接触及施加任
何压力即可使开关动作，从而驱动直流电器或给 PLC 装置提供控
制指令。接近开关又称无触点接近开关，是理想的电子开关量传
感器。当金属检测体接近开关的感应区域时，开关就能无接触、
无压力、无火花、迅速发出电气指令，准确反映出运动机构的位
置和行程，即使用于一般的行程控制，其定位精度、操作频率、
使用寿命、安装调整的方便性和对恶劣环境的适用能力，是一般
机械式行程开关所不能相比的。

图 3-9　接近开关

　　④型号选择。

　　根据对比，LJ12A3 Z/BX 型接近开关的价格低，且二者的参数性能相差不多。同时，
LJ12A3 Z/BX 型可以达到要求的测量精度。因此，选择性价比更高的 LJ12A3 Z/BX 型接近开
关，其参数见表 3-1。

表 3-1　接近开关 LJ12A3 Z/BX 的参数

检测范围	2 (1±10%) mm	4 (1±10%) mm
设定距离	0～1.6mm	0～3.6mm
滞后距离	检测距离的 10%以下	
检测物体	磁性金属(非磁性金属时检测距离减小)	
标准检测物体	铁 12mm×12mm×1mm，铁 15mm×15mm×1mm	
响应频率	DC: 1kHz，AC: 50Hz	
电源电压	直流型：DC12～24V(6～36V)脉动(P-P)10%以下	
	交流型：AC110～220V(36～250V) 50/60Hz	
耐电压	AC1000V 50/60Hz 1min 充电部分与外壳间	
电压的影响	额定电源电压范围±15%以内、额定电源电压值时±10%检测距离以内	
消耗电流	N.P 型：13mA 以下，D 型：0.8mA 以下，A 型：1.7mA 以下	
控制输出	N.P 型：300mA 以下，D 型：200mA 以下，A 型：400mA 以下	
回路保护	N.P.D 型：逆连接保护、浪涌吸收、负载短路保护，A 型：浪涌吸收	
环境温、湿度	动作时、保护时：各−30～+65℃	
	(不结冰、不结霜)，动作时、保护时：各(35%～95%)RH	
温度的影响	温度范围−30～+65℃、+23℃时：±15%检测距离以内	
	温度范围−25～+60℃、+23℃时：±10%检测距离以内	
绝缘阻抗	50MΩ 以上(DC500 兆欧表)充电部分与外壳间	
材质	外壳：黄铜镀镍，检测面：ABS	

　　(2)光电开关。

　　①型号。

　　有多种型号的光电开关可供选择，分别如下。

　　a. ELE18S-A30NAD3：漫反射型三线 NPN 常开，28 元，其参数见表 3-2。

　　b. E3F-DS10C1：A 级 10cm，NPN 三线直流常开，M18，32 元，其参数见表 3-3。

　　c. E3F-DS30C4：漫反射光电开关，三线 NPN 常开，5～30cm 可调，20 元。

表 3-2　ELE18S-A30NAD3 光电开关参数

检测范围	10(1±10%)cm	10～20(1±10%)cm	10～30(1±10%)cm
检测范围调节	固定	灵敏度调节器	灵敏度调节器
接通延时	1.5ms		
光源	红外线 660mm		
电源电压	直流型：DC12～24V(6～36V)脉动(P-P)10%以下		
	交流型：AC110～220V(90～250V)50/60Hz		
耐电压	AC1000V 50/60Hz 1min 充电部分与外壳间		
电压的影响	额定电源电压范围±15%以内、额定电源电压值时±10%检测距离以内		
消耗电流	N.P 型：13mA 以下，D 型：0.8mA 以下，A 型：1.7mA 以下		
控制输出	N.P 型：300mA 以下，D 型：200mA 以下，A 型：400mA 以下		
回路保护	N.P.D 型：逆连接保护、浪涌吸收、负载短路保护，A 型：浪涌吸收		
环境温、湿度	动作时、保护时：各-30～+65℃		
	(不结冰、不结霜)，动作时、保护时：各(35%～95%)RH		
温度的影响	温度范围-30～+65℃、+23℃时：±15%检测距离以内		
	温度范围-25～+60℃、+23℃时：±10%检测距离以内		
绝缘阻抗	50MΩ 以上(DC500 兆欧表)充电部分与外壳间		
材质	外壳：黄铜镀镍 ABS，检测面(透镜)：PMMA		

表 3-3　E3F-DS10C1 光电开关参数

检测范围	10～20(1±10%)cm
检测范围调节	灵敏度调节器
检测目标	透明/不透明物体
响应时间	1ms
接通延时	1.5ms
光源	红外线 660nm
电源电压	直流型：DC12～24V(6～36V)脉动(P-P)10%以下
	交流型：AC110～220V(90～250V)50/60Hz

②系统用途。

a. 用于检测打捆单元旋转工作台上是否有轧件，并给机械手爪发送信号。

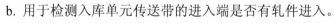

b. 用于检测入库单元传送带的进入端是否有轧件进入。

③功能介绍。

光电开关(光电传感器)(图 3-10)是光电接近开关的简称，它是利用被检测物对光束的遮挡或反射，由同步回路接通电路，从而检测物体的有无。物体不限于金属，所有能反射光线(或者对光线有遮挡作用)的物体均可以被检测。光电开关将输入电流在发射器上转换为光信号射出，接收器再根据接收到的光线的强弱或有无对目标物体进行探测。工业中经常用安防系统中常见的光电开关烟雾报

图 3-10　光电开关

警器，来计数机械臂的运动次数。光电开关用于打捆单元、入库单元轧件信号的检测。

④型号选择。

综合参数与价格方面的因素，考虑到传感器需要实现的功能，选择以下传感器。

a. 型号为 E3F-DS10C1 的光电开关用于检测打捆单元旋转台是否有轧件。

b. 型号为 E3F-DS30C4 的光电开关用于检测入库单元传送带的进入端是否有轧件进入。

3）执行机构

(1) 气缸。

①型号。

本系统所用的气缸型号为 CDJ2B 16*60，CDJ2B 10*45，CDQ2B 63*30，CDQ2B 63*30D，CDM2B 20*150，SBA1075。各型号的参数如下。

a. CDJ2B 表示内置磁环复动型，16 表示缸径为 16mm，60 表示行程为 60mm。

b. CDQ2B 为薄型气缸 CQ2 系列，D 代表附磁石，B 表示气缸本体四个安装孔为沉头+通孔，63 表示缸径为 63mm，30 表示行程为 30mm，最后的 D 表示复动。

c. CDM2B 为新款标准型气缸（双作用）CM2 系列，D 表示内置磁环，B 表示安装形式为基本型，20 表示缸径为 20mm，150 表示行程为 150mm。

d. SBA1075 为气立可笔形气缸 SBA 系列，10 表示缸径为 10mm，75 表示行程为 75mm。

②型号选择。

总控机械手的气缸型号为 CDQ2B 63*30D。卷取单元送料气缸的型号为 CDJ2B 10*45。卷取和喷印单元加工轧件时用的气缸型号为 CDQ2B 63*30，夹紧轧件时用的气缸型号为 CDJ2B 16*60，控制平台移动的气缸型号为 CDM2B 20*150，打捆单元和入库单元中推出轧件的气缸型号为 SBA1075。

③功能介绍。

气缸：引导活塞在缸内进行直线往复运动的圆筒形金属机件。空气在发动机气缸中通过膨胀将热能转化为机械能；气体在压缩机气缸中接受活塞压缩而提高压力。涡轮机、旋转活塞式发动机等的壳体通常也称"气缸"。气缸的应用领域有：印刷（张力控制）、半导体（点焊机、芯片研磨）、自动化控制、机器人等。

笔形气缸：CDJ2B 系列笔形气缸属于 CJ2 系列标准型气缸中的有内置磁环的气缸，具有耐横向载荷和杆不回转功能。缸体为不锈钢，安装形式为基本型。

CDJ2B 系列笔形气缸有单作用和双作用两种动作形式，其中单作用有弹簧压出和弹簧压回两种，缓冲形式为橡胶缓冲，也可选气缓冲，无须给油。该系列气缸前后盖带固定式防撞垫，使用寿命长；多种后盖形式，使气缸安装更方便；不锈钢材质的活塞杆，使气缸能适应一般腐蚀性工作环境；CDJ2B 系列气缸既有带磁性开关的类型，也有不带磁性开关的类型，气缸及气缸安装附件规格多样，可根据实际使用环境选择合适的型号。

气立可笔形气缸 SBA 系列的特点是：免给油，采用含油合金，特殊轴承护套，使活塞杆无须给油；高品质、耐久佳，气缸采用高级不锈钢材质，耐磨、耐腐蚀；多样化支架，多种固定式及非固定式支架。

(2) 旋转台（旋转气缸）(图 3-11)。

①型号。

本系统所用旋转台的型号为 MSQB20A 和 MSQB30A。其中，MSQB20A 为摆台 MSQ 系列，B 表示基本型，20 表示缸径，A 表示带调整螺钉。

②系统用途。

MSQB30A 型号摆动气缸用于总控单元，控制机械手爪的旋转。MSQB20A 型号旋转台用于打捆单元轧件的旋转。

③功能介绍。

摆动气缸是利用压缩空气驱动输出轴在一定角度范围内做往复回转运动的气动执行元件，用于阀门的开闭以及机器人的手臂动作等。

该型号气缸的特点有：平台和摆动气缸一体化；带角度调节单元；负载可直接安装，本体安装时对中容易；可选择内置液压缓冲器或外部缓冲器。

(3)机械手。

①型号。

本系统所用机械手爪的型号为 MHZ2-20D，为标准型，2 代表手指数 2 个，20 表示缸径为 20mm，D 表示动作方式为双作用。

②系统用途。

机械手用于打捆单元轧件的抓取。主要包括以下抓取动作：手爪张开—手爪下降—手爪夹紧—手爪松开—手爪上升—手爪缩回。

③功能介绍。

气动手指(图 3-12)又称气动夹爪或气动夹指，是利用压缩空气作为动力，用来夹取或抓取工件的执行装置。其主要作用是替代人的抓取工作，可有效提高生产效率及工作的安全性。最初起源于日本，后被我国自动化企业广泛使用。

图 3-11　旋转气缸

图 3-12　气动手指

(4)带导杆气缸。

①型号。

本系统所用带导杆气缸的型号为 MGPL 20*125，为 MGP 系列，L 表示球轴承，20 表示缸径为 20mm，125 表示行程为 125mm。

②系统用途。

MGPL 20*125 型号带导杆气缸用于总控单元。

③功能介绍。

带导杆气缸将与活塞平行的两根导杆与气缸组成一体，结构紧凑，导向精度高，能承受较大的横向负载和力矩。采用了端锁，即使没有气源也能保持气缸的位置，有两种类型的导杆轴承：滑动轴承和球轴承，滑动轴承的耐磨性及抵御重载能力强；球轴承的精度高，操作平稳。

(5)电磁阀。

①型号。

本系统所用电磁阀的型号为 DLPC 4V210-08，为 DLPC 品牌，4V 表示控制方式为电控，2 表示系列代号 200，10 表示结构类型为单控二位五通，08 表示通径规格为 G1/4，电压为 DC24V。

二位五通：P 是进气口，接气源；A、B 是出气口，接在使用的地方；R、S 是排气孔。A 是常开口，一通气就从 A 口出气。通电或者手动控制是 B 口出气。

②系统用途。

总控单元、卷取单元、打捆单元、喷印单元、入库单元均采用该型号电磁阀。

③功能介绍。

电磁阀(Electromagnetic Valve)是用电磁控制的工业设备，是用来控制流体的自动化基础元件，属于执行器，并不限于液压、气动，用于工业控制系统中调整介质的方向、流量、速度和其他参数。电磁阀可以配合不同的电路来实现预期的控制，而控制的精度和灵活性都能够保证。电磁阀有很多种，不同的电磁阀在控制系统的不同位置发挥作用，最常用的是单向阀、安全阀、方向控制阀、速度调节阀等。

电磁阀的工作原理：电磁阀里有密闭的腔，在不同位置开有通孔，每个孔连接不同的油管，腔中间是活塞，两面是两块电磁铁，哪面的磁铁线圈通电阀体就会被吸引到哪边，通过控制阀体的移动来开启或关闭不同的排油孔，而进油孔是常开的，液压油就会进入不同的排油管，然后通过油的压力来推动油缸的活塞，活塞又带动活塞杆，活塞杆带动机械装置。这样通过控制电磁铁的电流通断就控制了机械运动。

(6)步进电机。

①型号。

本系统所用的步进电机型号为 86HBP128AL4-TK0，编码器型号为 E50S8-1000-3-T-24。

②系统用途。

步进电机用于总控单元控制机械手爪的转动、停止。

③功能介绍。

步进电机又称脉冲电动机，是一种将电脉冲信号转变为角位移或线位移的执行电动机，一般用作开环控制系统的执行装置。近年来，由于计算机应用技术的迅速发展，步进电机常用于和计算机组成高精度的数字控制系统。在非超载的情况下，步进电机的转速、停止的位置等只取决于脉冲信号的频率和脉冲数，而不受负载变化的影响，即给其加一个脉冲信号，其就会转动一个步距角，这一线性关系的存在，与其只有周期性误差而无累积误差的特点相一致，使其在速度、位置等控制领域中得到了广泛应用。

(7)三相电机。

①型号。

本系统所用的电机型号为 80YS25GY22，减速箱型号为 80GK50H，各型号参数如下。

a. 电机型号 80YS25GY22，80 表示机座号；YS 为名称代号，表示标准电机；25 为功率代号，表示 25W；G 为转子轴形式代号，表示齿轮轴；Y22 为电压代号，表示三相 220V。

b. 减速箱型号 80GK50H，80 表示机座号；GK 为机型代号，表示 6～40W 减速箱；50 为减速比代号，表示减速比为 1:50；H 为结构代号，表示标准结构。

②系统用途。

该型号三相电机用于带动入库单元传送带的运行。

③功能介绍。

三相电机，是指当电机的三相定子绕组(各相差 120°电角度)通入三相交流电后，将产生一个旋转磁场，该旋转磁场切割转子绕组，从而在转子绕组中产生感应电流(转子绕组是闭合通路)。YS 系列三相电机按国家标准设计制造，具有高效、节能、噪声低、振动小、寿命长、维护方便、启动转矩大等特点，采用 B 级绝缘，外壳防护等级为 IP44，冷却方式为 IC411，额定电压为 380V，额定频率为 50Hz。

YS 标准电机原理结构(图 3-13)：交流感应电机，铝合金外壳全封闭结构。其特点是：体积小、功率大；单相、三相齐全；品种丰富，功率为 6～200W。

标准减速箱原理结构(图 3-14)：直齿、斜齿混合结构；全滚珠轴承；铝合金整体刚性结构；内镶不锈钢螺套提高强度。其特点是：低噪声、长寿命，安装方便、美观。

图 3-13　YS 标准电机

图 3-14　标准减速箱

4)变频器选择

(1)型号。

本系统采用西门子变频器 MicroMaster420 6SE6420-2UC11-2AA1。

(2)系统用途。

变频器用于整个系统，调整电机的功率，实现电机的变速运行，同时降低电力线路的电压波动。

(3)功能介绍。

西门子变频器 MicroMaster420 是全新一代模块化设计的多功能标准变频器；其友好的用户界面使用户的安装、操作和控制非常灵活方便；全新的 IGBT 技术、强大的通信能力、精确的控制性能和高可靠性都让控制变成一种乐趣。其详细参数参见表 3-4。

表 3-4　变频器参数

技术指标	MicroMaster420	
电源电压和功率范围	200～240V (1±10%) AC	0.12～3kW
	200～240V 3 (1±10%) AC	0.12～5.5kW
	200～480V 3 (1±10%) AC	0.37～11kW

续表

技术指标	MicroMaster420
电源频率	47～63Hz
输出频率	0～650Hz
功率因数	≥0.95
变频器效率	96%～97%
过载能力	周期时间 60s、300s 情况下, 过载电流为额定输出电流的 1.5 倍
冲击电流	小于额定输入电流
控制方法	线性 V/f 特性曲线; 平方 V/f 特性曲线; 可编程多点 V/f 特性曲线; 磁通电流控制(FCC)
脉冲频率	16kHz(标准型号为 230V 1/3AC)
	4kHz(标准型号为 400V 3AC)
	2～16kHz(2kHz 为一档)
固定频率	7, 可编程
跳跃频率范围	4, 可编程
设定值分辨率	0.01Hz, 数字
	0.01Hz, 连续
	10bit, 模拟
数字量输入	3 个完全编程隔离的数字量输入模块; 可切换 PNP/NPN
模拟量输入	1, 用于设定值或 PI 控制器(0～10V, 可扩展或用作第 4 个数字量输入)
继电器输出	1, 可编程, 30V DC/5A(阻性负载), 250V AC/2A(感性负载)
模拟量输出	1, 可编程(0～20mA)
串行接口	RS485, 可选 RS232
电机电缆长度	无输出扼流圈　最大 50m(屏蔽) 最大 100m(未屏蔽)
	有输出扼流圈　参见各相型号选件
电磁兼容性	变频器配有内置 Class A EMC 滤波器; 也可选择符合 EN55011 的内置 Class A 或 Class B EMC 滤波器
制动	DC 制动, 复合制动
防护等级	IP20
工作温度	−10～+50℃
储存温度	−40～+70℃
相对湿度	95%(无冷凝)
安装高度	最高海拔 1000m, 无额定值降低

①主要特征: 200～240V 3(1±10%), 单相/三相, 交流, 0.12～5.5kW; 200～480V 3(1±10%), 三相, 交流, 0.37～11kW; 模块化结构设计, 具有最多的灵活性; 标准参数访问结构, 操作方便。

②控制功能: 线性 V/f 控制, 平方 V/f 控制, 可编程多点设定 V/f 控制; 磁通电流控制(FCC), 可以改善动态响应特性; 最新的 IGBT 技术, 数字微处理器控制; 数字量输入 3 个, 模拟量输入 1 个, 模拟量输出 1 个, 继电器输出 1 个; 集成 RS485 通信接口, 可选 Profibus-DP 通信模块/Device-Net 模板; 具有 7 个固定频率, 4 个跳转频率, 可编程; 捕捉再启动功能; 在电源消失或故障时具有"自动再启动"功能; 灵活的斜坡函数发生器, 带有起始段和结束段的平滑特性; 快速电流限制(FCL), 防止运行中不应有的跳闸; 具有直流制动和复合制动

方式以提高制动性能；采用 BiCo 技术，实现 I/O 端口自由连接。

③保护功能：过载能力为 150%额定负载电流，持续时间为 60s；过电压、欠电压保护；变频器过温保护；接地故障保护，短路保护；I2t 电动机过热保护；采用 PTC 通过数字端接入的电机过热保护；采用 PIN 编号实现参数联锁；闭锁电机保护，防止失速保护。

[硬件设计——设备选型的重要性]

硬件设备选型是指，根据项目技术方案来确定硬件设备的型号与规格。硬件设备选型与技术方案密切相关，二者相辅相成。没有先进的技术方案，先进的设备难以发挥应有的功能；没有先进的设备，也不可能实现先进的技术。硬件选型的原则包括系统的开放性、延续性、扩展性、互连性、容错性、性价比，应用软件、生产厂商及平台的支持等，需要兼顾多重因素折中选取。

2．软件开发平台搭建

1）上位机软件

系统上位机软件为 WinCC flexible，为德国西门子公司工业全集成自动化(TIA)的子产品，是一款面向机器自动化概念的 HMI 软件。WinCC flexible 用于组态用户界面以操作和监视机器与设备，提供了对面向解决方案概念的组态任务的支持。WinCC flexible 基于触摸屏，功能强大，有方便实用的工程管理、集成的开发环境、功能强大易用的绘图工具、灵活的便捷菜单、支持无线色和过渡色、图形对象丰富的动画效果等，主页面如图 3-15 所示。

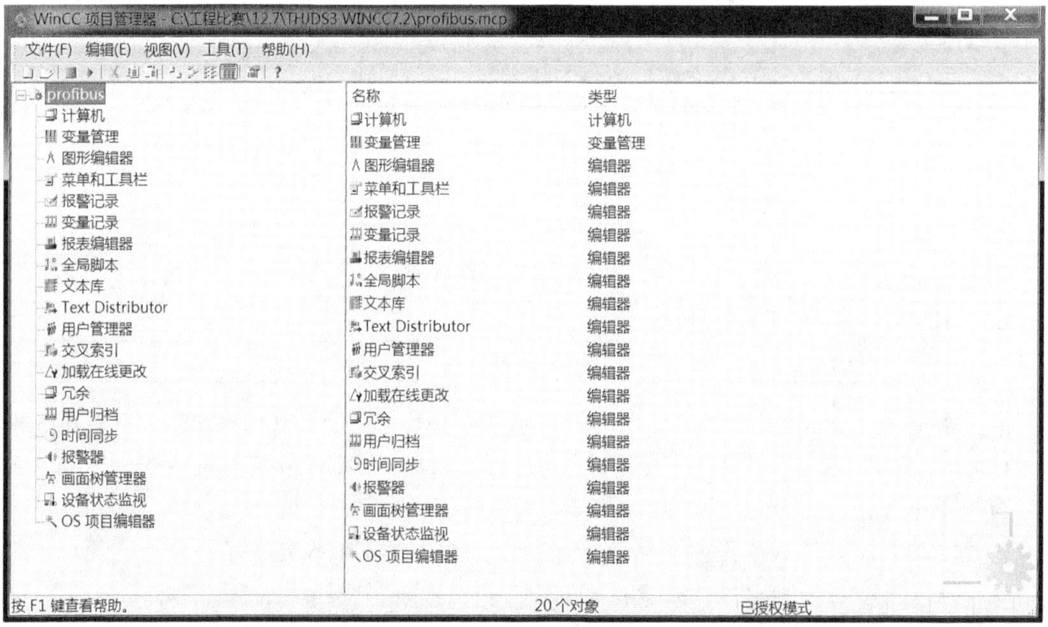

图 3-15　WinCC 主页面

WinCC flexible 提供类 C 语言的脚本，也兼容 VBA 应用，并且内嵌 OPC 支持。通过 WinCC 软件平台，可实现工程变量的设置及项目建立、工程复制、工程移植等功能。WinCC flexible

的主要特点如下。

(1)多功能性。

通用的应用程序,适合所有工业领域的解决方案;多语言支持,全球通用;可以集成到所有自动化解决方案内;内置所有操作和管理功能,可简单、有效地进行组态;可基于 Web 持续延展,采用开放性标准,集成简便;集成的 Historian 系统作为 IT 和商务集成的平台;可用选件和附加件进行扩展;"全集成自动化"的组成部分,适用于所有工业和技术领域的解决方案。

(2)应用领域广泛。

WinCC flexible 集生产自动化和过程自动化于一体,实现了相互之间的整合,在大量应用和各种工业领域的应用实例中也已证明,包括:汽车工业、化工和制药行业、印刷行业、能源供应和分配、贸易和服务行业、塑料和橡胶行业、机械和设备成套工程、金属加工业、食品、饮料和烟草行业、造纸和纸品加工、钢铁行业、运输行业、水处理和污水净化等。

(3)全面开放性。

WinCC flexible 很容易将标准的用户程序结合起来,建立人机界面,可精确地满足生产实际要求。通过系统集成,可将其作为系统扩展的基础,通过开放接口而开发自己的应用软件。

(4)高兼容性。

WinCC flexible 可适用于办公室和制造系统,提供成熟可靠的操作和高效的组态性能,同时具有灵活的扩展功能;可以集成到全厂范围的应用系统中,也可集成到车间控制层制造执行系统和全厂管理层企业资源计划,使得从自动化层,通过车间控制层,直到全厂控制管理层有一个连续的信息流。

2)下位机

系统采用西门子 S7-200 PLC 实现控制功能。西门子公司生产的可编程序控制器在我国的应用相当广泛,在冶金、化工、印刷生产线等领域都有应用。西门子公司的 PLC 产品包括LOGO、S7-200、S7-1200、S7-300、S7-400 等。西门子 S7 系列的 PLC 体积小、速度快、标准化,具有网络通信能力,功能更强,可靠性高。S7 系列的 PLC 产品可分为微型 PLC(如S7-200),小规模性能要求的 PLC(如 S7-300)和中、高性能要求的 PLC(如 S7-400)等。

SIEMENS S7-200 Micro 自成一体,特别紧凑但是具有惊人的能力,具有较强的实时性能和功能强大的通信方案,并且具有操作简便的硬件和软件。除此之外,还有很多其他特点,如 SIMATIC S7-200 Micro PLC 具有统一的模块化设计定制解决方案等。这一切都使得SIMATIC S7-200 Micro PLC 在一个紧凑的性能范围内为自动化控制提供一个非常有效和经济的解决方案。

(1)S7-200 PLC 的功能特点。

SIMATIC S7-200 系列的优点体现在以下几个方面:

①拥有强大的性能;

②最优模块化和开放式通信;

③结构紧凑小巧——狭小空间处理任何应用的理想选择;

④大容量程序和数据存储器;

⑤杰出的实时响应——在任何时候均可对整个过程进行完全控制,从而提高了质量、效率和安全性;

⑥易于使用 STEP 7-Micro/WIN 工程软件——初学者和专家的理想选择；

⑦集成的 RS485 接口或者作为系统总线使用；

⑧极其快速和精确的操作顺序和过程控制；

⑨通过时间中断完整控制对时间要求严格的流程。

（2）S7-200 PLC 接线。

S7-200 PLC 接线如图 3-16 所示。

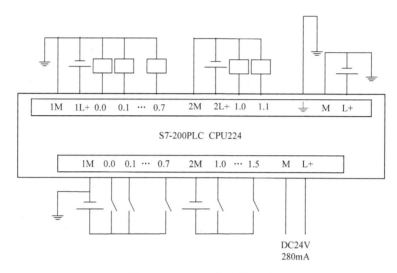

图 3-16　S7-200 信号接线图

①输入端说明。

输入端的每一个 I 口的公共端为接在一起的 M，只需要接 PLC 本身的负极电源即可（即下半部的 1M 是 I0.0～I0.7 的公共端，接到其最右端的 M 上则 PLC 这几个输入点的 M 点就都接到电源的 V–上了；而 2M 是 I1.0～I1.5 的公共端，接到其最右端的 M 上则 PLC 这几个输入点的 M 点就都接到电源 V–上了）。

PLC I 口的接线端与控制信号源，如按钮接到一起后再接到 PLC 下半部最右端的 L+上，即可构成一个通过按钮控制的闭合回路，从而当按下按钮时即给一个输入信号。

②输出端说明。

输出端每个接口相当于内部 E 极接在一起的三极管的 C 极。接在一起的 E 级与外部电源 V+接在一起，也就是每一端口的 L+。C 极就是输出点，其与负载一端相接，负载另一端接到外部电源 V–上，也就是每一组的 M 端。

接线图中输出口 Q 点接在负载的一端，负载的另一端要接回到 V–与 V+形成一个回路。输出点的 V+与 V–最好是 PLC 外部电源，不能使用 PLC 本身的正负电源，以防止负载过大烧毁输出点。

注意事项如下。

a. 接线时，每一端口组的 M 接外部电源的 V–（如输出端的 1M 与 2M），而每一端口组的 L+接外部电源的 V+（如输出端的 2 个 L+）。

b. 每一个输出口接到负载以后，再从负载另一端接到外部电源的 V–或者每一端口组的 M 即可。

c. 每一个输入点组均有一个公共端 M(如 PLC 输入部分的 1M 与 2M)，但是没有 L+。

d. 每一个输出点组均有一对 M 与 L+(如 PLC 输出部分的 1M、L+与 2M、L+)。

3.4.2 卷取模块设计

1. 软件流程设计

系统启动后，若卷取站的物料台上没有轧件，则把轧件推到物料台上，并向系统发出物料台上有轧件信号。若卷取站的料仓内没有轧件或轧件不足，则向系统发出报警或预警信号。物料台上的轧件被输送站机械手取出后，若系统启动信号仍然为"ON"，则进行下一次推出轧件操作。

当轧件推到卷取站物料台后，输送站抓取机械手装置应执行抓取卷取站轧件的操作。抓取动作完成后，步进电机驱动机械手装置移动到打捆站物料台的正前方，然后把轧件放到打捆站物料台上。

该模块的主要程序流程为：卷取模块初始化→送料气缸缩回→夹紧气缸夹紧→卷取压头下压→卷取压头上升→夹紧气缸缩回→送料气缸推出→卷取动作完成。详细程序流程如图 3-17 所示。

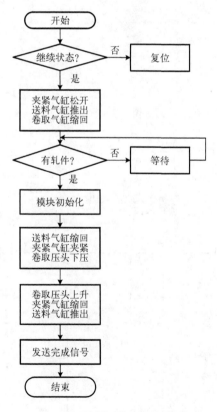

图 3-17 卷取模块程序流程图

在程序设计中，需要注意以下问题。

(1)当系统处于继续状态时，依次执行：夹紧气缸松开→送料气缸推出→卷取气缸缩回。

(2)当物料台检测到轧件时，依次执行：送料气缸缩回→夹紧气缸夹紧→卷取压头下压→卷取压头上升→夹紧气缸缩回→送料气缸推出，并将卷取完成信号存储在本地存储区，之后被总控读取。

(3)当系统处于复位状态时，将该系统复位。

2. PLC 程序设计

部分 PLC 程序如图 3-18～图 3-20 所示。

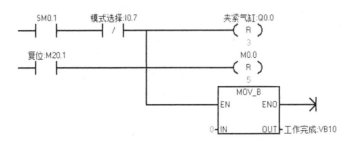

图 3-18　卷取模块初始化

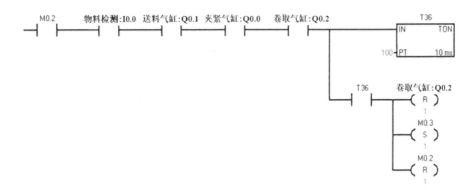

图 3-19　卷取模块气缸推出

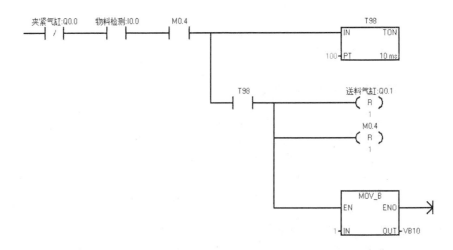

图 3-20　卷取模块气缸缩回

3.4.3　打捆模块设计

1. 软件流程设计

打捆站物料台的传感器检测到轧件到来后，首先执行把轧件转移到打捆机械手下方的操作，然后由打捆机械手和旋转台配合执行打捆操作。打捆操作完成后，向系统发出打捆完成信号。

系统接收到打捆完成信号后，输送站机械手执行抓取已打捆轧件的操作。然后该机械手装置逆时针旋转 90°，步进电机驱动机械手装置从打捆站向喷印站运送轧件，到达喷印站传送带上方入料口后把轧件放下，然后执行返回原点的操作。

该模块的主要程序流程为：物料传感器读取信号→打捆模块初始化→料仓供料→旋转台旋转→机械手爪打捆→打捆动作完成。详细程序流程如图 3-21 所示。

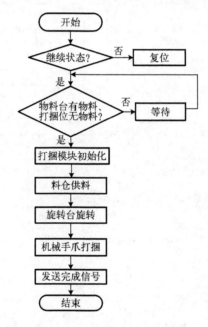

图 3-21　打捆模块程序流程图

在程序设计中，需要注意以下问题。

（1）打捆位无物料、物料台有物料时，上顶杆与下推杆推出，下推杆和上顶杆依次缩回，料仓模块完成供料动作。

（2）旋转台发生旋转。

（3）手爪处于有物料状态时，手爪完成抓取、前后移、松开等操作，将轧件进行打捆，并存储打捆完成信号。

2. PLC 程序设计

部分 PLC 程序如图 3-22～图 3-25 所示。

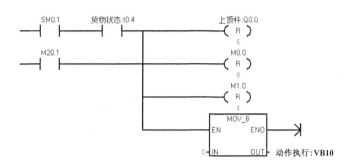

图 3-22　打捆模块初始化

Network 4　料仓模块完成动作——顶料气缸顶料

上顶杆顶紧

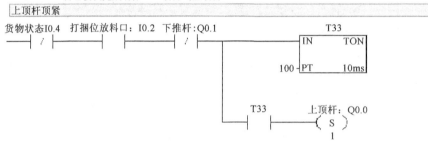

Symbol	Address	Comment
货物状态	I0.4	有物料（0）/无物料（1）
上顶杆	Q0.0	顶料（1）/缩回（0）
下顶杆	Q0.1	缩回（1）/推出（0）
打捆位放料口	I0.2	有物料（0）/无物料（1）

Network 5　料仓模块完成动作——放料气缸缩回放料

下推杆缩回

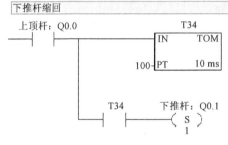

图 3-23　料仓供料

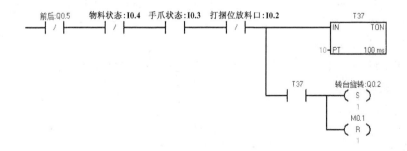

图 3-24　旋转台旋转

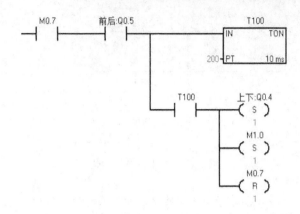

图 3-25　机械手抓取打捆

3.4.4　喷印模块设计

1. 软件流程设计

喷印站物料传感器检测到轧件后，把待喷印轧件从物料台移送到喷印区域喷印气缸的正下方，完成对轧件的喷印加工，然后把完成喷印的轧件重新送回物料台。操作结束，向系统发出喷印完成信号。

系统接收到喷印完成信号后，输送站机械手执行抓取已喷印轧件的操作。抓取动作完成后，步进电机驱动机械手装置移动到入库站物料台的正前方，然后把轧件放到入库站物料台上。

该模块的主要程序流程为：喷印模块初始化→送料气缸缩回→夹紧气缸夹紧→喷印压头下压→喷印压头上升→夹紧气缸缩回→送料气缸推出→喷印动作完成。详细程序流程如图 3-26 所示。

在程序设计中，需要注意以下问题。

(1) 当系统处于继续状态时，依次执行：夹紧气缸松开→送料气缸推出→喷印气缸缩回。

(2) 当物料台检测到轧件时，依次执行：送料气缸缩回→夹紧气缸夹紧→喷印压头下压→喷印压头上升→夹紧气缸缩回→送料气缸推出，并将喷印完成信号存储在本地存储区，之后被总控读取。

(3) 当系统处于复位状态时，将该系统复位。

2. PLC 程序设计

部分 PLC 程序如图 3-27～图 3-29 所示。

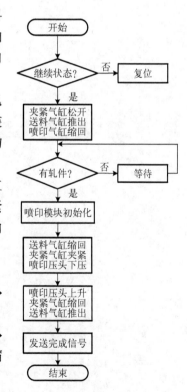

图 3-26　喷印模块程序流程图

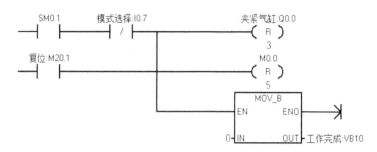

图 3-27　喷印模块初始化

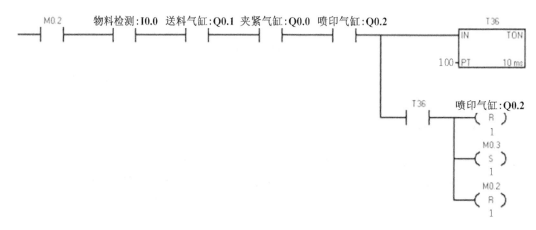

图 3-28　喷印模块气缸推出

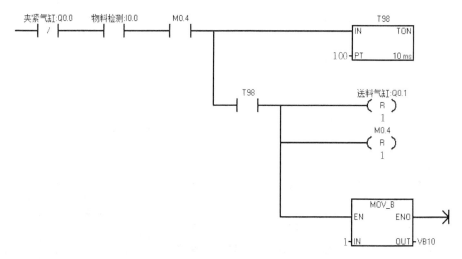

图 3-29　喷印模块气缸缩回

3.4.5　入库模块设计

1. 软件流程设计

输送站机械手装置放下轧件、缩回到位后，入库站的变频器即启动，驱动传动电动机以频率为 30Hz 的速度，把轧件带入入库区。如果轧件规格为 1，那么该轧件到达 1 号滑槽中间，传送带停止，轧件被推到 1 号槽中；如果轧件规格为 2，那么该轧件到达 2 号滑槽中间，传送带停止，轧件被推到 2 号槽中。当入库气缸活塞杆推出轧件并返回后，应向系统发出入库完成信号。变频器停止运行，并向系统发出入库完成信号。

[说明]

仅当入库站入库工作完成，并且输送站机械手装置回到原点，系统的一个工作周期才认为结束。如果在工作周期没有按下停止按钮，那么系统在延时 2s 后开始下一周期工作。如果在工作周期曾经按下停止按钮，那么系统工作结束，自动停止，绿色灯仍保持常亮。系统工作结束后若再按下启动按钮，则系统又重新工作。

该模块的主要程序流程为：入库模块初始化→物料检测→传送带运动→轧件规格检测→推杆推出→推杆缩回→入库完成。详细程序流程如图 3-30 所示。

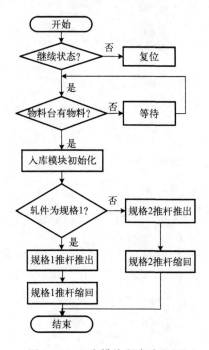

图 3-30　入库模块程序流程图

在程序设计中，需要注意以下问题。

(1) 当入库单元处于继续状态时，对该模块进行初始化，规格 1/规格 2 入库气缸缩回。

(2) 当总控机械手将轧件置于物料台时，光电传感器检测到有物料，启动变频器，三相异步电机带动传送带运动。

(3) 当物料传感器检测到轧件为规格 1/规格 2 时，传送带停止，规格 1/规格 2 气缸推杆推出轧件并返回，完成入库动作，并将推杆缩回。

2. PLC 程序设计

部分 PLC 程序如图 3-31～图 3-33 所示。

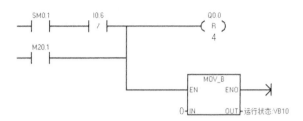

图 3-31　入库模块初始化

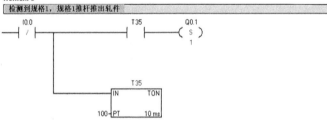

图 3-32　入库模块轧件规格检测及推杆推出

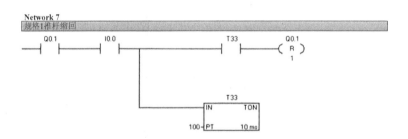

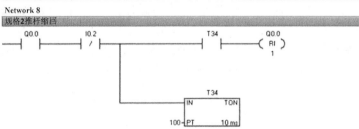

图 3-33　入库模块推杆缩回

3.4.6　总控模块设计

1．系统功能设计

总控单元作为主站，可接受 PLC 各从站的状态信息，做出相应的执行动作。

(1)当物料台有轧件时，物料检测标志位为 1，主站进行网络读取，并将轧件传送至卷取单元。

(2)卷取单元卷取完成后，卷取站置标志位为 1，主站进行网络读取，传送轧件至打捆单元。

(3)打捆单元打捆过程中，在打捆站标志位为 0，且卷取单元标志位也为 0 时，总控单元移动到物料台，进行第二次轧件传送。

(4)打捆单元完成打捆后，标志位置为 1，总控单元将打捆好的轧件传送至喷印单元，同时打捆单元标志位置 0。

(5)喷印单元喷印完成后，喷印站置标志位为 1，传送轧件至入库单元，之后总控单元返回至卷取单元，如此循环。

2．系统硬件设计

总控单元的机械手可实现前后移动、旋转、抓取、上下移动的功能，负责各工作单元之间轧件的抓取和传送，作为主站点可与各分站点进行通信，通信协议为 PPI。总控单元的硬件结构如图 3-34 所示。

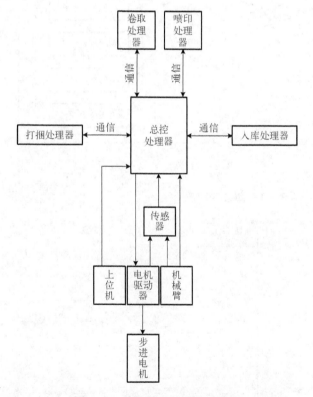

图 3-34　总控单元的硬件结构图

3．系统软件设计

总控单元程序流程如图 3-35 所示。

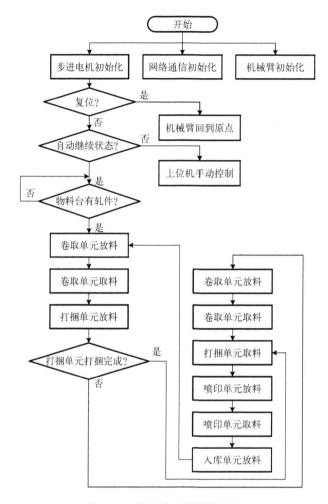

图 3-35　总控单元程序流程图

部分 PLC 程序如图 3-36～图 3-39 所示。

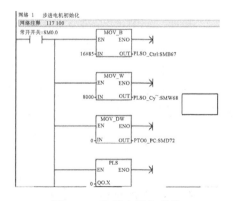

图 3-36　步进电机初始化

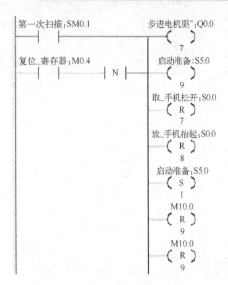

图 3-37　机械臂初始化

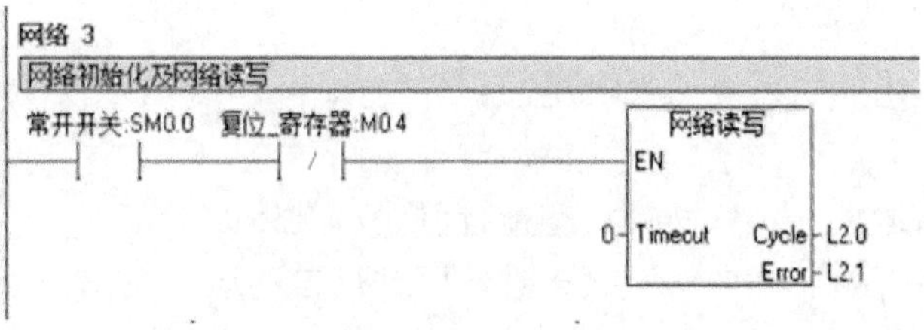

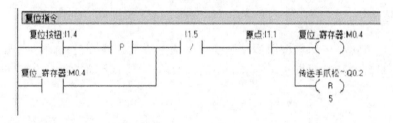

图 3-38　网络通信初始化

图 3-39　机械臂复位

4．通信协议

西门子 S7-200 系列以及主站与触摸屏之间均采用 PPI 通信方式。PPI 协议是专门为 S7-200 开发的通信协议标准，是一种主从协议，即从主站发送要求到从站，从站进行响应，从站不发送信息，只是等待主站的要求并对要求做出响应。S7-200 CPU 的通信口支持 PPI 通信协议。

因为 S7-200 PLC 的编程口物理层为 RS485 结构，所以西门子提供的 STEPT-Micro/WIN 软件采用的是 PPI 协议，可以用来传输、调试 PLC 程序。

西门子的 PPI 通信协议采用主从式的通信方式，一次读/写操作的步骤为：首先发出读/写命令，PLC 做出接受正确的响应，上位机接到此响应则发出确认申请命令，PLC 完成正确的读/写响应，回应给上位机。复杂 PPI 网络如图 3-40 所示。

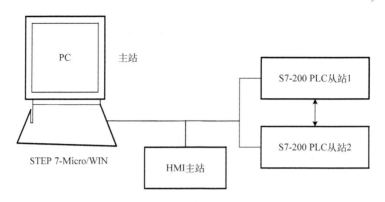

图 3-40　PPI 通信协议示意图

3.5　系统集成与调试

3.5.1　人机交互界面设计

带钢热连轧一体化控制系统的人机交互主界面如图 3-41 所示，HMI 上电后自动加载组态系统至该界面。

系统主界面包括运行方式和物料状态查看界面，具体如下。

联机运行：当系统处于"启动"状态时，可进行自动运行操作。

手动运行：当系统处于"停止"状态时，可进行手动运行操作。

物料状态：用于显示各传感器检测的物料状态。

1．联机运行

当按下总控单元"启动"按钮后，画面自动由主界面切换到自动运行画面。自动运行画面采用动态实时自动切换的方法，显示正在动作的单元，如图 3-42 所示为默认显示的喷印单元的冲压气缸。

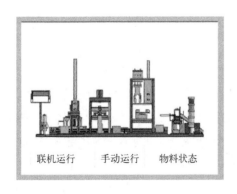

图 3-41　人机交互主界面

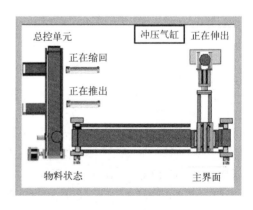

图 3-42　自动运行界面

（1）当冲压气缸向下冲压时，显示"正在伸出"。

（2）当冲压气缸缩回时，显示"正在缩回"。

（3）其他机构动作时，不显示。

图 3-42 中"物料状态""主界面"用于界面切换。

注：其他单元画面在系统运行时，自动切换、状态显示同总控单元相似。

2．手动运行

1）单元选择

系统主界面中，按下"手动运行"后，切换到单元选择界面，如图 3-43 所示。

注意： 手动运行时请注意各单元是否处于停止状态，否则按键将不能使用。

2）手动-总控单元

单元选择界面中按下"总控"按键后，进入手动-总控单元，如图 3-44 所示。

图 3-43　手动-单元选择画面

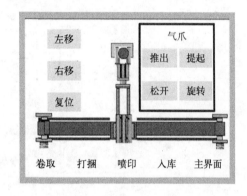

图 3-44　手动-总控单元

（1）"左移""右移"：用于机械手沿导轨的左、右移动，按下后电机开始转动，松开后电机停止。

（2）"气爪-推出、提起、松开、旋转"：用于控制机械手的动作。手臂处于缩回状态时，按键显示为"推出"，处于推出状态时显示为"缩回"。其他按键作用相似。

（3）"卷取""打捆""喷印""入库""主界面"：用于界面之间的切换。

3）手动-卷取单元

按下界面切换键"卷取"时，切换到手动-卷取单元，如图 3-45 所示。

（1）"送料气缸-缩回、推出"：用于控制送料气缸。当气缸处于缩回状态时，显示为"推出"，处于推出状态时显示"缩回"。按下可进行送料和松开操作。

（2）"夹紧气缸-夹紧、松开""卷取气缸-推出、缩回"：分别用于控制夹紧气缸和卷取气缸，操作与送料气缸相似。

（3）工作顺序为：送料气缸缩回→夹紧气缸夹紧→卷取气缸推出→卷取气缸缩回→夹紧气缸松开→送料气缸推出。

4）手动-打捆单元

按下界面切换键"打捆"时，切换到手动-打捆单元，如图 3-46 所示。

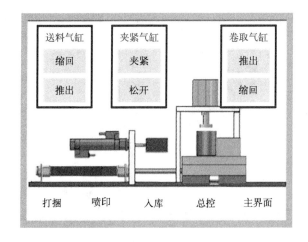

图 3-45　手动-卷取单元

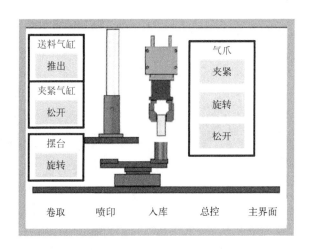

图 3-46　手动-打捆单元

（1）"送料气缸-推出""夹紧气缸-松开"：用于打捆单元气缸推出、松开等操作。操作方法同卷取单元送料气缸和夹紧气缸。

（2）"摆台-旋转"：当摆台上面有料时，按下旋转配合机械手完成打捆操作。

（3）"气爪-夹紧、旋转、松开"：操作同总控单元机械手。

（4）工作顺序为：送料气缸推出→送料气缸缩回→夹紧气缸夹紧→摆台旋转→机械手打捆操作→夹紧气缸松开→送料气缸推出。

5）手动-喷印单元

按下界面切换键"喷印"时，切换到手动-喷印单元，如图 3-47 所示。

（1）"送料气缸-缩回、推出""夹紧气缸-夹紧、松开""喷印气缸-推出、缩回"：用于控制送料气缸、夹紧气缸和喷印气缸操作。操作方法与卷取单元相似。

（2）工作顺序为：送料气缸缩回→夹紧气缸夹紧→喷印气缸推出→喷印气缸缩回→夹紧气缸松开→送料气缸推出。

6）手动-入库单元

按下界面切换键"入库"时，切换到手动-入库单元，如图 3-48 所示。

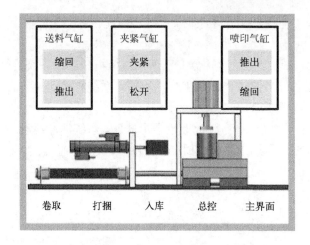

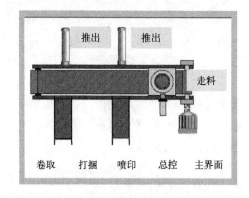

图 3-47　手动-喷印单元　　　　　　　　图 3-48　手动-入库单元

（1）"走料"：控制皮带走料。按下"走料"按钮后交流电机旋转，松开后停止转动。

（2）"推出"：控制相应气缸推出和缩回动作，操作方法同卷取单元气缸。

3．物料状态

在"物料状态"可查看各传感器的状态，如图 3-49 所示。

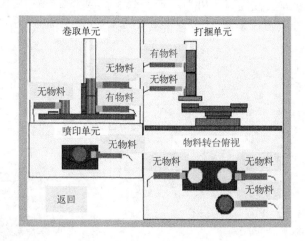

图 3-49　物料状态

当传感器检测到物料时显示"有物料"，否则显示"无物料"，各传感器显示相同。

4．异常工作状态测试

1）轧件供给状态的信号警示

如果发生来自卷取站、打捆站或喷印站的"轧件不足够"的预报警信号或"轧件没有"的报警信号，那么系统动作如下。

（1）若没有轧件，则黄灯以 1Hz 的频率闪烁，系统无法启动。

（2）若轧件不足（只有一个轧件），则只有黄灯闪烁 3s 间歇 3s，系统仍可运行。

若"轧件没有"的报警信号来自卷取站，且卷取站物料台上已推出轧件，系统继续运行，直至完成该工作周期尚未完成的工作。当该工作周期工作结束时，系统将停止工作，除非"轧件没有"的报警信号消失，系统不能再启动。

若"轧件没有"的报警信号来自打捆站，且打捆站回转台上已落下打捆机械手，系统继续运行，直至完成该工作周期尚未完成的工作。当该工作周期工作结束时，系统将停止工作，除非"轧件没有"的报警信号消失，系统不能再启动。

若"轧件没有"的报警信号来自喷印站，且喷印站物料台上已推出轧件，系统继续运行，直至完成该工作周期尚未完成的工作。当该工作周期工作结束时，系统将停止工作，除非"轧件没有"的报警信号消失，系统不能再启动。

2) 急停与复位

系统工作过程中按下输送站的急停按钮，则系统立即全线停车。拔出启停按钮，应从急停前的断点开始继续运行。

3.5.2 人机交互界面安装及系统连接

1. HMI 设备安装及连接

1) HMI 设备安装

人机交互界面(HMI)设备可以安装在机架、机柜、控制板和控制台上。HMI 设备为自通风，且允许垂直和倾斜安装在固定的机柜上，如图 3-50 所示。

HMI 设备安装有专用塑料卡件，该安装卡件钩在 HMI 设备的凹槽中，从而不会超出 HMI，如图 3-51 所示。

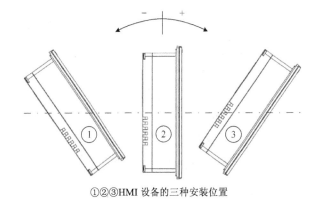

①②③HMI 设备的三种安装位置

图 3-50　HMI 安装位置

①塑料卡件的固定凹槽；②固定螺栓

图 3-51　HMI 安装卡件

注意事项如下。

(1) 正确放置 HMI 设备，以使其不会直接暴露在阳光下。

(2) 确保在安装时未挡住通风孔。

(3) 在安装 HMI 设备时遵守允许的安装位置。

2) HMI 设备与电源之间的连接

图 3-52 为 HMI 设备与电源之间的连接示意图。

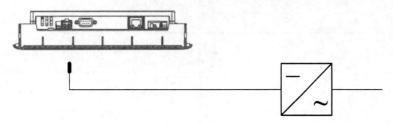

图 3-52　HMI 设备与电源之间的连接示意图

注意事项如下。

(1)在将接线端子插入 HMI 设备时如果用力拧紧螺钉，那么螺丝刀上的压力可能导致 HMI 设备的插槽损坏。

(2)连接电线前请拔出接线端子。

3)HMI 设备与控制器 PLC 之间的连接

图 3-53 为 HMI 设备与控制器 PLC 之间的连接示意图。

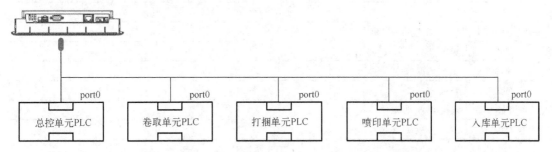

图 3-53　HMI 设备与控制器 PLC 之间的连接示意图

HMI 设备与控制器 PLC 连接的步骤如下。

(1)将接线端子插入 HMI 设备。

(2)接通电源。

(3)在电源接通之后显示器亮起。启动期间会显示进度条，10s 后自动进入初始画面，如图 3-54 所示。

如果 HMI 设备没有启动，那么可能是接线端子上的电线接反了，需检查所连接的电线，必要时，改变连接。一旦操作系统启动，装载程序将打开。

图 3-54　HMI 上电后的初始画面

2．各功能单元连接

1)I/O 口分配

各功能单元 I/O 口配置如表 3-5 所示。

表 3-5　I/O 口配置

I/O 地址	名称	备注
总控单元		
I0.0	传送机构始端限位	右极限位行程开关
I0.1	传送机构末端限位	左极限位行程开关

续表

I/O 地址	名称	备注
	总控单元	
I0.2	上升气缸上升到位	
I0.3	上升气缸下降到位	
I1.1	原点	
I1.3	启动/停止按钮	
I1.4	复位按钮	
Q0.0	电机前进	
Q0.1	电机后退	
Q0.2	气爪张开/抓紧	
Q0.3	机械臂推出/缩回	
Q0.4	机械臂旋转	
Q0.5	机械臂抬起/放下	
	卷取单元	
I0.0	输入_卷取_物料检测	有1无0
I0.6	输入_卷取_启动/停止	
I0.7	输入_卷取_暂停	
Q0.0	输出_卷取_夹紧	
Q0.1	输出_卷取_伸缩	
Q0.2	输出_卷取_压头	
	打捆单元	
I0.0	I00	上顶杆推出到位
I0.2	I02	打捆位放料口状态(0已放料,1无放料)
I0.3	I03	手爪状态(0已有料,1无物料)
I0.4	I04	货物状态(0有物料,1无物料)
I0.5	输入_打捆_启动/停止	启停
I0.6	输入_打捆_继续/暂停	暂停
Q0.0	打捆_出料_1_推出	出料口上顶杆
Q0.1	打捆_出料_2_推出	出料口下推杆
Q0.2	打捆_转台	转台
Q0.3	打捆_手爪_抓取	手爪抓取物料
Q0.4	打捆_手爪_上下	手爪上下移动
Q0.5	打捆_手爪_移动	手爪前后移动
	喷印单元	
I0.0	输入_喷印_物料检测	有1无0
I0.6	输入_喷印_启动/停止	
I0.7	输入_喷印_暂停	
Q0.0	输出_喷印_夹紧	
Q0.1	输出_喷印_伸缩	
Q0.2	输出_喷印_压头	

续表

I/O 地址	名称	备注
入库单元		
I0.0	规格 1 检测位	规格 1 位置(有物料 0，无物料 1)
I0.1	物料检测位	有物料 0，无物料 1
I0.2	规格 2 检测位	规格 2 位置(有物料 0，无物料 1)
I0.5	输入_入库_启动/停止	
I0.6	输入_入库_运行/暂停	
Q0.0	规格 1 推杆	
Q0.1	规格 2 推杆	
Q0.2	变频器启动	用于变频器启动
Q0.3	变频器速度 1	用于变频器的多段速
Q0.4	运行指示	

2）卷取单元 CPU 连接

卷取单元 CPU 连接如图 3-55 所示。

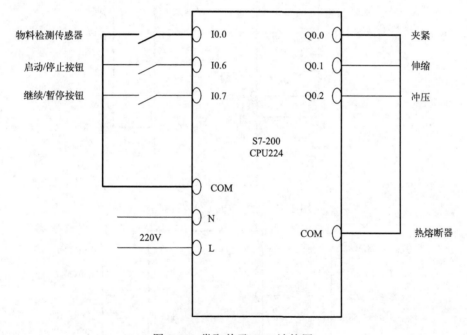

图 3-55　卷取单元 CPU 连接图

3）打捆单元 CPU 连接

打捆单元 CPU 连接如图 3-56 所示。

4）喷印单元 CPU 连接

喷印单元 CPU 连接如图 3-57 所示。

5）入库单元 CPU 连接

入库单元 CPU 连接如图 3-58 所示。

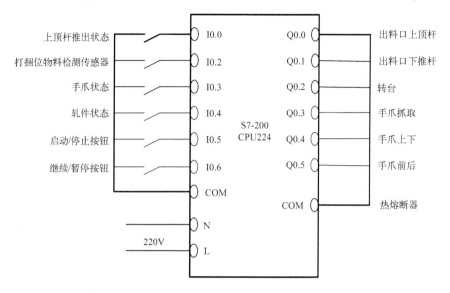

图 3-56　打捆单元 CPU 连接图

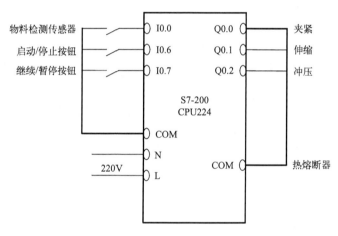

图 3-57　喷印单元 CPU 连接图

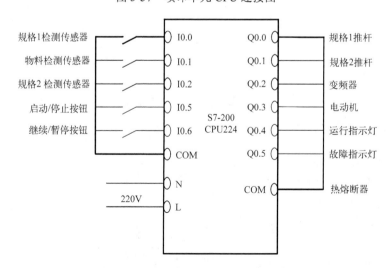

图 3-58　入库单元 CPU 连接图

6) 总控单元 CPU 连接

总控单元 CPU 连接如图 3-59 所示。

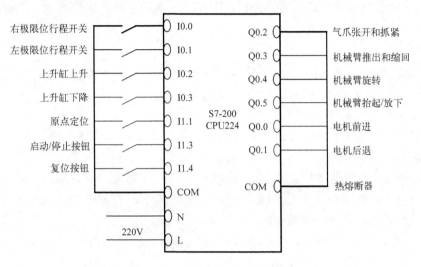

图 3-59　总控单元 CPU 连接图

3.5.3　气路连接及调整

气路连接时，应保证各个气缸处于以下状态。

(1) 卷取单元的送料气缸、夹紧气缸、卷取气缸均处于缩回状态。

(2) 打捆站的送料气缸处于伸出状态，夹紧气缸处于缩回状态。打捆机械手的升降气缸处于提升状态，伸缩气缸处于缩回状态，气爪处于松开状态。

(3) 喷印站的送料气缸、夹紧气缸、喷印气缸均处于缩回状态。

(4) 入库单元的两个推料气缸均处于缩回状态。

(5) 输送单元抓取机械手升降气缸处于下降位置，伸缩气缸处于缩回状态，气爪处于夹紧状态。

3.5.4　系统操作说明

带钢热连轧一体化控制系统的具体操作步骤如下。

(1) 料仓检查：检查料仓中是否有足够的轧件，当系统缺少物料时，手动补给。

(2) 系统复位：将各单元状态旋转至"复位"，完成系统的复位，之后调整状态为"继续"。

(3) 设备上电：给设备上电，打开气缸阀门，启动人机界面。

(4) 人机界面系统状态选择：若选择"自动"按钮，则系统进入自动运行状态，自动完成轧件的卷取、打捆、喷印和入库；若选择"手动"按钮，则可通过单击相应的模块与功能按钮，完成所需功能。

(5) 物料状态查看：进入"物料状态"画面时，可实时查看各单元当前是否有物料。

(6) 按下停止按钮或供料台轧件不足时，系统停止工作。

3.5.5 系统运行效果

针对 3.2.3 节系统生产效率需求分析中所提出的两种不同的运行方案，具有不同的运行效果，系统具体运行时间如下。

1）方案一

采用流水线操作，系统依次完成卷取、打捆、喷印、入库单元操作，之后返回至原点，进行下次轧件的操作。系统实际运行时间计算如下。

(1) 步进电机、机械臂、网络初始化时间：0.5s。

(2) 卷取单元：机械手从原点到卷取需 1.32s，放料需 1.25s，完成卷取需 5s，取料需 2.5s。

(3) 打捆单元：卷取到打捆需 4.83s，放料需 1.25s，完成打捆需 6s，取料需 2.5s。

(4) 喷印单元：打捆到喷印需 3.94s，放料需 1.25s，完成喷印需 3.8s，取料需 2.5 s。

(5) 入库单元：喷印到入库需 1.18s，放料需 1.25s，完成规格检测并入库需 3s。

(6) 卷取单元：入库到卷取需 10s。

经计算可得，若完成 10 个轧件的卷取打捆等功能，则所需时间为 516.2s。

2）方案二

采用同步操作，在打捆单元进行轧件打捆时，返回至其他模块，优先执行相应的操作。循环方式为：卷取→打捆→卷取→打捆→喷印→入库→打捆→喷印→入库→卷取，系统运行实际时间计算如下。

(1) 步进电机、机械臂、网络初始化时间：0.5s。

(2) 卷取单元：原点到卷取需 1.32s，放料需 1.25s，完成卷取需 5s，取料需 2.5。

(3) 打捆单元：卷取到打捆需 4.83s，放料需 1.25s。

(4) 卷取单元：打捆到卷取需 4.83s，放料需 1.25s，完成卷取需 5s，取料需 2.5s。

(5) 打捆单元：卷取到打捆需 4.83s，放料需 1.25s，取料需 2.5s。

(6) 喷印单元：打捆到喷印需 3.94s，放料需 1.25s，完成喷印需 3.8s，取料需 2.5s。

(7) 入库单元：喷印到入库需 1.18s，放料需 1.25s。

(8) 打捆单元：入库到打捆需 6.01s，取料需 2.5s。

(9) 喷印单元：打捆到喷印需 3.94s，放料需 1.25s，完成喷印需 3.8s，取料需 2.5s。

(10) 入库单元：喷印到入库需 1.18s，放料需 1.25s。

(11) 卷取单元：入库到卷取需 10s。

经计算可得，若完成 10 个工件的卷取打捆等功能，则所需时间为 413.8s。

由以上实际运行效率分析，方案二是最优方案，可以提高生产效率，减少生产周期，获得最大的经济效益。

[精益求精——企业的工匠精神担当]

"工匠精神"对于个人，是干一行、爱一行、专一行、精一行，务实肯干、坚持不懈、精雕细琢的敬业精神；对于企业，是守专长、制精品、创技术、建标准，持之以恒、精益求精、开拓创新的企业文化；对于社会，是讲合作、守契约、重诚信、促和谐，分工合作、协作共赢、完美向上的社会风气。生产效率不仅是提升企业经济效益水平的重要指标，同时也是节约型社会建设的重要内容之一，是工匠精神在企业生产经营中的重要体现。

3.5.6　实训过程分析

带钢热连轧一体化控制系统的整个实训过程遵循 CDIO 产品研发到运行的全生命周期项目开发模式[24]，具体过程如下。

1）C—Conceive（构思）

在构思阶段，主要任务如下。

（1）由指导老师提出项目需求，参加实训的学生通过查阅资料，了解相关操作设备和上位机软件，明确实训应完成的基本任务，讨论可行的创新功能。

（2）明确小组成员各自的分工，由小组成员分别对自己所负责的部分进行需求分析并汇总成《项目需求分析报告》。

（3）在老师的指导下，修正报告中的不足，形成最终的《项目需求分析报告》。

本阶段主要培养学生的工程知识应用和独立分析问题的能力。

2）D—Design（设计）

在设计阶段，主要任务如下。

（1）由学生根据构思阶段完成的项目需求分析，结合查阅的大量技术资料、文献等，通过小组充分讨论，编制《项目总体方案设计》和《项目详细方案设计》。

（2）项目方案经过老师的指导修正后，撰写《项目详细设计方案报告》。

该阶段学生需要完成项目硬件选型、软件设计方案及系统可靠性分析。本阶段主要培养学生的工程设计能力和创新意识。

3）I—Implement（实施）

在实施阶段，主要由学生进行项目方案的实施，主要任务如下。

（1）了解工艺流程。根据实验室提供的器件和相关资料，了解相关工业领域的工艺流程。

（2）硬件电路接线与测试。主要完成项目所需硬件的电气连接，并利用相关仪表进行电气特性测试。

（3）软件代码编制、仿真、下载与调试。编制软件代码及硬件在环仿真，下载到 CPU 进行调试。

（4）系统组态设计与系统级联调。利用组态软件，对项目进行联合调试，测试相关功能（功能测试）。

（5）项目方案优化与调整。根据调试结果，进一步优化方案，直到满足设计指标。

本阶段主要培养学生的工程实践能力、创新意识和团队协作能力。

4）O—Operate（运行）

在运行阶段，主要任务如下。

（1）指导老师根据项目可能出现的问题，增加一些扰动和异常数据，检验学生设计系统的稳定性和鲁棒性。

（2）根据测试结果，由学生现场优化调整系统，以满足工业环境的应用要求，并最终撰写《项目结题总结报告》，进行项目结题答辩。

本阶段主要培养学生的团队协作能力和交流能力。

[CDIO——产品全生命周期工程教育理念]

CDIO 代表构思、设计、实现和运作，它以产品研发到产品运行的生命周期为载体，让学生以主动的、实践的、课程之间有机联系的方式学习工程。CDIO 工程教育模式将工程毕业生的能力分为工程基础知识、个人能力、人际团队能力和工程系统能力四个层面，是近年来国际工程教育改革的最新成果，其核心是引导学生以积极主动、创新性和关联性方式来学习工程的专业基础知识和技术，从而使学生达到工程人才培养的标准，解决产业界需求和高等教育教学模式之间的矛盾。因此，通过 CDIO 工程项目训练，对于提升学生解决复杂工程问题能力，满足经济社会对工程技术人才的需求具有重要的促进作用。

本章小结

在带钢热连轧智能制造框架下，从产品全生命周期角度，讨论了卷取-打捆-喷印-入库一体化控制系统的设计与开发，包括生产工艺、需求分析、方案设计、平台搭建、系统软件等的设计与实现，以及系统集成与调试。同时，在一体化控制系统中采用气动技术，在提高性能的同时节省能源。

思考题

1．简述带钢热连轧生产线的特点。

2．带钢热连轧一体化控制系统由哪些部分组成？各功能模块的工艺流程是什么？

3．带钢热连轧一体化控制系统各功能模块软件流程有哪些特点？请参照本书示例完整设计相应的 PLC 程序。

4．西门子 S7 系列 PLC 有何特点？请研究带钢热连轧一体化控制系统 PLC 硬件选型优化方案，并分析对控制系统设计的影响。

5．基于带钢热连轧一体化控制系统的特点，研究各主流上位机软件的优缺点，并尝试进行设计实现。

第 4 章

矿山胶带运输生产智能检测系统设计实训

 导读

随着工业大数据、深度学习和人工智能技术等新一代信息技术的蓬勃发展，工业化和信息化深度融合已成为矿业发展的必然。胶带运输生产系统是矿山生产的重要矿石转运工具，实现胶带生产系统运行状态智能检测、智能保护以及智能控制，从而减少人力资源，保障胶带运输生产系统安全、可靠地运行，对提高矿山生产效率和经济效益具有重大意义。

矿山胶带运输生产智能检测系统设计实训案例通过层次化和模块化的思想进行图像边缘处理、胶带跑偏、纵向撕裂、表面裂纹、托辊温度等检测硬件以及算法软件的设计与实现，通过胶带运输生产智能检测系统这一具体实训平台及案例，锻炼学生从需求分析、方案设计到产品开发的工程实践、创新能力和智能化应用能力。

4.1 节讲述矿山胶带运输生产线流程；4.2 节为系统需求分析；4.3 节给出总体方案设计；4.4 节详细讲述图像边缘处理、胶带跑偏、胶带纵向撕裂、胶带表面裂纹、矿石大块检测、托辊温度监测等胶带运输关键部位故障检测硬件、智能算法的设计与实现；4.5 节介绍系统集成与实现。

 学习目标

(1)了解矿山胶带运输生产线工艺结构及故障机理。

(2)掌握胶带运输智能检测工作原理、算法设计及系统实现。

(3)通过实践操作，提高解决实际问题的能力。

 **学习建议**

本章内容围绕矿山胶带运输生产智能检测系统开展，学习者应在充分了解胶带运输生产工艺、故障机理的基础上，展开本章学习。首先了解胶带运输生产的基本工艺流程，然后通过系统实训逐步地了解和学习胶带运输生产线智能检测的软硬件设计和实现。

在矿山生产中，矿石的输送是整个生产流程中重要的一环。胶带输送系统作为矿石输送的主要设备，具有输送量大、适应性强、成本低等优点，被广泛应用于矿山生产中。然而，传统的胶带输送机存在很多问题，如故障检测不及时、故障率高、现场环境粉尘大造成值守人员劳动强度大等，这些问题不仅会影响生产效率，也会给生产带来安全隐患。

近年来，随着工业互联网技术的不断发展，越来越多的行业开始将其应用于生产和管理中。在矿山行业，工业互联网技术的应用促进了智慧矿山的发展，不仅可以提高生产效率，还可以提升生产安全水平。工业和信息化部发布的《"工业互联网+安全生产"行动计划(2021—2023年)》，更进一步推动了工业互联网技术在矿山安全生产中的应用。

矿山胶带运输智能产线是智慧矿山的重要组成部分，核心是实现胶带运输自动化、信息化和智能化。在上述背景下，作者融合工业互联网、胶带输送机自动化、智能化需求，设计了图4-1所示的矿山胶带运输生产线智能化框架[25]。由图中可以看出，智能产线由智能检测系统、智能控制系统和无人值守平台组成。智能检测系统运用图像处理、深度学习和光纤传感技术研制了胶带纵向撕裂、打滑检测、跑偏检测、大块检测、胶带表面检测和分布式托辊测温检测装置，实现对胶带输送机关键部位的智能检测。胶带输送机智能保护系统接收矿石大块检测、胶带纵向撕裂检测、胶带输送机跑偏检测、胶带输送机打滑检测和分布式托辊测温装置信号，经过分析处理后，控制胶带输送机启动、停止，实现胶带输送机跑偏、打滑、堵料、撕裂等全自动保护。无人值守管理平台实现胶带系统设备状态监测、故障预测、自动推理决策、能耗管理等设备健康管理功能，以及生产计划、生产状态监测、生产组织、生产调度、生产协同等生产优化管理功能。

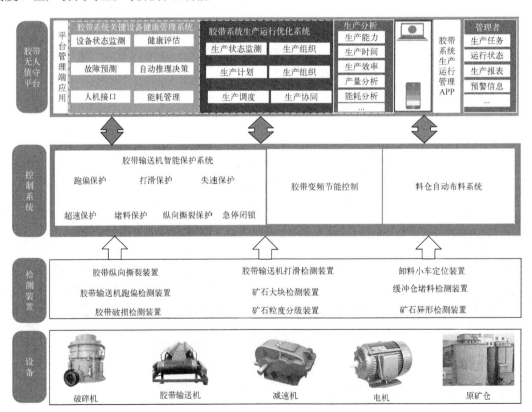

图4-1　矿山胶带运输智能产线系统框架

4.1　生产工艺简介

胶带运输生产系统是矿山生产过程中的重要矿石转运工具，其运行得好坏是直接关系到矿山生产能否正常进行的关键。某矿山胶带运输生产线流程如图 4-2 所示。

图 4-2 中矿山胶带运输系统由多条胶带输送机、破碎机及其他设备组成，矿山自卸车将大块矿石卸载到旋回破碎机料仓中，旋回破碎机将矿石破碎到合适的块度，通过排料输送机卸料到胶带运输生产线，通过排料输送机、衔接胶带、4#胶带输送机、3#胶带输送机、2#胶带输送机、1#胶带输送机运输到原矿仓。

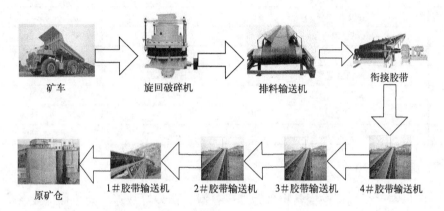

图 4-2　矿山胶带运输生产线流程图

4.2　系统需求分析

4.2.1　胶带输送机结构分析

胶带输送机是胶带运输系统的主要设备，是以胶带作为牵引机构和承载机构的连续动作设备，又称为皮带机，主要由传动装置（拖动电机、传动三角带、变速箱）、主轴辊筒、张紧装置、皮带辊筒、输送皮带、托辊及机架组成，如图 4-3 所示[26]。拖动电机通过三角带和变

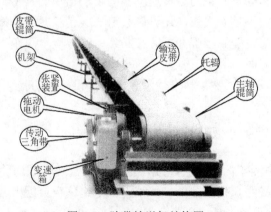

图 4-3　胶带输送机结构图

速箱带动主轴辊筒旋转，进而带动皮带运行，通过调整拖动电机的转速和变速箱的减速比，可以改变胶带输送机的输送速度。

胶带输送机的主要技术参数如表 4-1 所示。

表 4-1　胶带输送机的主要技术参数

序号	项目	单位	技术参数
1	胶带宽度	mm	1200
2	胶带长度	m	960
3	胶带运行速度	m/s	3.15
4	坡度	°	7.4373
5	主电机功率	kW	630(2 个)
6	传动辊筒直径	mm	1000
7	电机输入速度	r/m	1390
8	减速器型号	B3SH13A-25	—
9	减速机速比	—	25
10	输送能力	t/h	1500
11	电机输入速度	r/m	1500

4.2.2　故障机理分析

胶带输送机在运行过程中经常出现跑偏、打滑、撕裂等故障，为了保证设备的安全运行和提高生产效率，对胶带输送机进行状态监测十分重要[27]。在进行状态检测系统设计前需要对胶带输送机进行常见故障及机理分析。

1) 胶带纵向撕裂分析

对于长距离胶带输送机，广泛使用钢绳芯胶带来提高其抗拉强度，但其纵向抗撕裂的强度却为橡胶本身的强度，因而特别容易造成纵向撕裂。由于大块尖锐物料划伤胶带、胶带严重跑偏、设备部件生产中的自身误差缺陷等原因，都可能导致胶带纵向撕裂，并且胶带价格昂贵，一旦造成撕带，将会带来不可估量的经济损失。因此，必须采取有效措施来防止纵向撕裂的发生。

2) 胶带打滑分析

胶带打滑是指驱动辊筒与胶带的运转速度不匹配而出现的异常相对运动，一旦打滑不仅将使胶带输送机因传动力不足而失效，还可能会造成胶带长时间摩擦温度升高超过极限温度引发火灾、胶带严重磨损、受到较强冲击疲劳断裂、下坡段"飞车"等安全事故。引起胶带打滑的主要原因有以下方面。

(1) 张紧装置安装不正确或被物料卡住导致无法提供足够的张力大小，使得胶带与辊筒作用点的张力过小。

(2) 胶带表面积水或辊筒表面的防滑层因长时间运行老化磨损导致胶带与驱动辊筒间的摩擦因数减小。

(3) 超载输送过程中洒落的物料会造成托辊难以正常运转从而使胶带运行的阻力成倍增加，运行负荷超过电动机的承载范围，另外胶带严重跑偏也会因卡带使胶带阻力加大。

(4) 较快的启动速度也可能造成胶带打滑。

3）胶带跑偏分析

胶带跑偏是指胶带运行方向中心线偏离输送机固有中心线的现象，是带式输送机运行过程中经常发生的局部故障之一，极易引起运输的物料沿跑偏反方向洒落和局部边缘磨损。此外，胶带跑偏还可能引发胶带打滑、撕裂等其他故障。造成胶带跑偏的主要原因有以下方面。

（1）安装误差。复杂地形、复杂工况条件加上较远的运输距离，很难保证带式输送机最低跑偏率的机架、辊筒、托辊等的安装精度，在胶带长时间运行中发生跑偏；人为操作的不规范也会造成托辊安装偏离规定标准值，整机中心线不垂直于托辊组的安装位置，使得胶带在带载运行时发生侧偏。另外，辊筒与输送机相对位置的细小偏差，也会因为运行过程中两者受力不匹配，导致胶带在辊筒处发生跑偏。

（2）接触面不平整。辊筒、托辊自身加工误差和粘连过多杂物，导致接触面不平，胶带会受到一个偏离运行方向的外力，迫使胶带向作用方向跑偏。

（3）转载或落料口与胶带有相对高度差。如果有大块的矿石快速地落到胶带的某一侧上就会对其产生较大冲击，冲击力偏离牵引方向，从而使胶带某一侧受力较大无法维持两侧平衡而发生跑偏。

（4）带式输送机长期不间断作业，接头处容易腐化破损或老化，出现偏离运行方向的误差，也会导致胶带跑偏。

（5）带式输送机的张紧装置由于突发重载，张力与胶带所需不一致也会发生跑偏。

综上所述，胶带跑偏的根本原因是胶带所受的合力偏离中心线的方向，即胶带张力的中心线偏离胶带几何中心线，胶带受到一个侧向力，当胶带上的作用力不等时便出现胶带跑偏。

4）胶带表面破损分析

胶带既是输送物料的承载件，也是输送面的牵引件，因而胶带是输送机的关键部件，在胶带系统运行的过程中，胶带除去正常的磨损外，往往还会因为各种客观因素或设备的其他因素造成胶带的非正常磨损或破损，甚至断裂。也就是说，胶带接口质量粘接的好坏，直接影响到整个胶带系统的正常运行。

5）托辊温升原因分析

由于胶带输送机所处环境条件较差，托辊轴承内部容易进入灰尘。因此，托辊轴承寿命较短，轴承卡死后，胶带将在托辊表面摩擦，托辊温升很高。并且，托辊摩擦引起胶带着火主要发生在停机之后。停机前，胶带以 2～3m/s 的速度运行，胶带上固定点与托辊表面接触的时间较短，胶带温升很小，且由于胶带运行过程中产生较大的气流可以降低托辊表面的温度。因此，正常运行时胶带不易着火。但是在煤矿使用过程中，由于下托辊周围一般都积有一定的煤粉，煤粉将托辊表面覆盖住，致使托辊的散热条件变差。因此，更易引起火灾。

4.2.3　系统功能分析

胶带输送生产线是矿山生产过程中的重要物料转运工具，一旦胶带运输生产线发生故障，将会使整个矿山生产工作陷入停顿。由于矿山胶带输送生产线运量大、运输距离长、连续运输性能要求较高，室外环境恶劣，胶带输送生产线经常出现跑偏、打滑、堆料等故障，不仅影响生产，也给矿山安全生产带来巨大威胁。根据胶带运输安全、节能等要求，需要在线检测胶带跑偏、纵向撕裂、表面裂纹等故障。具体需求分析如下。

（1）胶带系统需要安装跑偏装置，严重跑偏时紧急故障停车。

(2)胶带系统转运站需要安装堆料保护开关，出现堵料事故时紧急停机，防止胶带系统事故的扩大化。

(3)胶带系统需要有拉绳急停闭锁开关，用于在紧急情况下停车，以保证设备和人身安全，急停拉绳开关的安装按照间隔50m进行配置。

(4)胶带生产系统需要可靠的纵向撕裂检测装置，提高保护可靠性，避免造成大的损失。

(5)上游来料处因为夹杂着大块和异形矿石、废钢、木棒等，容易刺穿或因为溜槽的堵塞而造成胶带撕裂，因此需要研发矿石大块检测装置，提前预警停机清除大块和异形矿石，避免发生撕裂等严重故障。

(6)胶带沿线托辊更换频繁，需要对托辊运动状态进行实时检测，出现故障时能进行报警。

(7)上位机系统要实现胶带生产系统参数集中监控，具有实时报警监视、运行状态参数显示以及运行曲线显示等功能。

(8)需要根据胶带系统的故障性质，进行报警、顺序停机或者紧急停机。

[智慧矿山——矿山管理新模式]

智慧矿山是指通过信息化、自动化、网络化等技术手段，实现矿山生产过程实时监控、自动化控制、决策支持及智能优化，提高资源利用率和安全生产水平的矿山管理模式，是《中国制造2025》在矿山领域的应用和落地，让矿山生产更加高效、绿色、安全，降低生产成本，提升企业竞争力，实现矿山可持续发展。

4.3　总体方案设计

本实训项目重点对基于图像处理的矿山胶带运输生产智能检测系统进行设计，技术架构如图4-4所示[28]，各个检测点通过高清摄像机或者工业相机采集视频信息，通过IP接口传输到内嵌专用检测和识别算法(跑偏检测算法、纵向撕裂检测算法、表面裂纹检测算法、矿石大块检测算法)的图像边缘处理装置，经过处理后的检测结果传输到远程运维中心，需要紧急停机或者现场报警的状态接入PLC控制系统[29]，管理人员通过台式计算机、笔记本电脑或者移动终端监控胶带系统运行状态。

[无人值守——从源头减少职业病]

职业病是指劳动者在生产过程及其他职业活动中，由于接触生产性粉尘、有害气体、噪声和振动、放射性物质等职业危害因素引起的尘肺、矽肺、肺水肿等疾病。为了保障劳动者合法权利，我国颁发了《中华人民共和国职业病防治法》，明确规定用人单位的责任与义务，劳动者新发尘肺病逐年下降。近年来，随着自动化、信息化技术的发展，我国积极推进智慧矿山建设，实现矿山设备智慧化、无人化运行，在有效提升工作效率、实现精益化管理的同时，还可以有效减少职业病危害。以胶带运输系统为例，矿山企业对胶带运输系统进行全面升级，实施集中控制，建成远程集控中心，减少岗位工，打造胶带运输系统无人值守化，从源头上解决噪声、粉尘的影响，从根本上避免职业病给劳动者带来的伤害。

图 4-4　胶带运输生产智能检测系统框架

4.4　详细方案设计与实现

4.4.1　图像边缘处理装置设计

随着 GPU 的普及和算力的增加，深度学习算法已成为如今图像处理的标配，但基于深度学习的图像处理计算量通常比较大，一般情况下对计算机的计算性能要求比较高，从而造成计算机的体积和功耗均较大，使其难以在环境复杂、可靠性要求高和要求提供控制信号的场合部署。为了解决上述问题，本书设计了嵌入式智能图像处理装置，采用低功耗、性价比高的嵌入式 GPU 芯片作为硬件开发平台，并设计了多种通用接口，满足工业现场需求[30]。

1．技术指标分析

考虑到矿山胶带运输粉尘、振动等特点，图像边缘处理装置须满足以下技术指标。

1）环境要求

（1）工作温度：–25～40℃。

（2）工作湿度：不超过 5%～90%。

（3）海拔高度：安装地点的海拔高度不超过 2000m。

2）主要技术指标

（1）防护等级：IP65。

（2）输入电源电压：AC220。

（3）视频输入信号。

①视频输入：USB 相机、IP 相机、MIPI CSI 和 GigE 接口的视频图像输入。

②扩展 1 路 RJ45 网口，用于局域网通信。

③USB 输入：2 路 USB。

（4）输出信号。

①报警输出：1 路音频输出，驱动蜂鸣器报警。

②元件故障：自诊断功能。

③通信故障：自诊断功能。

④通信接口：4G 通信，输出分析结果和图片信息。

⑤控制接口：RS485 接口、CAN 控制接口。

⑥显示输出：HDMI 输出，用于调试。

2．图像边缘处理装置的功能设计

嵌入式智能图像处理装置具有以下特色功能。

（1）无人值守：设备调试完成后，无须人员操作和看管，自动根据设备运行情况进行启动和停止。

（2）智能识别：连续采集图像，及时完成分析，给出分析结果。

（3）实时监控：运动影像实时显示在计算机屏幕上，用户可流畅观看运动图像。

（4）集控联锁：超过设定阈值，实现实时停机。

（5）声光报警：检测值大于设定值时进行声光报警。

（6）全息存储：分析出异常状况后能实现保存图片进行事后观看与分析。

3．图像边缘处理装置硬件设计

1）硬件系统结构

图像边缘处理装置采用主板+扩展板的形式进行设计，总体框图如图 4-5 所示。

2）嵌入式 GPU 介绍

Jetson 是英伟达（NVIDIA）公司的边缘计算生态系统。随着深度学习对图形处理器 GPU 的依赖度增强，作为 GPU 行业的龙头公司，英伟达针对深度学习在落地应用方面进行了大量的工作，除了 GPU 外，还推出了边缘计算机器。目前上市的机型包括 JetsonTx1、JetsonTx2、Jetson Nano、Jetson Xavier NX 以及 AGX Xavier 等。其中 Jetson Nano 是价格最低、功耗最小的小型计算机。主板采用 NVIDIA 的高性价比器件 Jetson Nano，其技术参数如表 4-2 所示。

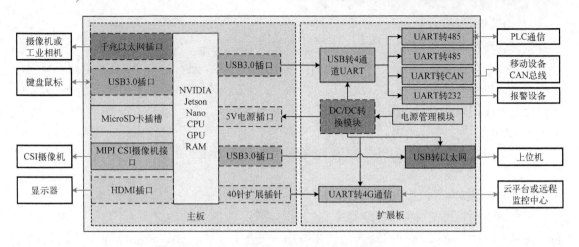

图 4-5　图像边缘处理装置总体框图

表 4-2　Jetson Nano 技术参数

内置模块	技术参数
CPU	64 位 ARM A57@1.43GHz
GPU	128 个 CUDA 核心的 NVIDIA Maxwell@921MHz
内存	4GB LPDDR4 内存
视频编码器	4Kp30｜(4×)1080p30｜(2×)1080p60
视频解码器	4Kp60｜(2×)4Kp30｜(8×)1080p30｜(4×)1080p60

3) 扩展板电路设计

为了保证实验装置的通用性、开放性与可扩展性,扩展板利用 CP2108 将主板的 1 个 USB 口扩展出 4 个 UART 口,然后分别通过 RSM3485ECHT、CSM100V33 和 TIMAX3232 转换为 2 个 RS485 口、1 个 CAN 口和 1 个 RS232 口。再通过 LAN9500A 将主板的 1 个 USB 口转换为以太网接口。通过 Gport-G43 将主板上 GPIO 的 UART 针转换为 4G 通信接口。设计的扩展板实物如图 4-6 所示。

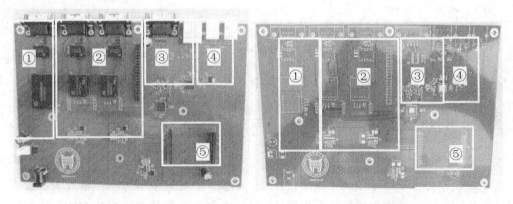

(a) 扩展板顶面功能模块外观　　　　　　　(b) 扩展板底面电路图

图 4-6　扩展板实物图

①CAN 扩展;②2 个 RS485 扩展;③RS232 扩展;④以太网扩展;⑤4G 插口

(1)电源管理模块。

电源管理模块主要为 Jetson Nano 主板及扩展板电路供电。在实验装置中,需要使用+12V、+5V 和+3.3V 的直流稳压电源,本设计使用开关电源将 220V 转化为+12V 直流电源。其中,核心主板、4G 和以太网转换器件需要+5V 电源,另外部分外围器件需要+3.3V 电源,为简化系统电源电路的设计,使用多个 SCT2331 做直流电压变换。

(2)USB 转多个串口电路。

利用 CP2108 将主板的 USB3.0 接口转换成 4 个串口,用于扩展 CAN、RS485 和 RS232 接口。

(3)USB 转以太网扩展电路。

高清网络摄像机是目前视频影像采集的主流设备,主板相应地提供了 USB、MIPI CSI2 和千兆以太网接口标准。在很多场景下,主板原有的千兆以太网接口经常被高清摄像机占用。为了使设备具备更好的通用性,方便接入有线网络,本设计利用 LAN9500AI 将主板的 USB 扩展为另一个以太网接口。

(4)485 扩展电路。

485 总线是经常使用的工业现场总线之一,可以通过 485 总线将装置计算和分析结果传输到 PLC 控制器,利用 RSM3485ECHT 将扩展出的 2 个串口转换成 2 路 485 接口。

(5)CAN 接口电路。

CAN 具有可靠性高、成本低廉、使用普遍、方便应用到汽车等移动设备的特点,是一种应用广泛的工业现场总线。为了拓展嵌入式计算机视觉的应用范围,扩展了 CAN 接口,利用 CSM100V33 将 USB 转换的 1 路 UART 转换成 CAN,用来将深度学习计算和分析结果接入移动设备控制网络。

(6)4G 通信模块电路。

随着工业发展,嵌入式设备接入网络的需求日益强烈,在没有有线网络的环境下,通常通过 4G 连接运营商网络,因此扩展了 4G 通信接口,利用 Gport-G43 将主板上 GPIO 的 UART 转换扩展为 4G 通信接口,用于将实践教学过程和结果数据通过 4G 网络传输到实践教学管理平台。

[边缘计算赋能行业智能]

边缘计算是在靠近物或数据源头的网络边缘侧,融合网络、计算、存储、应用核心能力的分布式开放平台,就近提供边缘智能服务,满足行业数字化在敏捷连接、实时业务、数据优化、应用智能、安全与隐私保护等方面的关键需求,是连接物理和数字世界的桥梁,赋能智能资产、智能网关、智能系统和智能服务。

4.4.2 胶带跑偏检测模块设计

胶带跑偏是胶带运输生产的常见故障,在物料输送过程中时有发生,是造成运输生产线局部或全线撒料、胶带边缘磨损的重要原因。由于胶带价格比较贵,占整台胶带输送机成本的 30%~50%,因此胶带跑偏不但会影响安全生产,缩短胶带的使用期限,而且会造成重大经济损失。在运行过程中,胶带的中心线和托辊组的中心线要保持重合状态,但由于制造、安装、使用等原因，胶带的中心线可能会偏离重合位置。通常，胶带在垂直于中心线的方向上允许有少量的跑偏，但不应超过 5%。当跑偏超过 5% 时，胶带与沿线的支架、机架等相接触导致边胶磨损，跑偏量过大，严重时会引起胶带翻边，甚至导致胶带撕裂。

1. 胶带跑偏检测算法设计

跑偏检测装置的主要功能是检测胶带运输生产跑偏故障，存在严重跑偏时，将信号传输到胶带运输生产保护控制系统控制停机。装置主要包括高清摄像头、光源、图像边缘处理装置等硬件系统及软件系统两个组成部分。关键技术是胶带跑偏检测算法设计与实现。主要研究内容是研发胶带运输生产跑偏检测算法，实现胶带运输生产跑偏故障检测。

1）跑偏检测算法

以胶带跑偏特征为依据，将读入的视频图像利用视觉技术对图像进行处理和特征提取，通过得到的胶带边缘直线特征来判断有无跑偏，如果存在跑偏情况则进行报警处理。其流程图如图 4-7 所示。

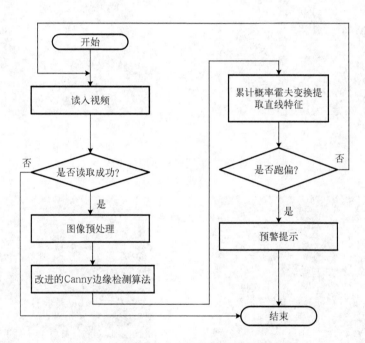

图 4-7　胶带运输生产跑偏检测算法流程图

2）图像预处理

从视频监控中采集到的图像可能包含除胶带运输外的其他信息，处理这些额外信息会大大增加处理时间。因此，需要提取图像中的感兴趣区域（Region of Interest，ROI），即图像中胶带运输区域。同时由于图像色彩单一，多数情况下都以灰色、黑色为主，对图像的 ROI 进行图像灰度化处理不仅能减少处理图像的数据量，还能显著提高图像处理算法的速度。胶带边缘图像及截取的 ROI 区域如图 4-8 所示，可见图 4-8（b）中胶带边缘更清晰。

3）图像边缘检测

图像边缘包含了图像中的大量信息，边缘是像素周围灰度值存在阶跃变化的区域边界。

而边缘检测的目的是提取胶带的轮廓信息。然而，传统的微分算子如 Robert 算子和 Sobel 算子对噪声敏感，不适合用于边缘复杂、光照不均的矿山视频图像。相比之下，Canny 算子表现出良好的性能。改进的 Canny 算法利用最大类间方差法(Otsu 算法)自动确定最佳阈值，通过计算图像的灰度信息将图像的像素点分为背景像素和目标像素两类。当图像中背景与目标之间的区别越大时，它们所对应的类间方差就越大。这意味着当类间方差最大时，背景和目标的错分概率最小，分类越正确。而当背景和目标分类不正确时，类间方差会变小，因此最佳阈值就是当类间方差尽可能最大时的灰度值。传统 Canny 算法和改进 Canny 算法的边缘检测效果如图 4-9 所示，改进 Canny 算法使图像自适应地选择最佳阈值，更好地提取胶带真实边缘，减少伪边缘，提高了算法的效率和准确性。

(a)原图　　　　　　　　　　　　　　　(b)ROI 区域

图 4-8　胶带边缘图像及截取的 ROI 区域

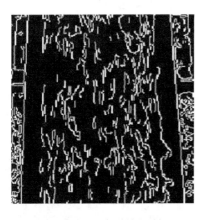
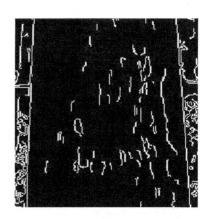

(a)传统 Canny 算法　　　　　　　　　(b)改进 Canny 算法

图 4-9　算法比较

4)胶带直线特征提取

胶带边缘在图像中呈现出直线特征，通常使用标准霍夫变换(Standard Hough Transform，SHT)算法对边缘进行提取。霍夫变换的基本思想是通过将图像空间转换为参数空间，将具有相同形状的曲线或直线映射到参数空间的一个点上形成峰值，该点的峰值就是检测到的直线，从而将检测直线的问题转化为统计峰值问题。由于在直角坐标系中，当直线与 x 轴垂直时，直线的斜率等于无穷大，这不利于对直线进行描述，因此将直线从直角坐标转换为极坐标表示。

为了有效减少计算时间并满足实时性要求，本书采用改进的累计概率霍夫变换（PPHT）算法，具体步骤如下。

（1）将参数空间均分成多个小区间，每个小区间都设置一个累加器 $Acc(\rho, \theta)$，并将累加器的初值设置为 0，将检测到的目标点放入待处理的边缘点集中。

（2）对每个小区间的待处理边缘点集进行检测是否为空，如果不为空，则随机从待处理的边缘点中选择一个像素点映射到参数空间，并计算各个像素点相对应的值，并将对应的累加器 $Acc(\rho, \theta)$ 加 1，否则算法结束。

（3）将所选取的点从待处理边缘点集中删除。

（4）判断累加器在更新之后是否高于设定的阈值 thr，如果大于该阈值则进行到步骤（5），否则返回步骤（2）。

（5）将步骤（4）中得到的比阈值 thr 大的累加器所对应的参数确定一条直线，并且将待处理边缘点集中属于这条直线的点删除，随后将此累加器清零。

（6）返回步骤（2）。

通过以上步骤，可以有效提取胶带边缘的直线特征。使用 PPHT 检测到的胶带边缘直线如图 4-10 所示。

5）胶带跑偏故障识别

通过分析胶带跑偏的特征，可知跑偏故障通常表现为胶带的左右扭动和胶带向运行一侧整体偏移这两种形式。

（1）当胶带发生左右扭动的情况时，胶带的边缘均会出现不同程度的偏斜。为此，采用改进的 Canny 算法和 PPHT 算法提取胶带边缘直线特征，并通过检测到的胶带边缘的斜率来判断是否发生跑偏。将图像左上角设置为直角坐标系的原点，取向右与向下的方向分别为坐标系的 x 轴与 y 轴，PPHT 算法在提取胶带边缘直线的同时可以得到对应直线的开始坐标 (x_1, y_1) 和结束坐标 (x_2, y_2)，则直线斜率为

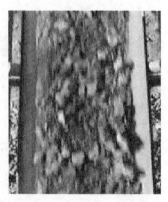

图 4-10　PPHT 检测到的直线

$$k = \left| \frac{y_2 - y_1}{x_2 - x_1} \right| \tag{4-1}$$

将胶带边缘左右两侧直线的斜率分别表示为 k_1 和 k_2，如果跑偏角允许值的范围小于 5°，那么当 k_1 和 k_2 的值低于 11 时就可以判定胶带出现了跑偏现象。

（2）当胶带出现整体偏移的情况时，运行状态下的胶带会在运行方向的垂直方向上产生超过带宽 5%的偏移量。据此条件，在胶带左右两侧设置虚拟边框。当检测到的胶带边缘直线特征与所设置的虚拟边框相交时，就判定胶带跑偏。

2．胶带跑偏检测系统实现

胶带跑偏检测系统如图 4-11 所示。界面包括高清相机采集的视频截图、算法检测到的胶

带边缘直线(右图中粗线)以及计算出的偏离角。偏离角报警设置界面如图 4-12 所示,当偏离角大于 5° 并小于 10° 时,轻度跑偏报警,当偏离角大于 10° 时,重度跑偏报警。

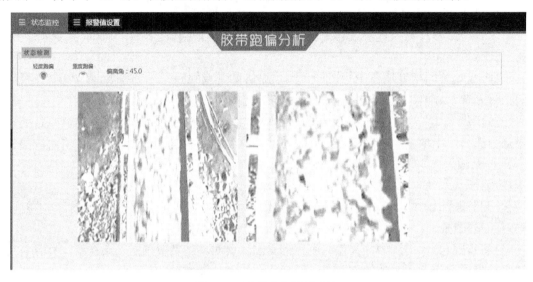

图 4-11　胶带跑偏检测系统

图 4-12　跑偏报警阈值设置

[机器视觉——新型感知手段]

机器视觉是一门涉及计算机科学和人工智能的技术领域,旨在使计算机系统能够通过感知和理解图像或视频数据来模拟人类的视觉能力。在工业制造、无人驾驶、医疗诊断、安防监控等领域具有重要的意义。通常机器视觉主要由图像采集、图像预处理、特征提取、目标检测和识别、图像分割、视觉跟踪和监控、图像理解和语义分析组成。机器视觉技术的发展为人工智能和计算机科学提供了丰富的应用场景,使计算机系统更加智能化、自动化,并为各行各业带来了巨大的潜力和发展机会。

4.4.3　胶带纵向撕裂检测模块设计

胶带运输是一种连续运输能力强、运行效率高、易于实现自动控制的方式，已被广泛用于各种大宗物料的运输。然而，胶带的纵向撕裂事故时有发生，一条胶带在其生命周期中发生一次纵向撕裂的可能性约为 20%。一旦发生纵向撕裂事故，价值数百万元甚至更多的胶带可能在短时间内全部毁坏，造成巨大的经济损失。即使能够修补，也需要相当的人力和时间，对正常生产产生极大的影响。

近年来，随着胶带运输生产系统的使用量越来越大，其应用的范围越来越广，纵向撕裂事故的发生频率也逐渐增加。因此，研制一种可靠且实用的胶带纵向撕裂监控装置变得十分必要和紧迫。该装置的主要功能是检测胶带的纵向撕裂情况，当存在撕裂时，将信号传输到胶带输送机保护控制系统，控制停机，从而将损失降低到最小。

胶带纵向撕裂检测装置主要包括工业相机、激光发生器、交换机、图像边缘处理装置等硬件系统，以及软件系统两个组成部分。其中，关键技术是胶带纵向撕裂算法的设计与实现。主要研究内容是在对胶带撕裂主要原因进行分析的基础上，研发融合激光发生器和工业相机的胶带纵向撕裂检测装置，设计胶带纵向撕裂算法，并开发相应的软件功能。胶带纵向撕裂装置示意如图 4-13 所示。

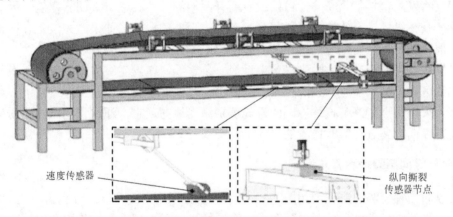

图 4-13　胶带纵向撕裂装置示意图

1. 胶带纵向撕裂检测原理

在胶带运输生产系统中，运行环境复杂，光照条件较差，灰尘较多，胶带上也存在水渍油泥等污染物，直接使用 CCD 工业相机拍摄胶带下表面难以获得良好的拍摄效果。为了克服这些不利条件，本书采用了激光线光源进行光照补偿。激光线光源照射到胶带下表面，通过可见光 CCD 工业相机进行拍摄。由于激光的单色性好、方向性强，发射出的激光束能够集中起来，照射在胶带上形成一条单色的细线。

在胶带运转时，这条单色的细线能够"扫描"胶带表面。在胶带输送机正常运行时，细线呈连续状态，且近似为直线，如图 4-14(a)所示；在胶带发生纵向撕裂时，由于胶带输送机托辊的支撑作用，胶带在垂直于运行方向的曲率会发生变化，细线也会出现弯折或者断开，如图 4-14(b)所示。

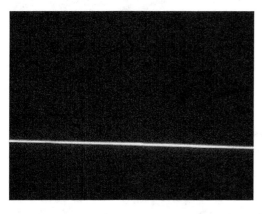 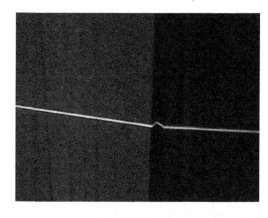

(a)正常状态　　　　　　　　　　　　　　　　　(b)撕裂状态

图 4-14　激光线在胶带上的形态

通过这条激光线，将胶带纵向撕裂的检测问题转化为激光线形态的检测识别问题。这消除了光照不足、灰尘以及胶带表面污染物的干扰等问题，避免了直接检测胶带表面图像由于上述光照不足、灰尘以及胶带表面污染物干扰造成的错误情况。

在正常情况下，激光线可以看作一条光滑连续直线，在发生纵向撕裂的情况下，激光线在撕裂部位将发生弯折甚至断开，弯折或者断开两端的直线存在一定的斜率差。因此，根据这一现象，胶带纵向撕裂的检测就转化为对激光线形态的检测：如果激光线上存在折断，那么在对应部位就存在纵向撕裂；反之，对应部位就不存在纵向撕裂。

在未发生撕裂的情况下，激光线呈现近似一条直线，在发生纵向撕裂时由于激光线出现折断，因此可以检测到超过一条的直线，同时也会检测到角点。根据上述特征，在对图像预处理之后，采用角点检测及直线检测的方式识别激光线的形态，通过识别激光线的形态达到对矿用胶带纵向撕裂进行实时检测的目的。

2．胶带纵向撕裂检测算法设计

胶带纵向撕裂检测的流程图如图 4-15 所示，包括以下几个步骤：使用可见光 CCD 相机配合激光线光源对目标进行拍摄得到图像，对图像进行预处理，然后使用图像处理的方式实现对激光线形态的分析处理，从而达到胶带纵向撕裂目标检测识别的目的。

1) 图像预处理

在可见光 CCD 工业相机拍摄到的胶带图像中，由于检测过程只关注图像上的激光线，因此需要进行预处理，进行图像增强，突出图像上的激光线。图像增强是图像处理中基本的处理方法之一，通过增强对比度等方式，可以突出图像中的特定信息，削弱无关信息，提高识别效果，满足特征提取的需要。

2) 角点检测

角点是一种图像中点的局部特征，包含着重要的图像特征信息，是一种关键特征点。在所拍摄的图像中，只包含黑色的胶带背景和激光线，由于激光线的亮度较高，经过预处理后可以突出图像中的激光线部分，只针对激光线进行图像处理，提取激光线的角点特征。应用 Harris 角点检测算法的检测效果如图 4-16 所示。

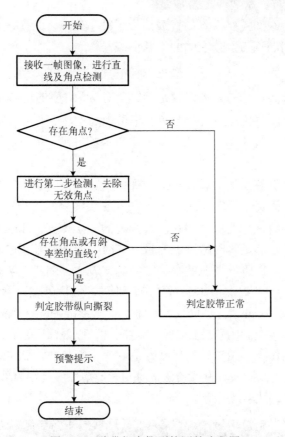

图 4-15　胶带纵向撕裂检测的流程图

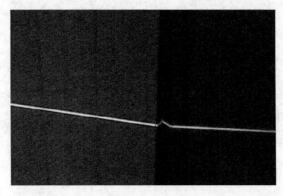

图 4-16　角点检测

3) 直线检测

直线检测是用来检测纵向撕裂的另一部分，用来检测激光线分段数量等特征。Hough 变换是一种图像特征提取算法，由 Hough P.V.C 提出，用来检测图像中的直线部分，Hough 变换直线检测算法拥有较好的抗干扰性能，并且对噪声不敏感。Hough 变换直线检测的核心思想是点和直线在图像空间和参数空间存在对应关系。图像空间共线的点在参数空间是相交于一点的线，在参数空间相交于一点的直线在图像空间也有共线的点与之对应。因此 Hough 变换把在图像空间中的直线检测问题转换为参数空间中对点的检测问题，通过在参数空间里进行累加和统计获得图像空间需要检测的直线。为了减小计算复杂度，采用极坐标方程。根据极坐标方程，图像空间的点与参数空间的正弦曲线一一对应。

$$\rho = x\cos\theta + y\sin\theta \tag{4-2}$$

Hough 变换直线检测算法的具体过程是计算所有 θ 所对应的 ρ 值，使用一个数组累加 θ 和 ρ 的值，从而计算出图像空间共线点的个数。图像中的直线看作一个个元素的集合，把组成直线的像素看作集合中存放的元素。其中每个集合里都可以有多个元素，每个元素也可以同时存在于多个集合中。

Hough 变换直线检测算法能够有效提取图像中的直线，具有抗干扰性能好和对噪声不敏感的特点，是一种有效的直线提取算法。但是 Hough 变换直线检测算法的缺点也很明显，由于要遍历所有像素，还要进行图像空间和参数空间的变换计算，Hough 变换直线检测算法的处理时间明显较长，无法满足实时检测的需求，同时由于计算过程中需要使用较多累加器保存不同直线上的像素个数，所以需要的存储空间也比较大。因此在实际使用中不能直接使用原始的 Hough 变换直线检测算法，本书对其进行改进，加快处理速度，减少存储空间需求。

PPHT（改进的概率 Hough 变换）算法的基本原理与标准 Hough 变换的原理相同，同样利用了图像空间的点与参数空间的正弦曲线一一对应这一原理，区别在于选取候选点时采用随机抽取的方式，当在图像上一条直线的像素数达到一定阈值时，就可以判定为检测到了一条直线。使用 PPHT 算法大大提高了直线检测的速度，使图像序列中直线的实时检测成为可能。PPHT 算法的检测效果如图 4-17 所示。

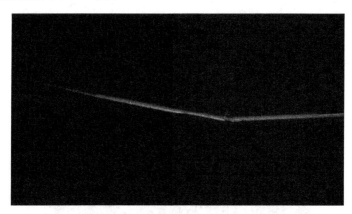

图 4-17 改进的概率 Hough 变换算法的检测结果

4）撕裂判断

为了提高检测的准确率，本书将角点检测的结果和直线检测的结果进行综合处理。首先，如果在检测中发现某一帧图像中存在角点，那么初步判断存在纵向撕裂现象。然后，对检测到的角点和直线进行筛选与判定，以排除误检情况，提高检测的准确率。具体筛选方法和依据如下。

（1）角点筛选：根据检测到的角点坐标，如果角点都不在任意一条检出的直线上，那么认为这是一个伪角点，将之剔除，不用于判定纵向撕裂，避免影响检测结果。在实际计算中，使用一个阈值表示角点到直线的距离，小于这个阈值的就可以认为角点在直线上。

（2）直线筛选：由于 Canny 边缘提取后的直线是两条平行线，因此根据直线斜率，相同斜率的直线只保留一条。在实际计算中，判定斜率相等使用一个斜率差阈值，如果两条直线的斜率差小于这个阈值，那么就认为这两条直线平行，计算时只保留其中一条。

经过上述筛选后，再次进行判断，如果有角点或者有斜率差的直线，那么就判定为纵向撕裂。通过第二步的筛选可以排除一些误检的情形，提高检测的准确率。

3. 胶带纵向撕裂检测系统实现

胶带纵向撕裂检测系统软件部分需要能对实时影像、分析状态进行显示，要具有较高的实时性和可靠性，能及时发出声音报警和图像报警，并能向 PLC 系统输出停机指令。胶带纵向撕裂检测及报警界面如图 4-18 所示，报警查询界面如图 4-19 所示。

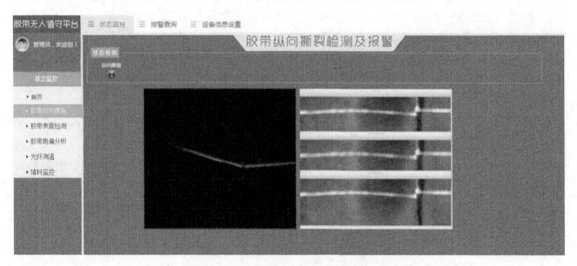

图 4-18　胶带纵向撕裂检测及报警界面

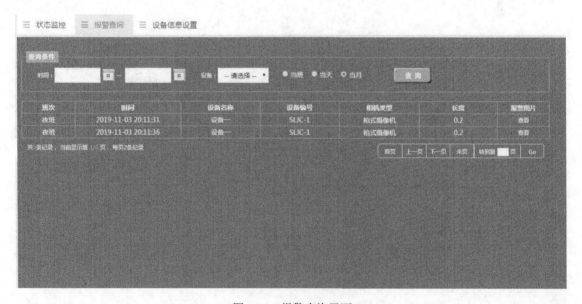

图 4-19　报警查询界面

4.4.4 胶带表面裂纹检测模块设计

1. 胶带表面裂纹检测原理

胶带破损、断带和撕裂对安全生产构成严重威胁，但现有方法大多只能在已发生破坏性撕裂的情况下进行检测并告警。然而，对于现有矿山生产来说，这些检测方法得到的检测结果在时效性上仍然滞后。胶带表面检测能够提前预知胶带撕裂部位的形成及发展，从而将可能产生的胶带破坏性撕裂事故阻止在更早的阶段。因此，提前检测胶带出现的相对细小的裂纹，为采取进一步的处理措施赢得更充足的时间就显得尤为重要。

经过大量的生产实践观察发现，胶带表面裂纹从萌生到扩展成为破坏性的撕裂具有一定的规律性。微观裂纹的生长会引起宏观裂纹的扩展，最后发生破坏性撕裂。对于类似于胶带的平板样物体，裂纹的前沿线基本是一条直线。因此，掌握胶带表面裂纹的变化对分析裂纹是否存在安全隐患，是否有可能发展到破坏性撕裂甚至由此造成事故都具有重要的意义。而要掌握胶带表面裂纹的变化情况，关键就是准确获取胶带表面裂纹的信息。

为了实现这一目标，本书设计了胶带表面检测装置，如图 4-20 所示。该装置的主要功能是检测胶带表面的破损情况，包括工业相机、光源、图像边缘处理装置等硬件系统以及软件系统两个组成部分。关键技术是胶带表面检测算法的设计与实现。主要研究内容是研发胶带破损检测算法，实现胶带破损状态的检测。技术路线是安装工业相机，对胶带输送机停机和无料空转状态的图像进行采集与表面纹理特征分析，识别胶带本体各种划伤和拉伤等破损，从而达到减轻工人劳动强度的目的。

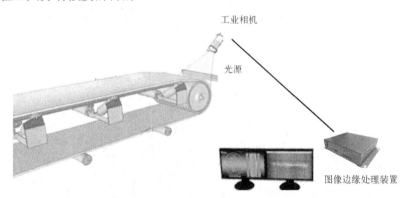

图 4-20 胶带表面检测与分析系统原理图

2. 胶带表面裂纹检测算法设计

1) 裂纹检测算法设计

根据胶带表面裂纹检测的基本原理及系统的检测原理，设计了胶带表面裂纹检测算法流程，如图 4-21 所示。该流程包括视频数据采集、裂纹检测等功能模块。

2) 差影法设计

差影法是指对两幅图像进行点对点的减法，从而得到输出图像的运算。差值图像提供了图像间的差异信息。差影法可去除相似图像的相同内容，凸显相异的目标区域，削弱相同条

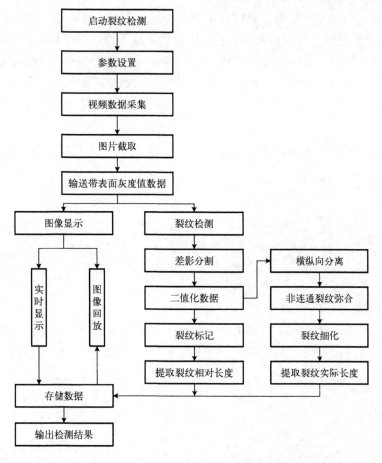

图 4-21　胶带表面裂纹检测算法流程图

件下产生的噪声干扰。同时，由于其具有快速简洁的运算特性，这种差影法在指导动态检测、运动目标检测和跟踪、图像背景消除及目标识别等方面具有极强的实用性。具体流程如图 4-22 所示。

设 $A(x, y)$ 为模板（一幅无缺陷的图像），$B(x, y)$ 为一幅待检测图像，$C(x, y)$ 为差影法处理后的图像，则

$$C(x, y) = |A(x, y) - B(x, y)| \tag{4-3}$$

对于任意一个差影后的像素点 (x, y)，如果该点的像素值在允许的灰度误差范围内，则置该值为 0，否则置该值为 1。因为这种处理方法简单，运算效率高，所以常被用于在线处理系统对目标区域的提取中。

差影模板对差影法处理效果影响比较大，本书比较了简单模板、中值滤波方法和曲线拟合方法构造的三种差影模板处理效果，比较效果如图 4-23～图 4-25 所示。

从图 4-23 可以看出，采用简单差影模板计算得到的差影图像背景变得相对一致，极大地抑制了背景对

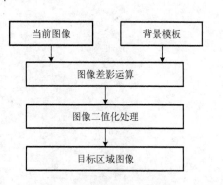

图 4-22　图像差影运算流程

裂纹区域的干扰，但是对裂纹细节反映并不是太理想，裂纹中段存在一些本不是裂纹区域的分支。图 4-24 显示经过中值滤波构造模板处理后的模板曲线消除了图 4-23(b)中裂纹中段出现的毛刺，分割出的裂纹图像也较为完整。图 4-25 显示使用曲线拟合方法构造差影模板得到的结果更多地保留了裂纹的细节，避免了图 4-23(b)中裂纹中段出现的毛刺，特别是在裂纹虚断处最大限度地保留了原图像裂纹的完整性。因此，最终选定曲线拟合构造差影模板的方法进行差影运算。

(a)简单模板差影运算后的图像　　　　　　　(b)简单模板差影运算后的二值化图像

图 4-23　简单模板差影处理效果

(a)中值滤波构造模板运算后的图像　　　　(b)中值滤波构造模板运算后的二值化图像

图 4-24　中值滤波构造模板的差影处理效果

(a)曲线拟合构造模板运算后的图像　　　　(b)曲线拟合构造模板运算后的二值化图像

图 4-25　曲线拟合构造模板的差影处理效果

3)裂纹长度提取算法研究

为实时给出胶带表面裂纹的长度,需要选择一个快速且具有一定准确性的算法。经过阈值分割后,裂纹转换为二值化图像,这既最大限度地排除了背景和非目标区域的干扰,又简化了对裂纹尺寸的运算。在工程实践中,为了计算不规则纹理的长度,常常利用求区域外接矩形的对角线长度间接近似计算的方法。在本检测系统中,为了得到相对准确的裂纹实际长度,应用式(4-4)进行快速计算:

$$L = \{[(x_{\max} - x_{\min})S_H]^2 + [(y_{\max} - y_{\min})S_V]^2\}^{\frac{1}{2}} \tag{4-4}$$

式中,$(x_{\max} - x_{\min})$、$(y_{\max} - y_{\min})$分别为裂纹图像的长度像素差值和宽度像素差值,如图 4-26 所示;S_H 为横向比例因子,即胶带横向宽度与图像水平方向像素个数的比值(mm/pixel);S_V 为纵向比例因子,即胶带纵向长度与图像水平方向像素个数的比值(mm/pixel)。

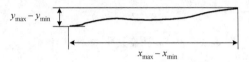

图 4-26　快速算法计算裂纹

利用裂纹长度快速算法对 9 个典型胶带裂纹进行了实验分析,将得到的软件测量裂纹长度检测结果与手工测量的结果进行比较,如表 4-3 所示。为了验证算法效果,从现场截取了一段废胶带,用刻刀制造了不同裂纹长度,并与软件测量效果进行了对比,对比效果如表 4-3 所示。由表 4-3 可知,软件测量最大相对误差为 5.474%,平均相对误差为 2.33%,能满足现场需求。

表 4-3　裂纹长度提取实验抽查数据表

裂纹编号	手工测量长度/mm	软件测量长度/mm	绝对长度/mm	相对误差/%
1	53	52.60	0.4	0.755
2	30	29.32	0.68	2.267
3	19	20.04	1.04	5.474
4	42	41.08	0.92	2.19
5	34	33.57	0.43	1.265
6	38	37.22	0.78	2.053
7	101	100.11	0.89	0.881
8	58	56.84	1.16	2
9	21	20.15	0.85	4.048
最大误差			1.16	5.474
平均误差			0.79	2.33

3. 胶带表面裂纹检测系统实现

胶带表面裂纹检测与分析系统界面如图 4-27 所示,显示了检测到的胶带不同位置的裂纹长度,当裂纹长度超过设定阈值时进行报警,如图 4-28 所示。

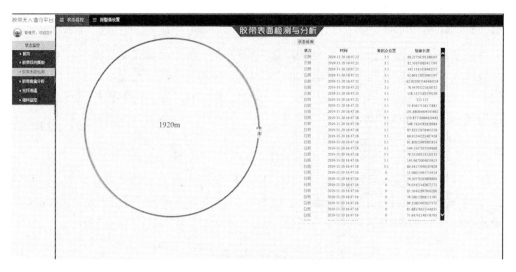

图 4-27　胶带表面裂纹检测与分析系统界面

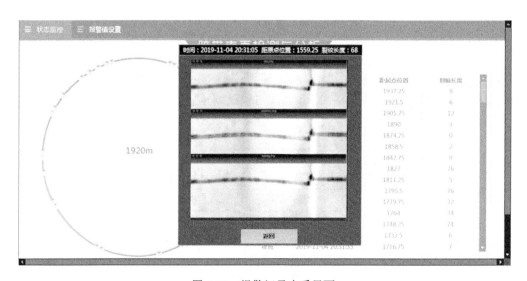

图 4-28　报警记录查看界面

4.4.5　胶带输送矿石大块检测模块设计

矿石运输过程中，体积较大或呈细长条形的矿块可能会刺穿胶带，甚至直接导致胶带撕裂，而较大的矿块也容易导致物料中心不平衡，导致胶带跑偏等故障。因此，本书研发了矿石大块检测装置，用于实时监测胶带输送机上的矿石运输情况。该装置能够及时发现异常情况并停机进行清理，有助于预防严重故障，如撕裂胶带、划伤等。

矿石大块检测模块是在胶带输送系统的头部安装高清摄像头，在线采集转运站落料状态的矿石图像，经过图像预处理、矿石边缘分割及标定、矿石块度计算、深度学习计算处理后实现矿石大块、异形报警，并将检测统计结果传送到生产智能控制系统，当出现矿石大块、异形时，及时预警，停止受料胶带输送机，提醒人员清除大块和异形，降低后续胶带撕裂、损伤、跑偏和堵料风险。

1．矿石大块检测算法设计

1）基于深度学习的矿石大块检测

近年来深度学习在自然语言处理、计算机视觉等方面获得巨大成功，故在本书中采用深度学习进行胶带输送机上矿石大块检测。基于深度学习的矿石大块检测算法流程如图 4-29 所示。

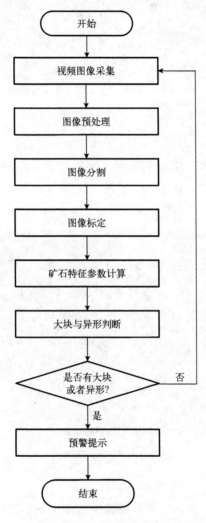

图 4-29　矿石大块检测算法流程

（1）原始图像获取。

首先，本书获取视频流信息，并按照设定的帧率对视频流进行分帧。通过固定的时间间隔进行截取，得到视频帧并保存为图片，作为原始矿石图像，如图 4-30 所示。原始图像展示了各种形态和大小不一的矿石，它们相互压接，甚至可能粘连在一起。由于光照条件的不同，部分矿石出现了反光现象，形成了明亮的光点。此外，在一些拍摄环境较差的情况下，图像中还会出现严重的噪声。特别是在晚上，由于拍摄角度和光线等问题，图像的清晰度也会受到影响。

所有这些问题都会对最终的矿石分割结果产生很大的干扰，因此需要对原始图像进行预处理。通过预处理，可以解决图像对比度不明显和噪声问题，从而极大地改善图像的质量。

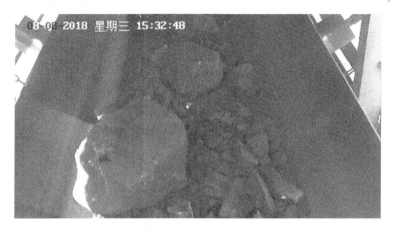

图 4-30   原始矿石图像

（2）图像灰度化。

将原始图像转化为灰度图像。将彩色图像转化为灰度图像的好处在于可以减少图像的数据量，使后续的计算与处理方便。使用平均值法来计算每个像素点的 RGB 分量的算术平均值，并将结果赋给该像素的 R、G、B 分量，灰度化后的图像如图 4-31 所示。

图 4-31   灰度化图像

（3）ROI 截取。

在机器视觉和图像处理中，常常需要从图像中勾勒出感兴趣的区域，这些区域可以是方框、圆、椭圆或不规则多边形等。这些被勾勒出的区域称为感兴趣区域（ROI）。在 Python、OpenCV、MATLAB 等机器视觉软件中，常常使用各种算子和函数来求得感兴趣区域，并进行图像的下一步处理。

在胶带输送矿石大块检测情境中，由于图像中除了矿石还包括胶带和环境背景等元素，而本书只关注图像中的矿石部分，因此需要从整个图像中提取矿石部分，这样可以减少处理时间并提高准确性。ROI 提取的结果如图 4-32 所示。

（4）双边滤波。

双边滤波是一种非线性滤波器，它可以保持图像边缘的同时进行降噪平滑处理。与其他滤波原理一样，双边滤波也使用加权平均的方法，通过对周围像素的亮度值进行加权平均来代表某个像素的强度，而这些加权平均值基于高斯分布。最重要的是，双边滤波不仅考虑了像素之间的欧氏距离(与普通的高斯低通滤波器类似，只考虑了位置对中心像素的影响)，还考虑了像素范围域内的辐射差异，如相似度、颜色强度和深度差距等。在计算中心像素时，同步考虑这两个权重。双边滤波效果如图 4-33 所示。

图 4-32 ROI 截取图像

图 4-33 双边滤波效果

(5)直方图均衡化。

在图像获取和传输过程中，由于摄影设备、光照不足和信号传输等因素的影响，所拍摄得到的图像往往存在一定程度的不足。图像增强通过突出或锐化图像的某些特征，如轮廓、边缘和对比度等，使图像更适合人眼观察或计算机处理。

直方图均衡化，也称为直方图平坦化，本质上是对图像进行非线性拉伸，重新分配图像的像素值，使特定灰度范围内的像素值数量大致相等。这样，原始直方图中心部分的对比度得到增强，而两侧部分的对比度降低。直方图均衡化的输出图像呈现较平坦的直方图，这样可以产生粗略的视觉分类效果。直方图是表示数字图像中每个灰度级出现频次的统计关系。它提供了图像的灰度范围、每个灰度级出现的频率以及灰度的分布和整个图像的平均明暗程度和对比度等概貌性描述。灰度直方图是灰度级函数，反映了具有该灰度级像素的数量。通过直方图，可以了解图像的灰度分布特性。例如，如果大部分像素集中在低灰度区域，图像则呈现暗的特性；如果像素主要集中在高灰度区域，图像则呈现亮的特性。

图 4-34 展示了直方图均衡化前后的效果比对，即将原始图像的随机分布直方图转化为均匀分布的直方图。基本思想是对原始图像的像素灰度值进行某种映射变换，使得变换后图像灰度的概率密度呈均匀分布。这意味着图像的灰度动态范围得到增加，从而提高了图像的对比度。

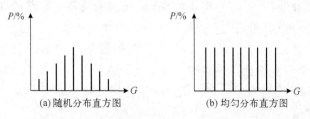
图 4-34 直方图均衡化前后的效果比对

通过这种技术可以清晰地在直方图上看到图像亮度的分布情况，并可按照需要对图像亮度进行调整。另外，这种方法是可逆的，如果已知均衡化函数，那么就可以恢复原始直方图。

设变量 r 代表图像中像素灰度级，对灰度级进行归一化处理，则 $0 \leqslant r \leqslant 1$。其中，$r = 0$ 表示黑；$r = 1$ 表示白。对于一幅给定的图像来说，每个像素值在[0,1]的灰度级是随机的。用概率密度函数 $p_r(r)$ 来表示图像灰度级的分布。

为了有利于数字图像处理，引入离散形式。在离散形式下，用 r^k 代表离散灰度级，用 $p_r(r^k)$ 代表 $p_r(r)$，并且式(4-5)成立：

$$p_r(r^k) = \frac{n_k}{n} \tag{4-5}$$

式中，$0 \leqslant r^k \leqslant 1$，$k = \{0,1,2,\cdots,n-1\}$；$n_k$ 为图像中出现 r^k 这种灰度的像素数；n 为图像中的像素总数；$\dfrac{n_k}{n}$ 就是概率论中的频数。图像进行直方图均衡化的函数表达式为

$$S_i = T(r_i) = \sum_{i=0}^{k-1} \frac{n_i}{n} \tag{4-6}$$

式中，k 为灰度级数。相应地，逆变换为

$$r^k = T^{-1}(S_i) \tag{4-7}$$

滤除掉椒盐噪声之后，再进行直方图均衡，以增加图像对比度，使图像中包含的信息更加明朗化，在后续处理中不易丢失有用信息。

2) 基于 Unet 的矿石边缘分割

深度学习是近年来机器学习领域的一大突破，其利用深层神经网络进行学习和分析。相比于传统的机器学习算法，深度学习不再依赖于人类预设的特征提取方法，而是通过学习原始数据中的主要信息进行分类和分析。这样能够更好地表达复杂的结构，并找到原始信息中关键信息的表达方式。

(1) 语义分割网络 UNet[31]。

在计算机视觉领域，深度学习的应用开始于图像块分类方法，它通过对每个像素周围的图像块进行独立的分类来完成语义分割。这种方法主要是因为分类网络通常采用全连接层，需要固定大小的输入图像。但是全连接层存在位置信息丢失的问题。2014 年，加利福尼亚大学伯克利分校的 Long 等提出了全卷积网络(Fully Convolutional Network，FCN)，它能够进行密集的像素预测，无须全连接层的约束。全卷积网络的应用使得语义分割的速度得到了大幅提高，因此语义分割领域大多采用这种模型。UNet 是这种方法中最常用的结构，其网络结构如图 4-35 所示。

根据图 4-35，UNet 网络由收缩路径(Contracting Path)和扩展路径(Expansive Path)组成。收缩路径通过重复的卷积层和池化层来构建，每次重复包含两个 3×3 的卷积层和一个 2×2 的步幅为 2 的最大池化层。在采样后，特征通道的数量会增加。扩展路径则通过反卷积(Up-Convolution)逐渐恢复特征图的大小，并将其与收缩路径中相应步骤的特征图进行拼接，然后经过另外两个 3×3 的卷积层处理。最后一层使用 1×1 的卷积核将 64 通道的特征图转化为最终结果的特定深度。

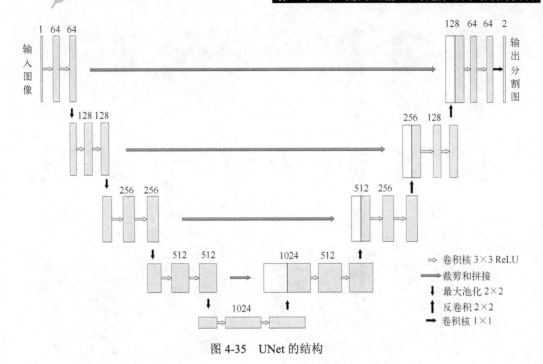

图 4-35　UNet 的结构

(2)制作训练集和训练网络。

为了使用 UNet 进行图像分割，首先需要对网络进行训练。训练过程如下[32]。

① 使用一个包含三张图像的训练集进行预训练，这些图像只标记了大石块的边缘，如图 4-36 所示。预训练的目的是初始化网络的权重。

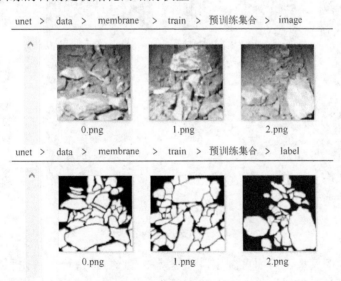

图 4-36　UNet 网络训练过程

②继续对中等矿块和小矿块进行标注，持续标注一段时间之后，获得了一个包含小石块标签的训练集，如图 4-37 所示。

③使用这些包含小石块标签的训练集进行第二次预训练，增加训练轮数，使得模型的准确率达到 85%，效果如图 4-38 所示。

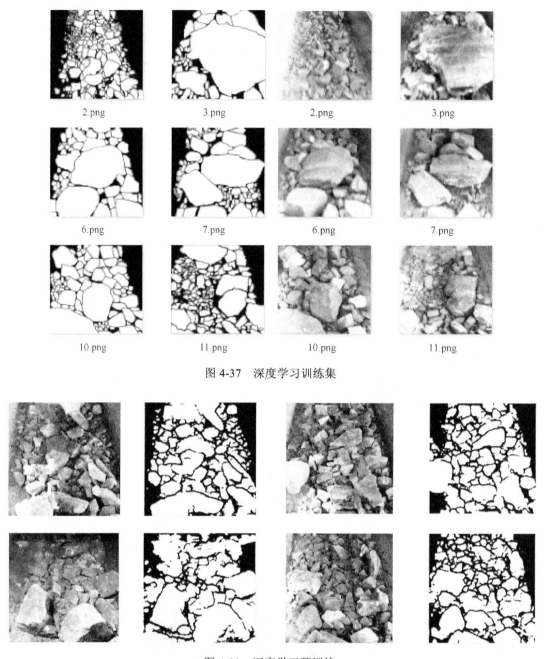

2.png   3.png   2.png   3.png

6.png   7.png   6.png   7.png

10.png   11.png   10.png   11.png

图 4-37　深度学习训练集

图 4-38　深度学习预训练

　　有了这个初版的模型，后面再制作训练集就要有选择地进行了。先利用这个模型测试对图像的分割能力，如果可以较好地实现分割，那么就不再进行标注，也就是只对测试结果差的图像进行标注，然后做大轮数的训练，就是最后的模型结果，如果经过测试精度达不到要求还可以继续优化，也就是继续做标注。

　　随着训练集的不断增加，最终的模型准确率可以达到 96.96%。训练集的部分样本如图 4-39 和图 4-40 所示。

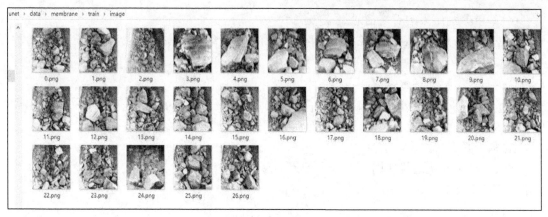

图 4-39　原始数据集

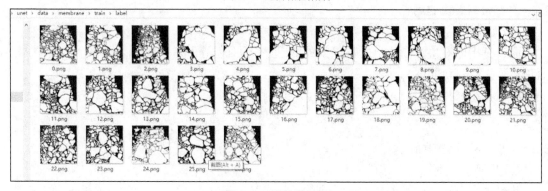

图 4-40　训练数据集

（3）使用训练完成的网络进行矿石分割。

使用训练完成的网络，可以对输入的矿石图像进行分割，分割的效果如图 4-41 所示。

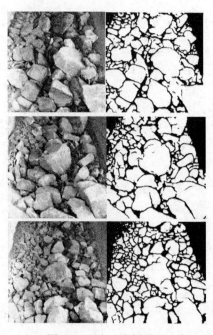

图 4-41　矿石分割效果

(4) 基于分割结果的石块信息提取与展示。

通过分割结果，可以对图像中连通区域的信息进行统计，实现大块和异形石块的检测，并进行块度统计等。

3) 矿石块度特征参数提取

为了满足矿石块度分析的实际需求，本书设计了以下几个特征参数：周长径、面积径、几何平均直径、算法平均直径、形状因子、长径和短径以及块度分布等。

(1) 周长径。

周长是指矿石块边缘在图片上所占像素的总数。

周长径定义为

$$D_c = P / \pi$$

式中，P 为矿石块的周长。

(2) 面积径。

面积是指矿石块在图片上所占像素的数量。实际面积等于像素个数乘以每个像素的大小。面积径是指矿石块的面积。

面积径定义为

$$D_s = 2\sqrt{S / \pi}$$

式中，S 为矿石块的面积。

(3) 几何平均直径。

几何平均直径是一帧图片中矿石块的平均直径，定义为

$$M_1 = \left(\prod d_i \right)^{\frac{1}{n}} \tag{4-8}$$

(4) 算法平均直径。

算法平均直径是指通过计算所有矿石块的直径并取平均值得到的值，即

$$M_2 = \frac{1}{n} \sum d_i \tag{4-9}$$

(5) 形状因子。

形状因子是实际测量的矿石块周长与等面积圆的周长之比。

(6) 长径和短径。

长径和短径是指将不规则矿块等价为椭圆，如图 4-42 所示，设椭圆中心为 O，则长径为 a，短径为 b。

长宽比 K 是反映矿石块形状的参数，其中，长度 a 是矿石块边缘两点之间的最大距离，宽度 b 是短径。当长宽比 K 接近 2 时，形状趋向于正方形；当 K 接近 1.27 时，形状趋向于圆形。

(7) 块度分布(块度分布直方图 f_i 和块度累积分布 F_i)。

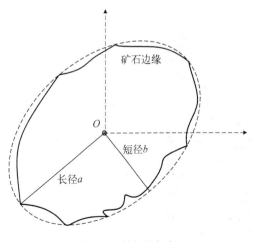

图 4-42 长径和短径

由于矿石图像包含多个矿石块，本书使用矿石块度分布来反映矿石的尺寸分布规律。为了表示块度分布，按照一定的规则选取多个典型块度尺寸，如 $x_1, x_2, \cdots, x_n$，然后将这些块度分为若干区间，$[x_1, x_2], [x_2, x_3], \cdots, [x_{n-1}, x_n]$。在每个块度区间内的矿石数量占所有区间内矿石总数量的占比来表示频度分布 $f_1, f_2, \cdots, f_n, \sum_{i=1}^{n} f_i = 1$，其中

$$f_i = \frac{N_i}{N} \tag{4-10}$$

式中，N_i 为块度在区间 $[x_{i-1}, x_i]$ 内的矿石数量；N 为矿石总数量。

在实际应用中，一般采用累计值来表示矿石块度分布，即累积分布，即 $F_1, F_2, \cdots, F_m$ 表示块度从小到某个特定粒径之间所有的矿石块占总数量的百分比，其中

$$F_i = \sum_{j=1}^{i} f_i \tag{4-11}$$

（8）D_x。

D_x 表示当累计块度分布数达到 $x\%$ 时所对应的块径，即小于该块径的矿石块数占总数的百分比 x。

2. 矿石大块检测系统实现

矿石大块检测系统的功能模块框架如图 4-43 所示，主要由前端和后台两部分组成。后台模块包括视频图像采集、图像预处理、图像边缘划分、矿石大块异形报警等模块。前端模块

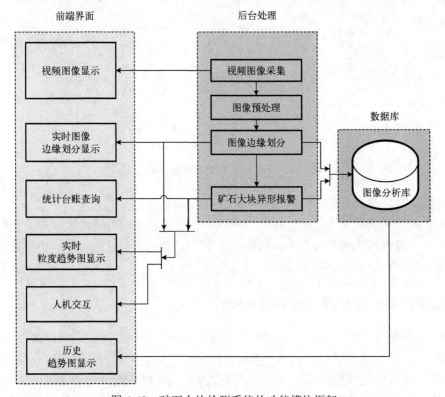

图 4-43　矿石大块检测系统的功能模块框架

包括视频图像显示、实时图像边缘划分显示、统计台账查询、实时粒度趋势图显示、人机交互等功能模块。

矿石大块检测系统主界面如图 4-44 所示，包括 5 个区域，其中第 1 区位包括矿石原图和深度学习分割矿石边缘后的图片；第 2 区位包括日期时间(显示当前日期时间)、大块报警、异形报警、周长径平均块度、面积径平均块度、周长径不均匀系数、面积径不均匀系数、周长径曲率系数、面积径曲率系数、正常过料时间(没有大块和异形报警的持续时间)；第 3 区位显示块度分布；第 4 区位显示块度累计分布；第 5 区显示块度分布趋势。

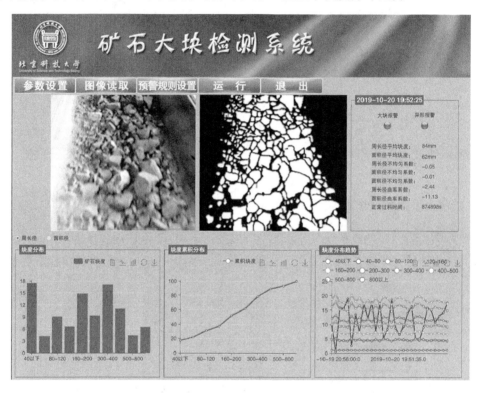

图 4-44　矿石大块检测系统主界面

深度学习——智能时代的核心驱动力量

深度学习通过构建多层次的神经网络，可以自动学习和发现数据的特征规律，提高机器对复杂数据的解析和决策能力。它在图像识别、语音识别、自然语言处理等领域得到广泛应用，对于智能制造来说具有重要意义，可以实现自动控制、优化和预测，推动智能制造的发展。

4.4.6　胶带托辊温度监测和报警模块设计

随着生产任务的不断增加，设备利用率也逐步提高，因此胶带输送机辊筒及托辊轴承的损耗和故障率也会增加。由于胶带输送机大多建设在密闭的空间内，如果胶带输送机发生故障导致胶带与辊筒、托辊及落料之间发生滑动摩擦，长时间摩擦产生的高温可能引发严重的火灾乃至爆炸事故，造成不可挽回的损失，甚至危及人员安全。目前，维护人员需要巡检胶带输送机的托辊状态，并依靠他们的工作经验来判断托辊是否存在故障。对于托辊故障的现场检测大部分依赖维护人员的经验。本书设计了分布式光纤测温装置，对胶带输送机的托辊轴温进行实时在线检测。

1. 胶带托辊温度监测原理

目前，在光纤传感测温技术领域，主要采用拉曼分布式光纤测温技术。该技术利用光纤的光时域反射和光纤的背向拉曼散射温度效应实现光纤距离的定位和温度测量。由于斯托克斯拉曼散射光受温度影响非常小，而反斯托克斯拉曼散射光则受温度影响的幅度非常大，因此可以利用光脉冲在光纤中传播时产生的与温度相关的背向散射（斯托克斯光和反斯托克斯光）来提取温度信息。测温原理如图4-45所示。

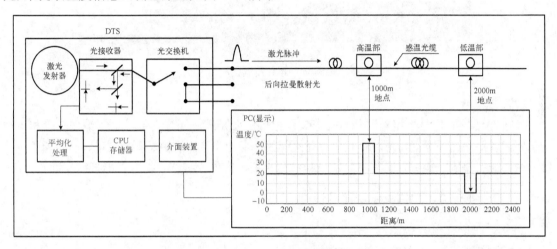

图4-45 分布式光纤测温原理

2. 胶带托辊温度监测系统硬件设计

胶带托辊温度监测系统包括光纤测温主机、感温光缆、以太网交换机、托辊温度监控系统和火灾报警器等。胶带托辊温度监测系统结构如图4-46所示。

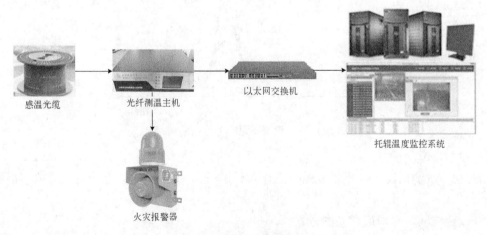

图4-46 胶带托辊温度监测系统组成

1）光纤测温主机

光纤测温主机是光纤系统的核心，负责信号采集、信号处理、数据分析、超温报警、温升速率报警、网络传输等功能。本书研发的光纤测温主机如图 4-47 所示。

图 4-47　光纤测温主机

2）感温光缆

安装在现场的感温光缆采用分布式铠装抗拉抗压型光纤，光缆内部有不锈钢保护管和抗拉钢丝网，以保护光纤不受损害。外护套为高性能的低烟无卤素阻燃热塑型材料，具有抗水性。光缆要求铠装、坚固、柔韧，具有良好的抗拉抗压性能，方便安装和维护，且能抵御腐蚀。

3. 胶带托辊温度监测系统功能设计

1）托辊温度警报方式

托辊温度警报方式有以下三种。

（1）设定高温临界值的方式。

当温度上升到设定的高温临界值时，系统发出警报，报警模式如图 4-48 所示。

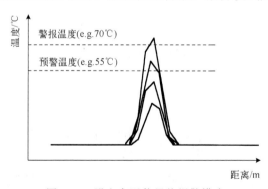

图 4-48　设定高温临界值报警模式

（2）设定升温率的方式。

当过去 5 次测出温度的平均升温率抵达预设的升温率临界值时，系统发出警报，如图 4-49 所示。

（3）设定与区域平均值之差的方式。

当温度达到设定的正差值或负差值的报警界限时，系统会发出警报，如图 4-50 所示。

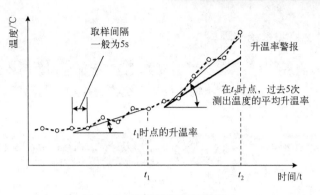

图 4-49 设定升温率报警模式

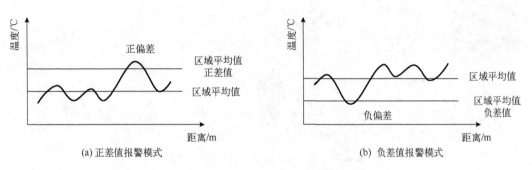

图 4-50 设定与区域平均值之差的报警模式

2) 托辊温度监测系统功能

托辊温度监测系统具有以下功能。

(1) 测温主机与上位机通过通信接口连接，可以实时显示光缆的温度变化轨迹，并突出显示报警信号，能够准确定位光缆受损点的实际位置。

(2) 当光缆受损时，系统能够及时定位受损点，并通过光纤熔接机对其进行修复。

(3) 报警区长度和报警点可以进行整体编程，根据实际情况进行灵活调整，与现场情况完全匹配。

(4) 报警控制区可以实现多级定温报警 (如 30℃初报警、40℃预警、50℃采取措施等)，并可以根据环境不同进行温度修正。温升率的设定值可以根据现场监测情况确定，温升变化函数可以相应调整。

(5) 系统具有良好的兼容性，可以通过 RS485/RS232 标准接口与中央报警控制盘和其他控制设备进行互联，并提供多路继电器输出接口，将相关信号发送给相关的控制设备进行区域报警判定和声光报警。

(6) 系统可以避免误报警，除了定温报警外，还可以根据温升率进行报警，并提供相应的开关量信号输出。

(7) 控制区可以进行编程，并可以根据用户要求进行设计，可适应环境变化的需求，可设置 80~100 个不同的报警控制区域。

(8) 系统具有良好的扩展性，在允许范围内可以扩展标准测量距离。

(9) 系统可以根据报警区段和分级输出信号，以满足不同控制盘的需求。

(10) 系统具备安全记录功能，可以存储历史数据一年，并能进行有效审核。

4．胶带托辊温度监测系统实现

胶带托辊温度监测系统主界面及光纤温度实时监测界面分别如图 4-51 和图 4-52 所示。图 4-51 显示两条沿胶带输送机承载托辊铺设的探测光缆检测到的温度，图 4-52 显示查询不同时间点、不同位置的温度检测值。

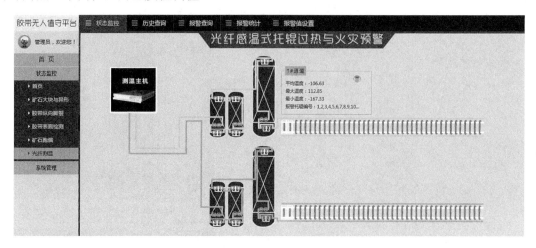

图 4-51　胶带托辊温度监测系统主界面

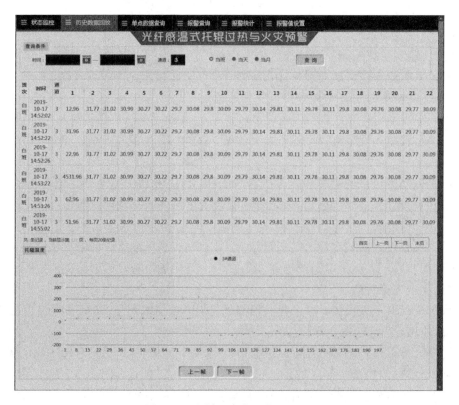

图 4-52　光纤温度实时监测界面

4.5　系统集成与实现

4.5.1　人机交互界面设计

软件系统人机交互(Software Human-Computer Interaction，SHCI)是软件系统中人与计算机之间进行交互和信息交换的过程。在这个过程中，用户通过输入设备向计算机系统输入信息，计算机系统通过输出设备向用户提供信息。在软件系统中，人机交互主要涉及用户界面的设计和实现，包括界面布局、交互方式、操作流程等方面。良好的软件系统人机交互界面可以提高用户的使用效率和体验感，使系统更加易用、高效和可靠。

1．人机交互界面设计需求

(1)易于使用：界面应该简洁、直观，用户可以轻松理解和操作软件系统。

(2)功能完备：界面应提供所有必要的功能。

(3)数据可视化：界面应以图表、图像等形式展示胶带运输系统的实时运行状况和统计数据。

(4)实时反馈：界面需要能够及时更新运输车辆的位置、状态等信息，以及预警和故障信息。

2．人机交互设计原则

(1)简化操作：通过合理布局和明确标识，减少用户操作的复杂性和困惑。

(2)一致性：保持界面风格的一致性，使用户能够轻松适应不同功能界面。

(3)可访问性：考虑到用户的不同需求和能力，界面应具备易读性、易操作性和易理解性。

(4)错误处理：提供友好的错误提示和用户引导，帮助用户纠正操作错误。

(5)反馈和确认：在用户执行关键操作时，及时提供反馈和确认提示，避免误操作和误解。

根据以上需求和原则，设计矿山胶带运输生产线智能管控系统主界面，如图 4-53 所示，包括胶带运输系统实时运行状况、故障报警、统计分析、系统管理等主要信息。

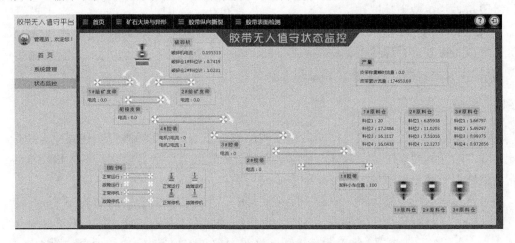

图 4-53　胶带运输生产线智能管控系统主界面

4.5.2 系统功能模块集成

矿山胶带运输生产智能管控系统集成了胶带智能检测系统、智能控制系统和无人值守管理平台功能，主要对胶带输送机的自动化数据、生产数据、能耗数据和点检数据进行汇聚，通过对数据进行分析建模，对胶带进行安全保护，对胶带运行状态进行判断，显示运行状态参数和运行故障信息，同时提高胶带系统经济运行效益。

矿山胶带运输生产智能管控系统主要由基础数据管理、经济运行分析、设备评价分析、报表分析以及权限管理等子系统组成，结构如图 4-54 所示。

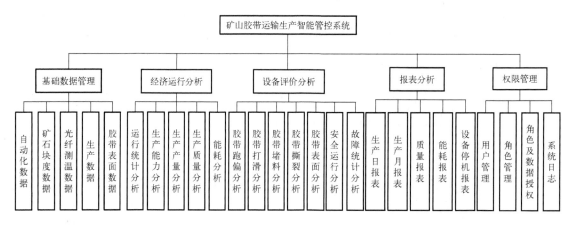

图 4-54　矿山胶带运输生产智能管控系统功能结构图

系统功能如下。

(1)基础数据管理模块：实现对自动化数据、矿石块度数据、光纤测温数据、生产数据和胶带表面数据实时采集、处理及多种显示功能，能实时显示各胶带输送机、相关设备的运行状态参数以及运行曲线等，能方便地进行多画面切换。

(2)经济运行分析模块：实现对设备运行统计分析、生产能力分析、生产产量分析、生产质量分析和能耗分析功能。

(3)设备评价分析模块：实现对胶带跑偏、打滑、堵料、撕裂、表面和安全运行分析功能，统计各胶带输送机故障情况。

(4)报表分析功能：实现运行数据分析、报表和统计功能，能根据实际生产数据进行汇总、统计并形成报表及多种曲线图、柱状图等。

(5)权限管理功能：保证操作和数据的安全性。

4.5.3 系统功能实现

胶带输送系统各检测模块在实验室精度测试的基础上，在现场进行安装测试，胶带跑偏检测装置、胶带纵向裂纹检测装置、胶带表面裂纹检测装置、胶带输送矿石大块检测装置及胶带托辊感温光缆装置现场安装分别如图 4-55～图 4-59 所示。

胶带跑偏选用枪型摄像机，安装在胶带输送机正上方，安装效果如图 4-55 所示。

胶带输送机运行环境比较恶劣，灰尘大，振动大，为了保障工业相机和激光长期可靠稳定工作，设计了工业防护罩，将工业相机和激光等固定在防护罩内，安装效果如图 4-56 所示。

图 4-55 胶带跑偏检测装置安装图

图 4-56 胶带纵向裂纹检测装置现场安装图

由于工作时,胶带上面运输矿石,为了实时检测到胶带工作面,胶带表面裂纹检测高清摄像头安装在胶带输送机转向辊筒上方,如图 4-57(a)所示,所检测胶带表面位置如图 4-57(b)所示。

(a)高清摄像头安装位置

(b)所检测胶带表面位置

图 4-57 胶带表面裂纹检测装置现场安装图

为了避免外界光照对矿石大块检测影响，设计了外罩，如图 4-58(a)所示，外罩里面是高清摄像头和光源，如图 4-58(b)所示。

(a)外罩

(b)高清摄像头安装位置

图 4-58　胶带输送矿石大块检测装置现场安装图

感温光缆敷设在托辊支架上的同时，在托辊支架上进行缠绕，可以有效消除空间分辨率对光纤探测的影响，感温光缆安装如图 4-59 所示。

图 4-59　胶带托辊感温光缆现场安装图

本章小结

在胶带运输生产智能检测框架下，讨论了胶带运输生产过程中故障检测系统的设计与开发，包括运输工艺、需求分析、胶带跑偏、纵向撕裂、表面裂纹、矿石大块检测及托辊温度等检测系统的设计与实现。

思考题

1. 深度学习和传统机器学习算法相比有哪些优点？在矿山智能图像处理中还可能有哪些应用？

2．要真正实现矿山胶带运输生产线无人值守，你认为在设计时还需要考虑哪些因素？

3．你认为未来胶带纵向撕裂检测技术的发展方向是什么？

4．如何将胶带表面裂纹检测算法与其他技术(如机器学习、深度学习)相结合，以进一步提高检测效率和准确性？

5．在实际应用中，胶带表面裂纹检测算法可能会受到哪些因素的影响？如何应对这些影响？

6．针对不同粗细粒度的矿石，如何调整边缘检测算法以提高粒度分级效果？

7．传统的胶带运输机托辊温度监测方法存在哪些问题？为什么需要引入分布式光纤测温技术来监测胶带托辊温度？

8．托辊温度警报方式有三种，分别是设定高温临界值的方式、设定升温率的方式和设定与区域平均值之差的方式。请对比分析这三种报警方式的优缺点。

9．在胶带输送机运行中，托辊温度的变化与托辊故障之间是否有一定的关联性？如果有，可以通过分析胶带托辊的温度变化来预测托辊故障的发展趋势吗？

10．分布式光纤测温系统在实际应用中是否存在一定的局限性？有哪些因素可能影响其准确度和可靠性？

第 5 章

铝电解生产线数据采集系统设计实训

 导读

随着我国制造强国战略的全面推进与实施,以大数据、物联网、信息物理系统和数字孪生等新技术推动传统流程行业生产、管理和营销模式变革,是我国制造业的首要任务,而铝电解工业作为典型的传统流程行业是具有战略意义的国民经济支撑性行业,其生产过程具有高耗能、高排放、高污染的特点,其智能制造也面临着缺乏顶层设计、缺乏统一数据标准、缺乏精确的全要素数学模型描述及装备智能化水平不足等一系列问题。因此,实施"铝电解过程智能制造"是《中国制造 2025》的战略需要,也是铝电解行业节能增效、实现可持续发展的必然趋势,已成为企业增强生存能力的原动力,而铝电解数据采集系统是其智能制造的必备支撑条件。

铝电解生产线数据采集系统设计实训通过分布式和模块化的思想进行槽电压、阳极导杆电流和氧化铝浓度在线检测系统软硬件的设计与实现。通过对铝电解生产线数据采集这一具体工程实例,锻炼学生从需求分析、方案设计到产品开发、产品测试和产品维护的全流程工程创新能力。

5.1 节讲述铝电解的生产工艺;5.2 节为系统需求分析;5.3 节给出总体方案设计;5.4 节讲述详细方案设计与实现,包括软硬件平台搭建、信号汇集智能网关、槽电压、阳极导杆电流和氧化铝浓度等功能模块;5.5 节介绍系统集成与调试。

 学习目标

(1)了解铝电解生产工艺及我国在铝电解智能制造方面的成就。
(2)掌握如何通过模块化的思想进行数据采集系统的软硬件设计与实现。
(3)理解工程设计中考虑节能、降耗、安全、知识产权等的重要性。

 **学习建议**

本章内容是围绕铝电解槽数据采集系统展开的。学习者应在充分了解铝电解生产工艺的基础上,展开本章学习。首先了解铝电解生产的基本工艺流程,然后通过系统实训逐步地了解和学习铝电解生产线数据采集系统的软硬件设计和实现。

我国是电解铝生产大国，2020 年产量创下年度最高纪录，达到了 3708 万吨，超过全球产量的 55%。但实际生产电耗与理论电耗(6700kW·h/t-Al)差距较大，实际电流效率为 94% 左右，比国外低 2%～3%，槽寿命为 2400～2500 天，比国外少 1～2 年，吨铝 CO_2 排放约 1600kg，比国外高 0.5～1t。为推进铝行业供给侧结构性改革，促进行业技术进步，推动行业高质量发展，2020 年 2 月 28 日工业和信息化部发布了《铝行业规范条件》，对提升铝电解生产技术指标进行了强制性规定，鼓励企业应用自动化、智能化装备，建立企业智能数据采集、生产管理、决策分析系统，逐步实现安全高效、节能降耗、绿色循环的发展目标。电解铝行业成为有色金属工业实现节能增效的重要领域。因此，提升铝电解生产智能化水平和技术指标已成为行业参与国际竞争和可持续发展的紧迫需要。

为提高劳动生产率、降低单位产能的投资成本，目前各企业均采用大容量大型预焙电解槽技术，2018 年 400kA 系列已占比 70% 以上，各种 500kA、600kA 级超大型铝电解槽不断投产。然而，由于辅助设施和配套技术相对滞后，安全生产事故频繁发生，如漏槽、母线打火、电解液外溅、滚铝等，给企业带来严重的经济损失，并造成一定的人员伤亡。这些安全事故主要是由电解槽内部氧化铝浓度、电解质温度等空间分布不均匀导致的，槽内关键参数的空间分布不均匀已成为企业普遍关注并急需解决的问题。

在上述背景下，作者提出了如图 5-1 所示的铝电解槽智能制造系统框架。

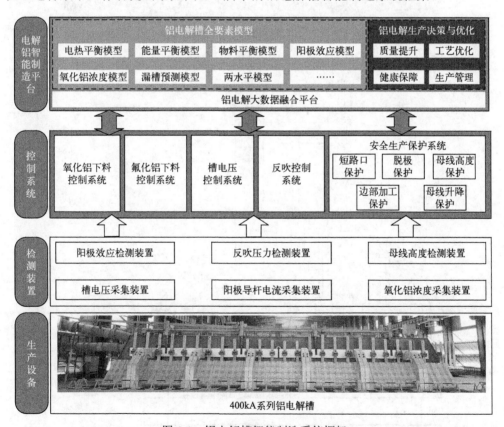

图 5-1　铝电解槽智能制造系统框架

由图 5-1 可知，铝电解槽生产过程数据实时在线采集是实现铝电解过程智能制造的必备基础支撑技术。因此，深度融合工业互联网与边缘计算架构，构建大型铝电解槽内分布式智能感知系统及可视化，对实施铝电解过程智能制造和企业可持续发展具有极为重要的现实意义和应用价值。

5.1 生产工艺简介

铝是具有多种优良特性的轻金属，广泛用于交通运输、电气、冶金以及军工等行业，成为关系国家经济命脉的工业原材料之一。铝的化学性质活泼，在自然界中未发现游离态的铝，而只有铝的氧化态的化合物，铝土矿是现在铝工业的主要炼铝原料。从铝第一次被提取出来到现在，只有不到 200 年的时间，确切地说，铝的问世是 1825 年，但铝冶金发展较快。1886 年美国霍尔(Hall)和埃鲁特(Héroult)申请了冰晶石氧化铝熔盐电解法的专利，自此开始了电解法炼铝的征程。

铝电解槽作为电解炼铝的核心设备，其结构示意图如图 5-2 所示。

(a) 现场实况

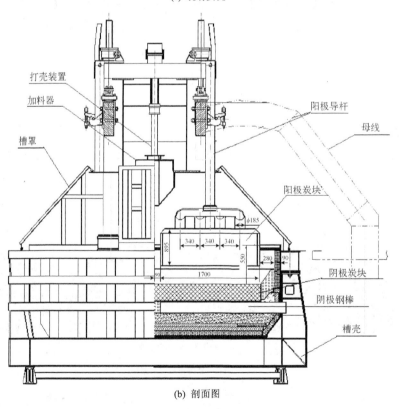

(b) 剖面图

图 5-2 预焙铝电解槽结构示意图

在铝生产过程中,冰晶石-氧化铝熔盐电解法所需的反应物质主要就是氧化铝粉末、炭块、熔融的冰晶石[33]。炭块被做成铝电解槽的阳极和阴极,参与化学反应。图 5-3 为目前铝电解生产过程简图,首先将氧化铝与冰晶石进行熔融混合,形成具有导电性的熔融体。然后依次加入反应物质和一些辅助原料,通过阳极大母线通入直流电,此直流电是经过整流后提供的。直流电将冰晶石变成熔融状态,与此同时能够释放大量的热量来提供化学反应所必需的环境温度。

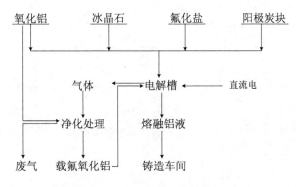

图 5-3　铝电解生产过程简图

经过此一系列的化学反应之后,阳极上产生了大量的二氧化碳,同时在阴极上生成了液态铝。液态铝的密度大于电解质的密度,所以液态铝在电解质的下面,两种溶体具有明显的分界部分。

当电解过程持续一段时间后,液态铝累积到一定量,铝厂工人会将液态铝定期用真空抬包将铝液从电解槽中吸出,这个累积的过程一般平均为 24h。在这之后真空抬包会被运送到厂区的铸造间,把铝液经过一些预处理和加工之后,铝液就会凝固成铝锭,就可以直接进行出售。而在净化方面,化学反应过程中除产生的一氧化碳、二氧化碳外,还有碳氟化合物气体等有害气体会经过特殊处理之后再排放到大气中。其中载氟氧化铝会回收到电解槽中进行二次利用,提高反应物的使用效率。铝电解过程主要的化学反应方程为

$$2Al_2O_3 + 3C = 4Al + 3CO_2\uparrow \tag{5-1}$$

在电化学反应过程中,电解槽中的阳极炭块是不断反应消耗的,阳极大母线会由于炭块的消耗不断下降,所以一段时间后,要对母线进行提升,以保证电解槽的稳定持续运行。

[探索真相——我国电解铝到底有多牛?]

改革开放以来,我国经济处于历史上千年不遇的发展时期,给原铝的生产提供了广阔的发展空间。我国电解铝行业经过几代科技人员的辛勤耕耘和不懈探索,结出了累累硕果,取得了惊人的科技成就,特别是在电解铝大型化技术领域,从无到有、从消化吸收到自主创新、从理论领域到试验开发,再到大规模的应用推广,铝电解设计与生产技术日臻完善,形成了具有中国特色的设计和技术体系。如今,全球范围内,有电解铝增长的地区,就有中国的身影,电解铝工业已经成为我国在全世界制造业乃至工业领域中少有的优势产业之一,在"一带一路"倡议的引领下,昂首走向世界。

在铝电解生产过程中，存在大量的工艺参数，其相关的主要工艺参数如表 5-1 所示。

表 5-1　铝电解槽主要工艺参数

序号	参数名称	数值	单位
1	槽电压	3.7～4.5	V
2	阳极导杆电流	6～15	kA
3	氧化铝浓度	1.5～3	%
4	电解质水平	18～20	cm
5	铝水平	19～21	cm
6	电解温度	955	℃
7	电解质分子比	2.3	

(1) 槽电压。

槽电压是指铝电解槽的进电端和出电端之间的电压降，是槽控机实际控制的槽电压。槽电压 $V_{槽}$ 主要由五部分组成，计算公式为

$$V_{槽}=V_{阳}+V_{阴}+V_{质}+E_{反}+V_{槽母线} \tag{5-2}$$

式中，$V_{阳}$ 为阳极电压降(V)；$V_{阴}$ 为阴极电压降(V)；$V_{质}$ 为电解质电压降(V)；$E_{反}$ 为反电动势(V)；$V_{槽母线}$ 为槽母线上的电压降(V)。

(2) 阳极导杆电流。

在铝电解工业生产过程中，同一个工区内的铝电解槽之间串联连接，多个阳极导杆是并联连接的，电流从阳极大母线分流到各个阳极导杆。对铝电解槽电路进行简化，电解槽理想化等效电路图如图 5-4 所示。

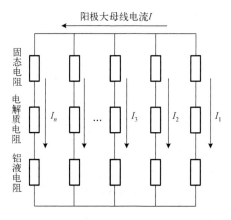

图 5-4　电解槽理想化等效电路图

由图 5-4 可知，忽略磁场造成的影响，与阳极导杆电流大小相关的参数主要包括固态电阻、电解质电阻和铝液电阻。固态电阻包括阳极导杆电阻、阳极炭块电阻和阳极钢爪电阻，而电流采集装置是连续采集的，因此固态电阻可以视为定值。由于铝具有良好的导电性，铝液电阻远小于固态电阻和电解质电阻，相对而言可以忽略。所以阳极导杆电流最大的影响因素是电解质电阻，而电解质中的氧化铝浓度直接决定电解质电阻，因此阳极导杆电流可以间接地反映铝电解槽中氧化铝浓度的情况。

(3)氧化铝浓度。

铝电解槽的电解液中氧化铝浓度也是铝厂一直要关注的重要参数之一，其稳定性以及数据的准确值对于整个流程的合理运转非常重要。氧化铝是铝电解化学反应中一个最重要的化学反应物质，生产过程中的加料过多与过少直接影响着电解槽的稳定性。如果在电解质中的氧化铝浓度过高，会导致氧化铝沉底，过低则会导致发生阳极效应。根据槽电阻与氧化铝浓度的非线性关系，铝电解工业实际生产中电解液中氧化铝浓度应保持在 1.5%～3.5%。

(4)电解质水平和铝水平。

电解质溶液作为氧化铝熔剂的同时也起着传导阳极底掌热量的作用，而槽底的铝液作为阴极结构的一部分需要保持一定的高度，因此，为了保证正常生产，需要保持一定的电解质水平和铝水平。由于铝的导热性能较好，铝水平越高，电解槽内的散热性能越好，电解温度降低，但是铝水平过高也会使得槽内温度过低，从而导致铝电解生产效率降低。因此保持合适的铝水平有利于提高铝电解生产效率，提高产量。

(5)电解温度。

电解温度是表征铝电解槽冷热状态的重要指标。电解温度是铝电解槽电解质溶液的温度，也称槽温，电解温度的变化是影响铝电解槽的重要经济指标，如电流效率。大量的研究和实际经验表明：在一定温度范围内，电解温度降低 10℃，电流效率增加 1.8%～2%。同时电解温度的高低也会影响氧化铝粉末在电解质中的溶解和电解反应的进行，是影响电解质中的氧化铝浓度的重要指标。

(6)电解质分子比。

电解质分子比是指电解质中氟化钠和氟化铝的摩尔比。在电解质中，氧化铝溶解度会随着分子比的降低而降低，因此，分子比的大小也会直接影响电解质内的氧化铝浓度。随着电解反应的进行，电解质内氟化钠和氟化铝的比例发生变化，分子比也会相应改变，实际生产中一般通过人工添加氟化物的方式调节电解质的分子比。

5.2 系统需求分析

研发铝电解槽数据采集系统的需求在于实现对电解槽运行状态进行智能感知与全息展示，为个性化、标准化管控提供必要的数据支撑[35]。根据生产工艺，需要在线检测 400kA 系列电解槽的分布式槽电压、阳极导杆电流、氧化铝浓度等参数。具体需求分析如下。

5.2.1 功能要求

研制一套数字化电解槽数据采集系统，将槽电压、阳极导杆分布电流、氧化铝浓度等参数采集并接入统一的物联系统，实现现场各种监测装置的硬件接口标准化、通信协议规范化、采集数据格式标准化以及电解槽智能感知系统一体化设计。主要功能如下。

(1)各监测装置的硬件接口标准化。

通过信号汇集智能网关将各装置的硬件接口转化为具有相同硬件的接口标准，兼容分布式槽电压监测系统、阳极导杆电流监测系统等。

(2)各监测装置的通信协议规范化。

通过信号汇集智能网关将现有各种监测装置的协议统一规范到标准的工业现场总线

（RS485/CAN/IoT（Internet of Things）等）和数据通信协议（如 Modbus RTU/ASCII、Modbus TCP/IP）等，并制定数字化电解槽软件协议标准规范。

（3）各种采集数据的格式标准化。

通过信号集成智能网关实现各种监测数据格式的标准化处理，包括采集周期、采集数据格式、采集数据单位等，形成数字化电解槽标准规范。

（4）各种监测数据现场显示与传输。

通过信号汇集智能网关实现各种监测数据在电解槽附近的直观展示与分析，并为槽控机提供必要的数据接口。

5.2.2 技术指标

考虑到实际现场的高温、粉尘、强磁、强振动等特点，数据采集系统的各关键组件须满足如下的技术指标。

（1）信号汇集智能网关。

信号汇集智能网关简称智能网关，主要是通过物联网系统将电解槽各相关感知设备的数据与状态信息汇集起来，再通过以太网/Wi-Fi/4G 等网络传输给上位机。其具体参数要求如表 5-2 所示。

表 5-2 信号汇集智能网关技术指标

项目	技术指标
工作温度范围	−20～70℃
工作湿度范围	0～65%
电源隔离强度	≥1500V
信号隔离功能	≥1500V
存储空间	≥16GB
下行速率	支持 115200bit/s、38400bit/s、9600bit/s、4800bit/s、2400bit/s 等，通信响应时间：小于 30ms
上行速率	≥115200bit/s，通信响应时间：小于 30ms
下行接口	RS485、RS232、CAN
上行接口	GPRS/4G/5G 三选一、Wi-Fi 和 RJ45 接口
报警功能	系统自身异常报警
外形尺寸	220mm×180mm×80mm 以内

（2）槽电压采集模块。

该模块主要用于完成槽电压数据的采集与传输，其具体参数要求如表 5-3 所示。

表 5-3 槽电压采集模块技术指标

项目	技术指标
工作温度范围	−20～85℃
工作湿度范围	0～65%
采集误差	<5%
数据集成周期	≤10s

项目	技术指标
电源隔离强度	≥1500V
通信隔离功能	≥1500V
信号隔离功能	≥1500V
通信接口	RS485/CAN
外形尺寸	140mm×75mm×50mm 以内
硬件性能要求	持续工作时间：7×24 小时×365 天

(3)阳极导杆电流采集模块。

该模块主要用于完成阳极导杆电流数据的采集与传输，其具体参数要求如表 5-4 所示。

表 5-4　阳极导杆电流采集模块技术指标

项目	技术指标
工作温度范围	−20～85℃
工作湿度范围	0～65%
采集误差	<10%
数据集成周期	≤10s
电源隔离强度	≥1500V
通信隔离功能	≥1500V
信号隔离功能	≥1500V
通信接口	RS485/CAN
外形尺寸	140mm×75mm×50mm 以内
硬件性能要求	持续工作时间：7×24 小时×365 天

(4)氧化铝浓度采集模块。

该模块主要用于完成氧化铝浓度数据的采集，其具体参数要求如表 5-5 所示。

表 5-5　氧化铝浓度采集模块技术指标

项目	技术指标
工作温度范围	−20～85℃
工作湿度范围	0～65%
采集误差	<5%
数据集成周期	≤10s

5.3　总体方案设计

根据铝电解槽生产线数据采集系统的需求，设计的整体框架如图 5-5 所示。

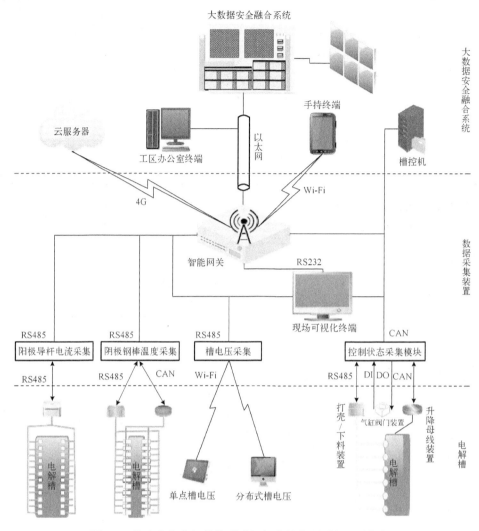

图 5-5　单台数字电解槽物联感知与优化控制系统整体框架

考虑到铝电解现场每个工区均具有多台电解槽,因此,针对多台电解槽,采用每台槽配备一台智能网关的方案设计,多台槽数据采集系统的整体方案框图如图 5-6 所示。

基于上述的整体框架与方案,考虑到电解槽控制的实时性,拟采用多层、分级的技术方案,即在系统的各个层级(集成模块级、智能网与一体化主机级、上位机平台级)均设计有边缘计算功能,这就保证了电解槽控制系统对状态数据的实时性要求,同时避免了原始数据在多层级网络传输中的延时。

[设计要点——从产品全生命周期出发]

产品全生命周期是指产品从需求分析、设计、制造、销售、使用、维修、报废到回收再生的整个时间范围。在进行工程类项目方案设计时,需要从产品全生命周期管理(Product Life-cycle Management,PLM)的角度全方位考虑、选取/设计最优方案,并预留 20%～50% 以上的升级扩展容量。

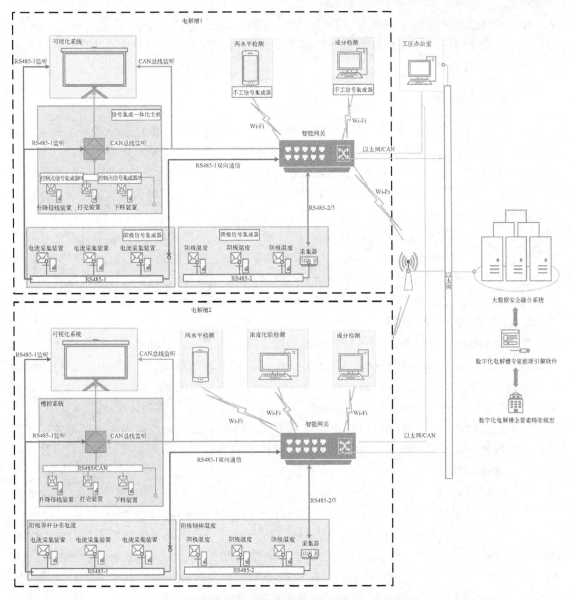

图 5-6　多台电解槽数据采集系统的整体方案框图

5.4　详细方案设计与实现

5.4.1　软硬件平台搭建

　　软硬件平台是顺利完成项目的必备条件,其易用性、稳定性、功能完备性、可获取性等均是选择的重要依据。易用性主要是根据使用者的熟练程度和可接收度评估;稳定性是针对项目应用场景的需求是消费级、工业级、军工级等选择对应等级的平台;功能完备性则是指整个项目开发周期中该平台是否全覆盖,也就是尽可能在整个项目开发周期中始终使用该平台,不需要切换不同的平台,这有利于集中精力解决工程项目的实际问题,可以提高开发效率；可获取性是指平台的知识产权、采购正版软件的成本高低、发布产品是否需要重新收费、是否存在"卡脖子"断供等问题。接下来根据上述指标进行本项目的硬件设备选型和软件开发平台搭建的简要介绍。

1. 硬件设备选型

硬件设备方面主要包括大数据安全融合系统的运行硬件平台、铝电解槽物联感知系统的硬件平台两部分。其中，铝电解槽物联感知系统又包括智能网关、槽电压采集模块、阳极导杆电流采集模块、阳极导杆温度采集模块和氧化铝浓度软测量模块。

大数据安全融合系统的硬件平台主要是服务器和工作站，根据现场电解槽接入的规模大小、数据处理容量、任务复杂度、软件运行所需资源等综合选择硬件平台，一般会预留 30%～50%的冗余度，以满足实际应用过程中的升级扩展。本项目需要采集 10 台电解槽的运行状态数据，采样频率为 100ms～1h，每台槽有 48 个阳极导杆，需要测量每个导杆的电流和温度，要求存储 1 年的数据等，软件运行平台为 LabVIEW 和 MATLAB。根据这些要求选择服务器规格为：2×Xeon E7-8857V2/128G/4×1.8T SATA+2×500G SSD/2×1G+2×10G；工作站规格为：I7-9700/16G/2T+256G/独显/2K 屏。

铝电解槽物联感知系统的硬件平台属于工控级嵌入式应用，可供选择的嵌入式硬件平台主要有 MCU（Microcontroller Unit）、ARM（Advanced RISC Machine）、DSP（Digital Signal Processor）、CPLD（Complex Programmable Logic Device）/FPGA（Field Programmable Gate Array）、PLC（Programmable Logic Controller）等。其中前三种可以称为广义 MCU，应用范围较广、入门比较容易；CPLD/FPGA 为可编程逻辑器件，主要是通过编程语言调整数字逻辑电路；PLC 是一个系统级的控制器，其将芯片级的控制器做成成品，具有较好的稳定性、抗扰性、易用性等特点。

MCU 就是单片机，比较常用的主要有 51 系列单片机、Atmle 的 AVR 系列、Microchip 的 PIC 系列、德州仪器 TI 的 MSP430 系列、意法半导体 ST 的 STM8 系列等。

ARM 是高级精简指令集机器，是英国剑桥的 ARM 公司推出的处理器架构。常用的 ARM 架构包括 ARM7、ARM9、ARM11 和 ARM Cortex 系列内核，其中 Cortex 系列包括 3 类：M、A、R。M 是工控系列，如意法半导体的 STM32 系列、恩智浦（NXP）的 LPC 系列、飞思卡尔的 K60 系列等；A 系列是移动端嵌入式系统处理器，功能强大，通常运行操作系统；R 系列应用于对实时性要求比较高的场合，如通信交换机等。

DSP 是一种主要针对数字信号处理的芯片，具有强大的运算能力，在移动端的数据处理、声音采集的方面应用较多，目前的主流厂商有两个：德州仪器（Texas Instruments）和亚诺半导体（Analog Devices），非主流的有恩智浦（原飞思卡尔（Freescale））。

CPLD 与 FPGA 在应用上区别不大，CPLD 通常规模较小，FPGA 规模相对较大，它们的内部结构不同，但对于应用来说这并不重要。FPGA/CPLD 使用的编程语言为硬件描述语言（Hardware Description Language，HDL），目前用得比较多的两种硬件描述语言分别是 VHDL 和 Verilog。语言的核心功能在于描述芯片内部逻辑单元的组合方式，相当于用语言替代硬件的数字门电路，门电路的优点在于灵活性高，可以同时设置多组结构并行工作。目前出产 CPLD/FPGA 的公司主要有两个：Altera（已被 Intel 所收购）和 Xilinx（已被 AMD 所收购）。随着制造商不断推出各种不同的 IP 核，FPGA 所能做的工作也越来越广泛。

PLC 属于 MCU 的替代方案，主要目的是降低使用门槛。早期工业上的流程及逻辑控制是基于继电器接触器电路的，当需求改变时，就要求输入输出的对应逻辑根据需要进行调整，由于缺乏编程人才，因此就有了 PLC。PLC 使用梯形图进行编程，主要控制通断逻辑。随着技术的进步，现在的 PLC 功能非常强大，带有 DI（Digital Input）、DO（Digital Output）、AI（Analog Input）、AO（Analog Output）和各种接口模块，非常适用于逻辑功能的应用和扩展。

考虑到铝电解槽物联感知系统的 4 个组成部分的相关性和开发、维护的便利性，选用 ARM Cortex M 系列硬件平台，智能网关选择 STM32F429，检测模块选择 STM32F103。由于 ST 公司的芯片价格暴涨且供货周期长，因此，选用国产替换芯片。目前，在开发工具、流程方面与 ST 兼容的产品主要有兆易创新科技集团股份有限公司（简称"兆易创新"）的 GD32F 系列、上海灵动微电子股份有限公司（简称"上海灵动微电子"）的 MM32 系列、华大半导体有限公司（简称"华大半导体"）的 HC32 系列和纳思达股份有限公司（简称"纳思达"）极海分公司的 APM32 系列等，其中兆易创新和上海灵动微电子只是管脚定义兼容，并不能实现二进制代码兼容，需要调整写代码编译下载，纳思达极海的 APM32 系列实现了二进制代码兼容，在 STM32 上编译通过的二进制文件可以直接下载使用。

考虑到国产器件与 STM32 器件的管脚兼容性，这里以 STM32 芯片为例进行设计，硬件上可以根据实际情况替换为国产器件。

2．软件开发平台搭建

大数据安全融合系统的软件开发平台选用 LabVIEW 和 MATLAB 软件联合开发，其中 LabVIEW 软件完成人机交互界面、数据通信、数据存储等功能的实现，MATLAB 完成数据处理算法的实现，采用在 LabVIEW 中嵌入".m"文件的形式完成。LabVIEW 和 MATLAB 软件的安装这里不再赘述。

智能网关和采集模块的软件开发平台采用 Keil ARM 集成开发软件，它是基于 ARM 微控制器的全面软件开发解决方案，包括构建工程、编写代码、编译、下载、在线仿真、在线调试与跟踪等。Keil ARM 的安装这里不再赘述。

5.4.2　信号汇集智能网关设计

数字电解槽物联系统信号汇集智能网关主要是通过物联网系统将电解槽各相关感知设备的数据与状态信息汇集起来，再通过以太网/Wi-Fi/4G 等网络传输给大数据安全融合系统。与此同时，对汇集的数据进行基本的预处理与分析，提供给一体化主机和槽控机，供铝电解现场使用，因此，根据系统功能需求，拟采用如下的方案设计。

1．硬件设计

硬件设计的主要任务是综合考虑设备所要实现的各项功能，从而进行各部分硬件的设计，根据系统需求选择合适的芯片和模块设计出系统电路原理图，如图 5-7 所示。

1）处理器选型

智能网关在整个系统中起着至关重要的作用，能够通过下行通道自动采集并保存汇集电解槽的各种数据；同时能够通过上行通道与大数据中心进行数据传送。智能网关是一个嵌入式设备，通常在选型方面需要综合考虑功能、性能、可靠性、成本和体积等各种因素。

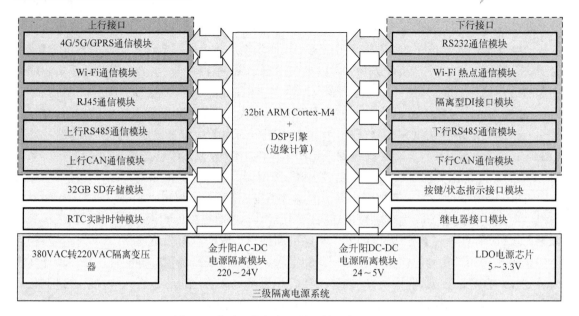

图 5-7　信号汇集智能网关硬件方案设计框图

(1)功能：需要考虑处理器本身能够支持的功能，如 USB、网络、串口、液晶显示等。

(2)性能：主要需要考虑处理器的功耗、速度、稳定可靠性等方面，必须要求芯片处理速度快、性能高，能够适应当前飞速发展的嵌入式技术的要求。

(3)成本：尤其是大量生产过程中，通常产品总是希望在完成功能要求的基础上，成本越低越好。

(4)熟悉程度及开发资源：因为开发的时间都是非常有限且宝贵的，所以选择一款自己熟悉的处理器可以非常大程度地减少时间的浪费。

(5)操作系统支持：这个主要是看最终的程序是否运行在操作系统上。

(6)升级：做任何事情都需要瞻前顾后，很多产品在开发完成后都会面临升级的问题，所以在选择处理器时必须要考虑升级的问题。

嵌入式系统中，主控芯片是整个系统的"大脑"，它的性能和扩展接口对整个系统的设计起着举足轻重的作用，因此在选择主控芯片时必须考虑到不仅性能要满足整个系统的需要，而且需要能够提供足够的外围扩展，实现预定的功能，同时还应该考虑到给后续的升级留下空间。目前市场上各种各样的嵌入式芯片种类繁多，架构各异，集成的功能也不一样，因此在主控芯片的选型上必须考虑到系统的需求，选择合适的芯片。

综合考虑以上因素，选择 ST 公司 ARM Cortex-M4 内核的 STM32F4 32 位微控制器为智能网关控制器。

本设计采用 ST 公司生产的 STM32F429IG 作为主处理器，STM32F429 是 Cortex-M4F32 位 RISC、核心频率高达 180MHz 的 DSC。Cortex-M4 的浮点单元(FPU)支持所有的 ARM 单精度的数据处理指令和数据类型的单精度，还实现了一套完整的 DSP 指令和内存保护单元(Memory Protection Unit，MPU)，从而提高了应用程序的安全性。

STM32F429××系列芯片工作在–40～+105℃，电源工作范围为 1.8～3.6V。另外还有一点是，当设备工作在 0～70℃而且 PDR-ON 连接到 VSS 时，电源电压可以降至 1.7V。该系列芯片具有一套全面的省电模式，允许低功耗应用设计。其主要通信接口如下。

(1) 3 个 SPI 接口，2 个 I2S 全双工接口；

(2) 3 个 I2C 接口；

(3) 6 个 USART，还有 2 个 UART；

(4) 可以通过专用的内部音频 PLL 或允许通过外部时钟来提供同步时钟；

(5) 2 个 CAN 总线接口；

(6) 1 个高速 USB OTG（使用 ULPI）和一个全速 USB OTG；

(7) 以太网和相机接口；

(8) 1 个 SDIO/MMC 接口。

STM32F4 系列的特有技术优势如下。

(1) 多达 17 个定时器，定时器分为 16 位和 32 位，频率最高可达 180MHz；

(2) 最多有 15 个通信接口；

(3) 为方便用户使用，提供了各种集成开发环境、元语言工具、低价入门工具、软件库、协议帧和 DSP 固件库；

(4) 内置的单精度 FPU 提升控制算法的执行速度给目标应用增加更多功能，提高代码执行效率，缩短研发周期，减少了定点算法的缩放比与饱和负荷。

以上特点使得 STM32F429×× 微控制器系列应用范围非常广，如电动机驱动和应用控制、变频器、断路器、医疗设备、打印机和扫描仪、报警系统、空调、家电、可视对讲设备等。

2）电磁兼容设计

因为电解铝工业现场是一个高温、强电流、强磁场、强耦合的复杂环境，现场干扰会非常强，相关设备设计过程中必须考虑电磁兼容性的设计工作，将干扰影响降到最低。

(1) 电磁干扰与兼容。

各种运行的电力设备之间以电磁传导、电磁感应和电磁辐射三种方式彼此关联并相互影响。电气设备在工作时，必然存在着电压与电流的变化，这些设备会因为电与磁的相互感应而产生电磁能量。所产生的电磁能量会影响其他设备的正常运行，从而产生电磁干扰。电磁干扰在一定的条件下会降低电子电器设备的性能，对运行的设备和人员造成干扰、影响甚至危害。

电磁干扰现象就在我们身边，例如，手机信号造成计算机显示屏出现花纹，或者造成音响音质改变等。在工业现场电气设备应用中，因电磁干扰造成的经济损失也是巨大的。随着电气设备应用的增多，人们开始意识到电磁干扰巨大的危害程度，采取各种手段去抑制电磁干扰，为防止一些电子产品产生的电磁干扰影响或破坏其他电子设备的正常工作，各国政府或一些国际组织都相继提出或制定了一些对电子产品产生电磁干扰有关规章或标准，符合这些规章或标准的产品就可称为具有电磁兼容性（Electromagnetic Compatibility，EMC）。

电磁兼容技术就是在人们认识、研究和采取措施控制电磁干扰中而发展起来的，国际电工委员会（International Electrotechnical Committee，IEC）对电磁兼容的定义为：系统或设备在所处的电磁环境中能正常工作，同时不会对其他系统和设备造成干扰。随着人们对电磁干扰的深度认识，电磁兼容技术也取得了长足的发展。

（2）抗干扰设计。

根据目前实际应用情况以及以上分析，归结一下，当前抑制电磁干扰的主要方式有屏蔽、滤波和接地三种方式。智能网关电磁兼容方面的工作有以下两方面。

①内部干扰方面。进行 PCB 设计制作时，分析信号流向，将整个电路模块进行划分，使各个模块互不相交，将模块之间的相互干扰降到最低。本智能网关电路主要划分为开关电源电路、时钟电路、外设存储电路。电源部分尽量安装在单板电源入口处。外部存储电路因为存在频繁的读写操作，所以设计过程中电路应远离时钟晶振与输入输出信号线，而且线路设计要短。

②屏蔽设计方面。屏蔽设计对于通过空间传播的电磁干扰有很好的抑制作用，根据机理的不同，屏蔽分为电场屏蔽、磁场屏蔽以及电磁场屏蔽。屏蔽的两个主要作用是将辐射的电磁能量控制在一定的区域内以及限制空间辐射来的电磁能量进入特定的区域。本智能网关通过采用全封闭的金属外壳将主板封闭起来，限制电磁能量出来或者进去，达到屏蔽的目的。

3）电路保护设计

考虑到电源电路存在不稳定因素，尤其是在电解铝高温、强电流、强磁场、强耦合的复杂环境下，必须设计相应的保护电路，以防止此类不稳定因素的影响。保护电路主要有过流保护、过压保护、过热保护、空载保护、短路保护等。

采用 SMD035-1206 为贴片式自恢复保险丝，其为合金材质，熔断电流为 1A。

4）人机交互模块

为随时了解智能网关的运行状态，增设了 LCD 液晶显示屏、功能按键、蜂鸣器与 LED 灯，共同组建人机交互模块。考虑到电解铝工业现场高温、强磁场、强电流与强耦合的复杂环境，本设计并没有选择排线设计的彩色显示屏，而选择新雁飞科技有限公司生产的一款产品 XYF-240128F-BTSSWE-YAA。

5）蜂鸣器与 LED 灯

为直观看到智能网关的工作状态，本智能网关扩展了 8 个 LED 灯、1 个蜂鸣器。对于按键引脚的选择上有一定的讲究，例如，PA0 引脚可以作为唤醒功能，PC13 引脚可以作为侵入检测功能，因此可以把它们作为按键连接引脚。8 个 LED 灯分别为 1 个系统运行指示灯、1 个报警灯、一对 RS485 上行通信指示灯、一对 RS485 下行通信指示灯、一对 RS232 指示灯。上电后系统自动运行，系统运行灯亮，进行命令指令以及数据传送时，相应的 RS485 指示灯会不停闪烁，系统出现故障时，蜂鸣器报警，报警指示灯亮。

6）SD 存储模块设计

采用 32GB SD 卡存储，存储空间大，封装合适，价格较优。

7）RTC 实时时钟电路设计

实时时钟根据需求，可以采用独立的 RTC 实时时钟芯片，与此同时，启用主控 CPU 内部的 RTC 滴答时钟作为系统运行的时间基准。

8）上行 RS485 通信模块设计

传输信号时，需要考虑几个问题，一般来说，传输距离越长，信号衰减得越明显。其次要避免磁场干扰，还要尽可能节约导线、降低成本。由于铝电解车间磁场较强且温度较高，虽然基于 TCP/IP 的以太网是一种标准开放式的网络，数据的传输距离长、传输速率高，但是以太网采用的是带有冲突检测的载波侦听多路访问协议(Carrier Sense Multiple Access with Collision Detection，CSMA/CD)，无法保证数据传输的实时性要求，是一种非确定性的网络系统，目前工业以太网的鲁棒性和抗干扰能力等都是值得关注的问题，很难适应环境恶劣的工业现场。

因此，智能网关的通信模块采用 RS485 通信方式。RS485 接口是采用平衡驱动器和差分接收器的组合，抗共模干扰能力增强，即抗噪声干扰性好。在总线上允许连接多个收发器，即具有多站能力，这样就可以利用单一的 RS485 接口方便地建立起设备网络。使用 RS485 总线，一对双绞线就能实现多站联网，构成分布式系统，设备简单、价格低廉，而且能够进行长距离通信。本系统采用 SP3490EN_L 芯片实现与外部 485 设备进行通信的功能。

SP3490 是一款+3.3V 低功耗的全双工收发器，它完全满足 RS485 串行协议的要求。SP3490 由 Sipex 的 BiCMOS 工艺制造而成，可实现低功耗操作，但性能不受影响。它符合 RS485 和 RS422 串行协议的电气规范，数据传输速率可高达 10Mbit/s(带负载)。SP3490 中 R 引脚为接收器输出，D 引脚为驱动器输入。

9) 4G/5G/GPRS 通信模块电路设计

采用上海稳恒电子科技有限公司的 WH-LTE-7S4 V2 模块进行相关设计。注意，此 4G 模块带有复位引脚及重置脚，因此无须电源切除控制。

10) Wi-Fi 通信模块电路设计

采用济南有人科技有限公司的 USR-Wi-Fi232-B2 模块进行相关设计。此 Wi-Fi 模块支持 STA+AP 模式，因此上下行可以共用一个 Wi-Fi 模块，上行采用 STA 模式，下行采用 AP 模式。

11) RJ45 通信模块电路设计

采用济南有人科技有限公司的 USR-TCP232-T2 模块，其接口为 RJ45 接口。

12) CAN 通信模块电路设计

考虑到智能网关的体积限制，将上行 CAN 与下行 CAN 集成到一起，采用广州金升阳科技有限公司(简称"金升阳")的 2 路隔离型 CAN 通信模块进行相关设计。

13) 下行 RS485 通信模块设计

采用金升阳的 TD301D485H-E 模块进行相关设计。注意，此模块带有控制引脚，因此对其进行操作。

14) 下行 Wi-Fi 热点通信模块设计

硬件上，与上行 Wi-Fi 模块一致，由于选用的 Wi-Fi 模块同步支持 STA 模式和 AP 模式，因此，在软件上将该模块配置为 STA+AP 的模式，STA 作为上行 Wi-Fi 使用，AP 作为下行 Wi-Fi 热点使用。

15) 下行 CAN 通信模块电路设计

硬件上，下行 CAN 模块与上行 CAN 集成在一起。

16) 隔离型 DI 接口电路设计

智能网关硬件上设计了 2 路隔离型 DI 接口，方便现场进行接口扩展。

17) 继电器接口模块电路设计

智能网关硬件上设计了 2 路继电器输出接口，方便现场进行接口扩展。

[硬件设计——电磁兼容的重要性]

电磁兼容性是指设备或系统在其电磁环境中符合要求运行并不对其环境中的任何设备产生无法忍受的电磁干扰的能力，包括两个要求：一是电磁干扰(Electromagnetic Interference，EMI)，即设备在正常运行过程中对所在环境产生的电磁干扰不能超过一定的限值；二是电磁敏感度(Electromagnetic Susceptibility，EMS)，即对所在环境中存在的电磁干扰具有一定程度的抗扰度。电磁兼容设计是产品在工业现场运行的必备基础，也是自主研发的产品走向世界的基本门槛，因此，需要参考国内外的电磁兼容标准进行设计。

2．通信协议的设计

通信协议是指设备之间完成通信或者服务必须遵循的规则与约定。通信协议规定了数据单元使用的格式，以及信息单元应该包含的内容与含义。通信协议具有层次性、可靠性和有效性。

通信协议在铝电解槽分布电流在线检测系统中有着不可替代的作用，它规定了智能网关与主站以及测量仪之间的通信格式和具体要求，对上规定了与主站进行命令指令与数据传输的通信格式，对下规定了与采集终端数据测量仪的数据交流规范，可以说是智能网关的灵魂。

目前在铝电解工业领域并没有严格的智能网关协议，根据项目需求以及前期的构思，针对性地完成了一套通信协议，现阶段的上行通信协议和下行通信协议一致。数据通信采用一问一答的方式，上位机与下位机之间使用了特定的通信规约。

1)帧格式

本部分帧格式采用异步式传输帧格式，定义如表 5-6 所示。

表 5-6　通信协议格式

名称	代码
起始字符	68H
长度	L
长度	L
起始字符	68H
控制域	C
地址域	A
链路用户数据	—
校验和	Check Sum，CS
结束字符	16H

2)传输规则

(1)线路空闲状态为二进制 1。

(2)帧的字符之间无线路空闲间隔；两帧之间的线路空闲间隔最少需 33 位。

(3)如按(5)检出了差错，两帧之间的线路空闲间隔最少需 33 位。

(4)帧校验和是用户数据区的八位位组的算术和，不考虑进位位。

(5)接收方校验。

①对于每个字符：校验起动位、停止位、偶校验位。

②对于每帧：

ⓐ 检验帧的固定报文头中开头和结束所规定的字符以及协议标识位；

ⓑ 识别 2 个长度 L；

ⓒ 每帧接收的字符数为用户据长度 L1+8L1+8L1+8L1+8；

ⓓ 帧校验和；

ⓔ 结束字符；

ⓕ 校验出一个差错时，校验按(3)的线路空闲间隔。

若这些校验有一个失败，则舍弃此帧；若无差错，则此帧数据有效。

3) 链路层

(1) 长度 L。

长度 L 由两个字节组成，包括协议标识和数据长度，定义如表 5-7 所示。

表 5-7　长度定义格式

D7	D6	D5	D4	D3	D2	D1	D0
D15	D14	D13	D12	D11	D10	D9	D8

协议标识由表 5-7 中的 D0~D1 两位编码表示，定义如下：

①D0=0，D1=0，为禁用；

②D0=1，D1=0，为保留；

③D0=0，D1=1，为本协议使用；

④D0=1，D1=1，为保留。

数据长度由 D2~D15 组成，采用 BIN 编码，是控制域、地址域、链路用户数据(应用层)的字节总数。

(2) 控制域 C。

控制域 C 表示报文传输方向和所提供的传输服务类型的信息，定义如表 5-8 所示。

表 5-8　控制域定义格式

D7	D6	D5	D4	D3~D0
传输方向位 DIR	启动标志位 PRM	帧计数位 FCB	帧计数有效位 FCV	功能码
		要求访问位 ACD	保留	

①DIR=0 表示此帧报文是由主站发出的下行报文；DIR=1 表示此帧报文是由终端发出的上行报文。

②PRM =1 表示此帧报文来自启动站；PRM=0 表示此报文来自从动站。

③当帧计数有效位 FCV=1 时，FCB 表示每个站连续地发送/确认或者请求/响应服务的变化位。FCB 位用来防止信息传输的丢失和重复。

启动站向同一从动站传输新的发送/确认或请求/响应传输服务时，将 FCB 取相反值。启动站保存每一个从动站 FCB 值，若超时未收到从动站的报文，或接收出现差错，则启动站不改变 FCB 的状态，重复原来的发送/确认或者请求/响应服务。

复位命令中的 FCB=0，从动站接收复位命令后将 FCB 置"0"。

①FCV=1 表示 FCB 位有效；FCV=0 表示 FCB 位无效。

②D3～D0 为功能码，采用 BIN 编码，功能码定义如表 5-9 所示。

表 5-9　D3～D0 功能码定义格式

功能码	帧类型	服务功能
0	—	备用
1	发送/确认	复位命令
2～9	—	备用
10	请求/响应帧	请求一类数据
11	请求/响应帧	请求二类数据

（3）地址域。

地址域由行政区划码 A1、终端地址 A2、主站地址和组地址标志 A3 组成，格式如表 5-10 所示。

表 5-10　地址域定义格式

地址域	数据格式	字节数
行政区划码 A1	BCD	2
终端地址 A2	BIN	2
主站地址和组地址标志 A3	BIN	1

行政区划码 A1：按国标执行。

终端地址 A2：地址范围为 1～65535，A2=00000H 为无效地址，A2=FFFFH 且 A3 的 D0 为零时表示系统广播地址，上位机向所有采集终端发送命令，且每个下位机需做出响应。

主站地址和组地址标志 A3：D3=0 表示终端地址 A2 为单地址，按导杆标号标记；D3=1 表示终端地址 A2 为组地址，即智能网关的地址。A3 的 D1～D7 组成 0～127 个主站地址（Master Station Address，MSA），即上位机所在地址。

上位机启动发送帧的 MSA 应为非零值，终端响应帧的 MSA 跟随上位机的 MSA。

终端启动发送帧的 MSA 应为零，上位机响应帧也为零。

（4）用户数据域。

用户数据域的格式定义如表 5-11 所示。

表 5-11　用户数据域的格式定义

名称	代码
功能码	AFN
帧序列域	SEQ
数据单元标识	1
数据单元	1
……	—
数据单元标识	2
数据单元	2
附加信息域	—

功能码由一个字节组成，采用 BIN 编码，具体格式定义如表 5-12 所示。

表 5-12　功能码 AFN 格式定义

AFN	功能定义
00H	确认/否认
01H	复位
02H～03H	备用
04H	设置参数
05H	控制命令
06H	备用
07H	采集控制命令
08H～09H	备用
0AH	查询参数
0BH	请求任务数据
0CH	请求一类数据

帧序列域格式定义如表 5-13 所示。

表 5-13　帧序列域格式定义

D7	D6	D5	D4	D3～D0
Tpv	FIR	FIN	CON	PSEQ/RSEQ

Tpv=0：表示附加信息 AUX 中无时间标签；
Tpv=1：表示附加信息 AUX 中带有时间标签；
FIR=0，FIN=0：要传输多帧数据，该帧表示中间帧；
FIR=0，FIN=1：要传输多帧数据，该帧表示结束帧；
FIR=1，FIN=0：要传输多帧数据，该帧表示起始帧；
FIR=1，FIN=1：单帧；
CON=0：接收方不需要对该帧报文进行确认；
CON=1：接收方需要对该帧报文进行确认；
PSEQ：启动帧序列号，取自 1 字节的启动帧计数器的低 4 位计数值，范围为 0～15；
RSEQ：响应帧序列号，跟随收到的启动帧序列号。

数据单元标识由信息点标识和信息类标识组成,分别包含 2 字节。信息点由信息点元 DA1 和信息点组 DA2 两字节组成，信息点组采用二进制编码，信息点元 DA1 对位表示某一信息点组的 1～8 个信息点，具体格式定义如表 5-14 所示。

表 5-14　数据单元标识格式定义

信息点组 DA2	信息点元 DA1							
D7～D0	D7	D6	D5	D4	D3	D2	D1	D0
1	p8	p7	p6	p5	p4	p3	p2	p1
2	p16	p15	p14	p13	p12	p11	p10	p9
3	p24	p23	p22	p21	p20	p19	p18	p17
……	……	……	……	……	……	……	……	……
255	p2040	p2039	p2038	p2037	p2036	p2035	p2034	p2033

信息类标识 DT 由信息类元 DT1 和信息类组 DT2 两字节组成,编码方式与信息点标识相同,具体格式定义如表 5-15 所示。

表 5-15　信息类标识格式定义

信息类组 DT2	信息类元 DT1							
D7～D0	D7	D6	D5	D4	D3	D2	D1	D0
0	F8	F7	F6	F5	F4	F3	F2	F1
1	F16	F15	F14	F13	F12	F11	F10	F9
2	F24	F23	F22	F21	F20	F19	F18	F17
……	……	……	……	……	……	……	……	……
255	F2040	F2039	F2038	F2037	F2036	F2035	F2034	F2033

数据单元格式定义如表 5-16 所示。

表 5-16　数据单元格式定义

AFN=00H(确认/否认)	F1	全部确认
	F2	全部否认
	F3	按数据单元标识确认和否认
AFN=01H(复位命令)	F1	硬件初始化
	F2	数据区初始化
	F3	参数初始化
	F4	参数及全体数据区初始化
AFN=04H(设置参数)	F1	设置放大倍数
	F2	终端地址
	F3	采样频率
	F4	终端参数一键设置
AFN=05H(控制命令)	F31	系统校时
AFN=0AH(查询参数)	F1	放大倍数
	F2	终端地址
	F3	采样频率
	F4	终端参数一键查询
AFN=0CH	F1	备用
	F2	终端日历时钟
	F3	终端参数状态
	F4	终端上行通信状态
	F5	终端控制设置状态
	F6	终端当前控制状态
	F7	终端事件计数器当前值
	F8	终端事件标志状态
	F9	电流(4)、温度(2)

(5)帧校验和。

帧校验和是用户数据区所有字节的八位位组算术和，不考虑溢出位。用户数据区包括控制域、地址域、链路用户数据(应用层)三部分。

(6)结束符 16H。

固定的结束符，十六进制的 16H。

[通信协议——设备间沟通交流的标准语言]

通信协议是指双方实体完成通信或服务所必须遵循的规则和约定。协议定义了数据单元使用的格式、信息单元应该包含的信息与含义、连接方式、信息发送和接收的时序，从而确保数据顺利地传送到确定的地方。在系统设计过程中，建议选用通用的标准通信协议，如 Modbus RTU、Modbus TCP/IP、CAN、MQTT、OPC UA、GW/D376 系列等，或在这些通用标准协议的基础上进行自定义信息单元和数据单元，以提升产品的通用性和兼容性。

3. 软件设计

1)系统软件整体方案设计

智能网关设计的功能较多，涉及的软件编程和功能模块也比较多，根据前面分析的智能网关的功能需求，本智能网关主要完成数据通信与保存任务，同时，监控系统运行状态，进行数据分析与处理等任务。

系统软件采用应用层、抽象层和底层驱动层 3 层的层次结构。任务处理上采用有限状态机模型，保证各任务的执行时间已知。编程方法上采用面向对象的结构化编程方法。应用层主要完成检测仪各项功能的实现；抽象层完成应用层与底层驱动层的连接功能，降低系统的耦合度，提高系统的硬件平台可移植性；底层驱动层是直接和具体硬件打交道的，主要完成具体硬件平台的控制功能。本设计的软件总体设计方案如图 5-8 所示。

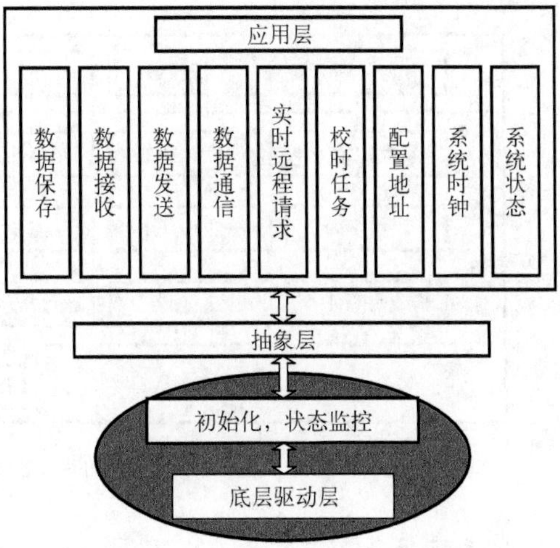

软件设计上，以数据结构为核心，将各集成模块获取的数据按照实时数据、日冻结数据、月冻结数据等进行存储。在数据流处理上按照上行任务和下行任务分别进行处理，一方面，可以有效提升各任务的处理效率；另一方面，可以有效避免各个任务的强耦合性，增加软件任务的可扩展性与移植性。设计的系统简化数据流如图 5-9 所示。

2)软件结构详细设计

按照系统软件框图，将系统分为应用层、子应用层、抽象层和底层驱动层 4 部分。底层驱动层完成各硬件的操作，抽象层负责应用层与底层驱动层的连接，针对不同的硬件平台，应用层和抽象层不需要改动，只需要更改底层驱动层即可。应用层主要完成智能网关的各种功能任务。

图 5-8　软件总体设计方案

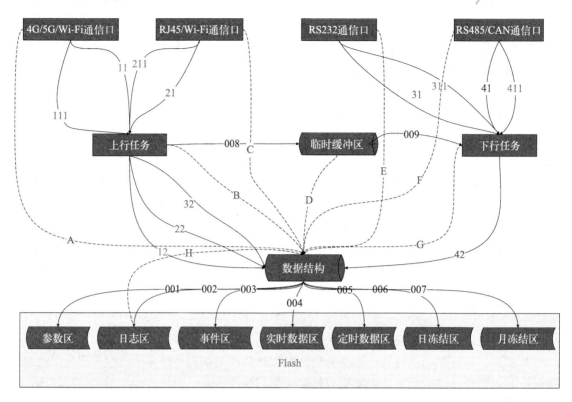

图 5-9　系统的简化数据流图

按照需求分析，系统软件应用层以及子应用层任务包括以下部分：参数初始化、硬件初始化、链路连接任务、主动上报任务、接收数据任务、路由学习、总轮抄任务、状态检测任务、点抄任务、控制任务、修改密码任务、校时任务、运行指示灯任务、空调策略任务、灯策略任务和时钟管理任务，软件详细结构如图 5-10 所示。其中，所有的任务管理都是以系统时钟管理为基础的，故应用层任务管理的前提是管理好系统时钟。

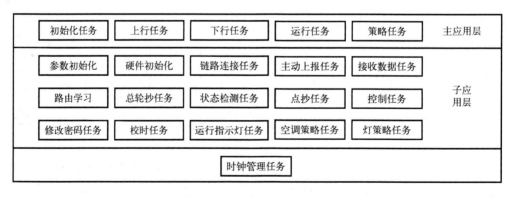

图 5-10　软件结构详细框图

抽象层任务主要包括：Wi-Fi 运行状态管理、4G/5G 运行状态管理、TCP-USR232 运行状态管理、上行数据发送管理、运行指示灯管理、时钟读写管理、读取数据管理、存储数据管理、下行数据发送管理、下行数据接收管理、下行数据接收判断。这些管理任务将底层驱动层进一步封装，实现与应用层的友好接口连接。抽象层任务结构如图 5-11 所示。

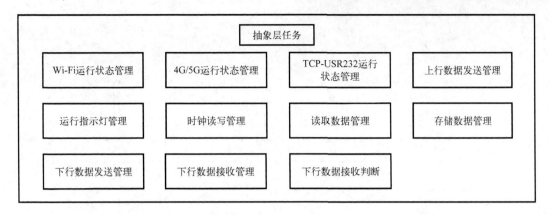

图 5-11　抽象层任务框图

底层驱动层任务包括：定时器定时管理驱动、RTC 时钟初始化、USB 驱动、SD 卡驱动、串口驱动、DMA 收发驱动、GPIO 驱动。底层驱动层任务结构如图 5-12 所示。

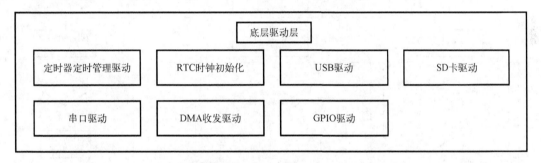

图 5-12　底层驱动层任务框图

这些驱动和具体的硬件相关，针对不同的硬件平台，需要修改底层驱动程序。

3）软件功能模块详细设计

按结构化设计方法，在系统功能逐层分解的基础上，对系统各功能模块或子系统进行设计。

（1）初始化任务流程。

初始化分为参数初始化以及硬件初始化，参数初始化部分会对智能网关运行需要的必要参数进行初始化（包括集中器自身参数以及节点表库），在参数初始化完成后，方可进行硬件初始化，硬件初始化的内容包括定时器定时管理驱动、RTC 时钟初始化、USB 驱动、串口驱动、SD 卡驱动、DMA 收发驱动、GPIO 驱动。

（2）上行任务流程。

上行任务包括远程连接状态检测，在状态检测完成后方可进行轮抄上报任务、OnceWork 数据返回任务以及上位机数据接收处理任务，这三个任务的优先级一样，其流程如图 5-13 所示。其中在接收数据时，会对接口进行记录，这样返回数据时就会对发送命令来的接口进行返回。

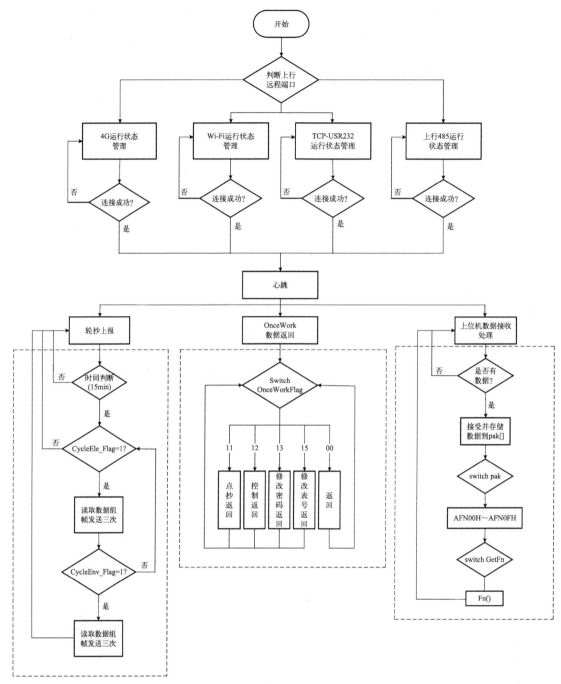

图 5-13　上行任务流程图

（3）下行任务流程。

下行任务包括路由学习任务、点抄任务、轮抄任务、状态检测任务。其中，点抄任务的优先级最高，别的任务在开始数据操作之前，都需要给点抄任务让步，保证其优先执行。在本系统中，下行存有 485 和 CAN 通信方式，在表库中同时使用这两种通信方式的节点表时，下行的命令发送与接收将会在数据发送函数中进行判断，判断的依据是表结构体中记录的该表的通信方式以及通信协议，并由此进行组帧发送及接收，其流程如图 5-14 所示。

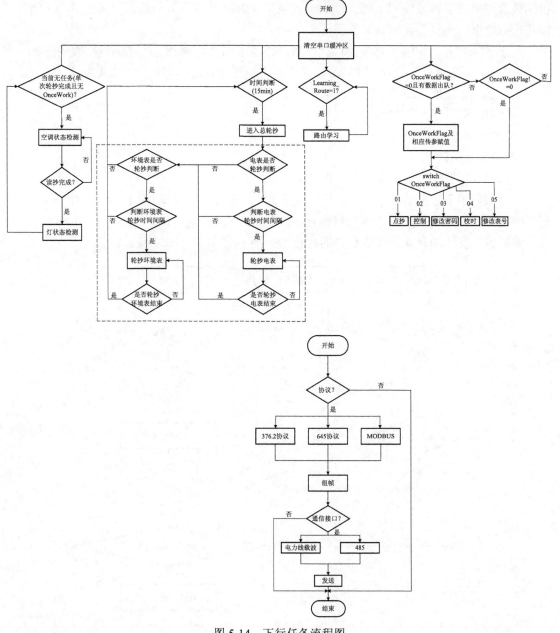

图 5-14 下行任务流程图

4) 数据安全设计

为了保证数据的安全，程序中需采用冗余处理的方法，即在存储数据时需要将存储的数据读出来与待存储的数据进行比较，若一致，则认为成功；若不一致，则需要重复以上过程，直到正确或者到达设定的存储次数；若到达次数后还是不一致，则认为 Flash 存储错误，停止存储数据，记录错误信息并报警。

为了保证数据的安全，所有用到的数据若在 Flash 中存储，则需要定时更新常驻 RAM 中的数据，同时，在使用数据时从 Flash 中读取。在读取数据时，也需要做冗余处理，即读取数据两次，比较两次读取的数据是否一致，若一致，则读取成功；若不一致，重复上述过程，直到读取正确或者读取到指定的读取次数上限；若到达上限也不一致，则认为 Flash 错误，停止读取数据，记录错误信息并报警。

关于智能网关工作的必要参数(通信相关)，除了冗余处理外，还需要进行双备份，并且备份的 Flash 位置要分开，防止 Flash 局部错误。需要双备份的智能网关参数如下。

(1)主站 IP 地址和端口(备用 IP 地址和端口)；

(2)智能网关上行通道参数；

(3)APN 参数；

(4)智能网关地址；

(5)智能网关工作方式(客户端、服务端等)。

只有保证了上述参数的正确性，才能对智能网关进行后续的操作。例如，若 IP 地址错误，则智能网关无法连接到主台，进而也就无法对其操作。

保证数据安全的存储和读取数据的流程图如图 5-15 和图 5-16 所示。

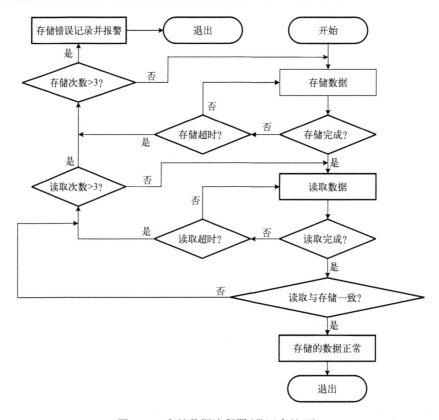

图 5-15　存储数据流程图(带冗余处理)

[软件开发——程序流程图的重要性]

程序流程图又称程序框图，是用统一规定的标准符号描述程序运行具体步骤的图形表示。程序框图的设计是在处理流程图的基础上，通过对输入输出数据和处理过程的详细分析，将程序的主要运行步骤和内容标识出来。程序框图是进行程序设计的最基本依据，也是软件开发沟通的基本工具，因此它的质量直接关系到程序设计的质量。

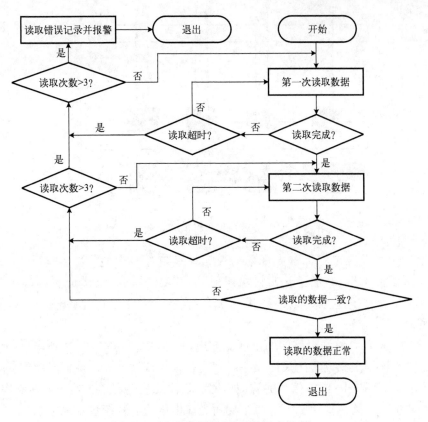

图 5-16　读取数据流程图(带冗余处理)

5.4.3　槽电压采集模块设计

槽电压是指铝电解槽的进电端和出电端之间的电压降,是槽控机实际控制的槽电压。正常槽电压在 4V 左右,但当发生阳极效应时,槽电压可高达 60V。能耗也是正常状态的 15 倍,因此,应尽可能避免让电解槽发生非计划性的阳极效应。

1. 槽电压检测原理

铝电解槽可以看成内阻非常小的恒流源,阳极导杆和阴极钢棒之间的电压差即为槽电压或者称为分布式槽电压,如图 5-17 所示。因此,槽电压检测原理为:通过信号调理电路后,利用 ADC 转换为数字信号输入到 ARM 控制器中进行计算。

2. 槽电压采集电路设计

1)槽电压测量系统整体设计方案

对于工程实践,会有很多需要考虑的实际问题。由于现场会有很多干扰信号,因此也会发生各种异常情况。例如,在电解铝的过程中会有一个常见的异常现象就是阳极效应,这是必须考虑的问题。当发生阳极效应时,阳极炭块表面会布满细小的电弧,槽电压急剧升高,可达 60V,有时甚至更高。但是阳极效应并非长时间产生,其持续时间大约为 5min。对于槽电压的测量,阳极效应带来了以下两个问题:第一,一般的数据采集装置量程只有十几伏,

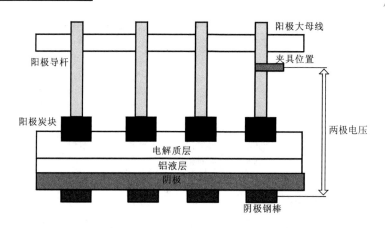

图 5-17　阳极导杆与阴极钢棒间电压示意图

如果针对上述短时效应专门订购大量程的数据采集装置，成本无疑会提升；第二，在未发生效应时，所测槽电压(略低于正常槽电压)仅为 3.8V 左右，会造成量程浪费及正常电压信号精度下降。为了充分发挥采集装置 A/D 转换的分辨率，应尽量使被测信号的变化范围接近量程。

图 5-18 中，抗混叠滤波电路即槽电压滤波电路，其主要功能为：在槽电压信号进入采集设备采集之前，根据采集设备的采样频率对其进行模拟低通滤波，降低频率混叠。保护电路包括 1/10 分压电路、1/10 电压信号的滤波电路、迟滞比较器、继电器线圈通断电控制电路、开关电源滤波电路，其主要功能为：通过判断当前电压值与系统设定阈值的大小，控制继电器开关的开闭状态，实现正常槽况时采集电压，阳极效应时断开电压与采集设备的连接，保证采集设备安全使用。采集设备选用研华 PCI-1715U 数据采集卡，其主要功能为：对滤波后的电压数据进行实时采集，采样频率为 10Hz。

2) 保护电路

为了防止发生阳极效应时槽电压值过高损坏测量系统，在被测电压与上一小节中的抗混叠滤波电路之间串联一个光继电器 AQW214。它的作用为：在电压值正常时，开关闭合，电压可以进入抗混叠滤波电路，滤波后进入数据采集卡进行数据采集；当电压值过高时，开关断开，从而保护了整个电路和采集卡。

3) 1/10 分压电路

1/10 分压电路如图 5-19 所示，R_2、R_{10} 串联之后与槽电压并联，调节 R_2 阻值使得 R_{10} 两端的电压为采集信号的 1/10，此电压值用于对当前电压水平的判断，并不用于数据采集，因此对 R_2、R_{10} 的精度并没有过高要求。

INA117 的作用与在上一小节中的抗混叠滤波电路作用相同，不同之处在于在此处 INA117 的正输入端串联了电阻 R_5，且其阻值与 R_{10} 相同。这是因为根据该芯片的使用说明书，当输入端并联的电阻 R_s(即电路中的 R_{10})过大，接近 $2k\Omega$ 时，芯片的共模抑制比会下降，此时需根据输入电压的极性，选择在芯片正输入端或负输入端串入相同阻值的调节电阻抑制这一现象。注意到抗混叠滤波电路中的 INA117 输入端并没有串入电阻，这是因为该芯片直接与电解槽并联，而电解槽电阻很小(毫欧级)，并不会造成其共模抑制比下降。

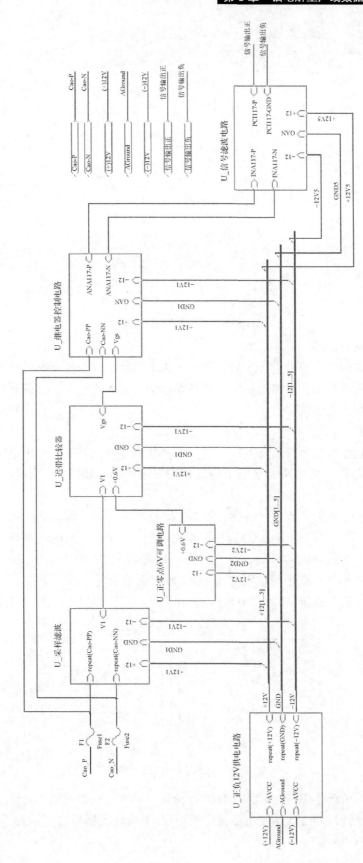

图 5-18　硬件整体设计框图

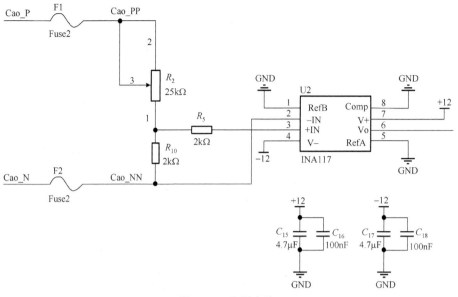

图 5-19　分压电路

4）分压信号滤波电路

由于现场采集的电压信号含有大量噪声，如果直接将上述分压电路的信号用于后续电路判断电压水平，很容易造成电路不稳定，尤其是可能会引起继电器开关的频繁动作，因此必须对该电压值进行低通滤波。

5）迟滞比较器

迟滞比较器也称为施密特触发器，当输入信号从低电平上升的过程中电路状态转换时，对应的输入电平与输入信号从高电平下降过程中对应的输入转换电平不同，其传输特性如图 5-20 所示。

迟滞比较器抗干扰能力较强，这是因为单限比较器只有一个阈值电压 V_T，输入电压 V_i 高于 V_T 或者低于 V_T 都会引起输出电压 V_o 从高电平到低电平或者从低电平到高电平的跃变。而迟滞比较器有两个阈值电压 V_{T+}、V_{T-}，输入信号 V_i 在上升过程中大于 V_{T+} 时，输出信号 V_o 发生跃变；或者输入信号 V_i 在下降过程中小于 V_{T-} 时，输出信号 V_o 发生跃变。输入信号的波动幅度不超过两个阈值的差值（即回差电压），它在阈值附近变化时不会引起输出信号的跃变。

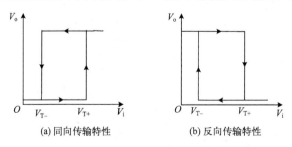

(a) 同向传输特性　　　　　　(b) 反向传输特性

图 5-20　迟滞比较器传输特性

针对现场实际情况考虑，虽然已对 1/10 分压信号进行了低通滤波，但为防止其由于低频干扰噪声在阈值附近抖动造成比较电路输出不稳定，电压比较器采用 LM239 设计的迟滞比较器，电路如图 5-21 所示。

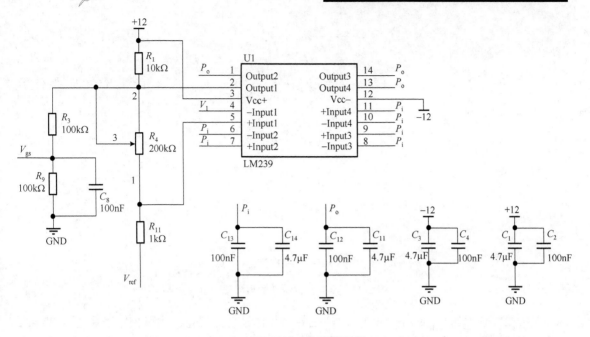

(a) LM239构成的迟滞比较器

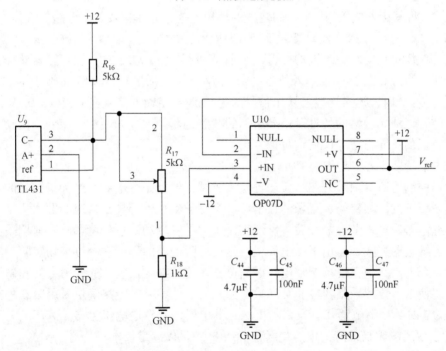

(b) 参考电压V_{ref}产生电路

图 5-21   迟滞比较器

图 5-21(a)中所涉及的迟滞比较器具有反向传输特性，其基本原理图如图 5-22 所示。

当运算放大器处于虚断状态时，可得式(5-3)。当$V_o = V_{OH}$时，可得迟滞比较器的正向阈值V_{T+}，如式(5-4)所示；当$V_o = V_{OL}$时，可得迟滞比较器的负向阈值V_{T-}，如式(5-5)所示：

$$V_1 = \frac{R_2}{R_2 + R_1} V_{ref} + \frac{R_1}{R_1 + R_2} V_o \tag{5-3}$$

$$V_{T+} = \frac{R_2}{R_2 + R_1} V_{ref} + \frac{R_1}{R_1 + R_2} V_{OH} \tag{5-4}$$

$$V_{T-} = \frac{R_2}{R_2 + R_1} V_{ref} + \frac{R_1}{R_1 + R_2} V_{OL} \tag{5-5}$$

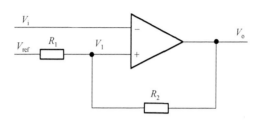

图 5-22　反向传输特性的迟滞比较器

图 5-21(a)中的 V_{ref} 是由图 5-21(b)产生的，具体设计方法是：由可控精密稳压源 TL431 产生 2.5V 电压，使用滑动变阻器 R_{17} 与电阻 R_{18} 对其分压得 0.6V 电压，为了提高 0.6V 电压带负载能力，将其接入电压跟随器，跟随器的输出作为 V_{ref}。图 5-21(a)电路的其他参数：V_{OH} 约为+12V，V_{OL} 约为-12V；滑动变阻器 R_4 取值为 119kΩ，R_{11} 取值为 1kΩ，R_1 是 LM239 的上拉电阻。根据以上参数及式(5-4)、式(5-5)计算可得，由 LM239 构成的迟滞比较器的 V_{T+} 约为 0.7V，V_{T-} 约为 0.5V，即当输入信号高于 0.7V 时，迟滞比较器输出信号约为-12V；当输入信号低于 0.5V 时，迟滞比较器输出信号约为+12V；当输入信号在 0.5V 与 0.7V 之间时，其值需要结合迟滞比较器的特性及信号所处的状态判断。图 5-21 中 R_4、R_{17} 为滑动变阻器，使得该比较器的反向与正向阈值均可调。

6) 继电器通断电控制电路

继电器控制电路有两种方案：第一种是用机械式的电磁继电器，这种机械式的电磁继电器容易受环境干扰，如磁场、现场的粉尘等，容易导致短路等异常情况的发生；第二种方案是采用光继电器，这种继电器开关可靠性高，不容易受现场磁场环境影响。前期采用的是机械式的电磁继电器方案，但由于铝电解现场是一个强磁场的环境，经过现场实验，发现继电器开关很难合上，必须在现场调整电路板的位置，使得继电器吸合的受力方向和磁场的方向一致时才能使用，导致采集实验非常麻烦，而且稳定性不高。最终确定采用第二种方案，由松下的 AQW214 光继电器代替原来的机械式继电器，其导通电流为 50mA，最大耐压值为 400V，对于现场的阳极效应的电压最大值 60~80V 足以满足要求。

如图 5-23 所示，继电器通断电控制电路由 MOS 管控制，而 MOS 管的状态由迟滞比较器的输出电压经分压后得到的 V_{gs} 决定。当 V_{gs} 为正时，MOS 管漏极和源极导通，D_1 亮，光继电器 AQW214 的 1、2 脚之间和 3、4 脚之间的二极管导通并发光，激发 5、6 脚和 7、8 脚之间导通，即开关被打开，数据采集卡正常采集被测电压值；当 V_{gs} 为负时，MOS 管漏极和源极相当于开路，光继电器 AQW214 的 1、2 脚和 3、4 脚之间的二极管断电，D_1 灭，继电器将电路断开，此时采集卡与电解槽断开，停止采集数据，这样便更好地保护了数据采集卡。

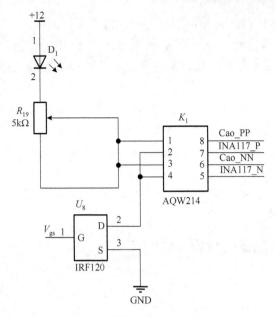

图 5-23　继电器控制电路

3．槽电压检测算法实现

本系统选用的数据采集装置是研华 PCI-1715U 数据采集卡，其实物图如图 5-24 所示。对数据采集装置的选择主要是出于以下几个方面的考虑。

（1）量程：PCI-1715U 有多个量程可供选择，其中最大量程为 ±10V。在选择其他量程时，只要输入电压范围不超过 ±10V，就不会对数据采集卡造成损害，若电压超出当前量程时，则采集数据无法正常显示。在设计本系统时，为了使未发生阳极效应时的极间电压值尽量充满整个量程，采集量程选择 0～10V。在设计迟滞比较器时，反向阈值与正向阈值分别设为 0.5V、0.7V，而迟滞比较器的输入是被测电压经 1/10 分压后得到的，即被测电压高于 7V 时，迟滞比较器控制继

图 5-24　PCI-1715U 实物图

电器开关断开，被测电压低于 5V 时，迟滞比较器控制继电器开关闭合。这样，在电压升高时，高于 5V 后开关并没有断开，到达 7V 时才断开，但是这并不损坏采集卡。这样设置迟滞比较器的参数主要是为了在 0～10V 的量程内尽量扩大电压的采集范围，保证继电器开关在被测电压低于 5V 时一定是闭合的。

（2）分辨率与精度：PCI-1715U 为 12 位分辨率，在 0～5V 的量程下，单位增量为 $5000mV/2^{12}$，即 1.22mV。根据 PCI-1715U 的使用说明书，利用精度计算公式可得采集卡的误差范围为 1.28～3.72mV。

（3）采样通道数：PCI-1715U 具有 16 路模拟量差分输入通道，总共需要 28 路电压采集通道，故需要两块数据采集卡插入工控机内。第一块板卡接入全部 16 路，第二块板卡接入剩余的 12 路，总共 28 路。其余 4 路作为备用通道。

(4)采样频率：PCI-1715U 为异步采样方式，最大采样频率为 500kS/s。本系统所需的采样频率并不高，每个通道仅为 1Hz，接满 16 路通道需要 16Hz，所以，采集卡的采样频率满足系统要求，并且与同步采集卡相比，异步采集卡价格较低，故选择研华 PCI-1715U 的数据采集卡。

(5)PCI-1715U 电路的"地"与工控机的外壳是隔离的，即在现场使用时 PCI-1715U 的"地"与现场的"大地"是隔离的；而其他一些型号的采集卡，如 PCI-1747，它的"地"与工控机外壳是直接导通的，使用时会直接与现场的"大地"连通，出于安全考虑，选用"隔离地"的采集卡。

(6)在电解车间强磁场的环境下，将 PCI-1715U 直接插入工控机的 PCI 插槽内即可正常使用，不需要设计单独的屏蔽装置。

5.4.4 阳极导杆电流采集模块设计[36]

1. 电流检测原理

在线测量阳极电流的方法难度较大。虽然阳极电流很大，但是阳极导杆的阻值极低，故可采用等距压降法对阳极电流进行间接测量。在铝电解槽所有阳极导杆的合适位置选取相等距离的测点，本测量系统中两测点之间的距离为 15cm，如图 5-25 所示。将电流信号转换为等距压降信号进行测量，再根据欧姆定律计算出阳极电流，如式(5-6)所示：

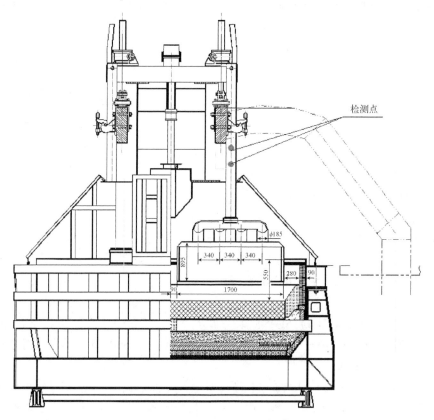

图 5-25 等距压降法测点示意图

$$I = \frac{V}{R} \tag{5-6}$$

式中，I 为阳极电流(A)；V 为测量的阳极导杆等距压降(V)；R 为测点之间的阳极导杆电阻值(Ω)。

阳极导杆的温度较高，并且不断变化，导致阳极导杆的电阻随着温度的变化而变化，在进行阳极导杆电阻值的计算时必须考虑温度的影响，电阻计算公式如式(5-7)所示：

$$R = \frac{\rho_0[1 + \alpha(T - 20)]L}{S} \tag{5-7}$$

式中，S 为阳极导杆的横截面积(m^2)；ρ_0 为 20℃时阳极导杆材料(金属铝)的电阻率，$\rho_0 = 2.82 \times 10^{-8}$；$\alpha$ 为 20℃时阳极导杆材料(金属铝)的电阻率温度系数，$\alpha = 0.0039$；T 为阳极导杆的温度(℃)；L 为选取的阳极导杆等距压降对应的长度(m)。

根据上述阳极导杆电流测量原理，以某铝业公司 420kA 电解槽为例，取阳极导杆横截面积 $S = 150mm \times 150mm$，两个测点之间的距离 $L = 150mm$，温度 $T = 80℃$，根据式(5-6)和式(5-7)计算可得，等距压降电压值为 2.029mV。以此电压信号为参考，针对检测系统需求，对阳极导杆电流采集器的技术指标所述如下。

(1)采集器可检测信号范围为 0.5～6mV；

(2)采集器对等距压降信号的测量精度小于 2%；

(3)采集器具有实时存储功能，可实时存储信号采集时间、阳极电流和导杆温度等数据；

(4)采集器具有实时数据传输功能，可将检测信息实时传送至上位机；

(5)采集器具有控制功能，可通过上位机对其进行参数设置、启停采样等控制操作。

2. 采集电路设计

阳极导杆电流采集模块硬件系统框图如图 5-26 所示，铝电解阳极导杆电流采集装置主要

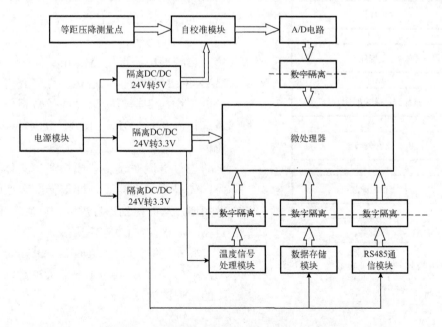

图 5-26　阳极导杆电流采集装置硬件系统框图

包括信号调理电路、A/D 采样模块、温度采集模块、微控制器、数据存储模块、RS485 通信模块和电源模块。

信号调理电路主要由自校准电路、放大电路和滤波电路三部分构成，用于对阳极导杆等距压降信号进行自校准和放大滤波处理，经信号调理电路处理后的等距压降信号输入至 A/D 采样模块，至此模拟信号转变为数字信号，并作为微控制器的第一个输入端；温度采集模块包括 PT100 温度传感器和温度信号处理模块，温度信号处理模块将 PT100 温度传感器采集的信号转换成与 RTD 阻值相对应的数字电压信号，作为微控制器的第二个输入端；微控制器对采集的数字电压和数字温度信号进行处理，转换为阳极导杆电流信号，将该电流信号存储于数据存储模块，并通过 RS485 通信模块传送至上位机。各模块由不同电压等级的电源供电。

1）自校准电路的设计

由于系统中 A/D 转换器和运放等元器件不是理想器件，因此这样系统中不可避免地会出现误差，常见的误差种类包括有增益误差、失调误差、微分非线性误差和积分非线性误差。随着所处环境的变化，误差还会因为各种外在噪声变化而发生变化，这种情况会限制系统的输入范围，从而影响预期想达到的精度。因此，在数据的采集和处理系统中，如果需要提高系统的采集精度，可采用自校准技术来实现。

为了提高采集设备的精度，在对微小信号进行放大及模数转换时，减小时间漂移和零点温度漂移造成的影响，消除由此引起的误差问题。历来研究者提出了很多解决的方案，例如，使用价格较高的激光校准高精度低漂移运算放大器，然后经过精密电阻匹配和温度补偿等。本系统设计了一种自校准电路，对采集到的电压信号在通过 A/D 转换之前先进行自校准。

自校准电路选用 Maxim Integrated 公司的 MAX4932 多路器开关 IC，该多路开关为三通道，由微控制器直接通过两位数字信号控制通道选择，其中，01、10、11 分别控制通道一、通道二、通道三。上电默认为 00，即高阻态，以防止过电流对设备造成损坏。具体校准过程为：先进行零度标定，即选择一个通道使其短接到地，从而得到零标度点，以确定校准系数。自校准流程图如图 5-27 所示。

标准信号源由 Analog Devices 公司的 ADR4525 芯片提供的 10mV 标准源，自校准电路的原理图如图 5-28 所示。

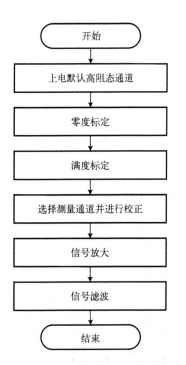

图 5-27 阳极导杆电流采集装置自校准流程图

（流程图内容：开始 → 上电默认高阻态通道 → 零度标定 → 满度标定 → 选择测量通道并进行校正 → 信号放大 → 信号滤波 → 结束）

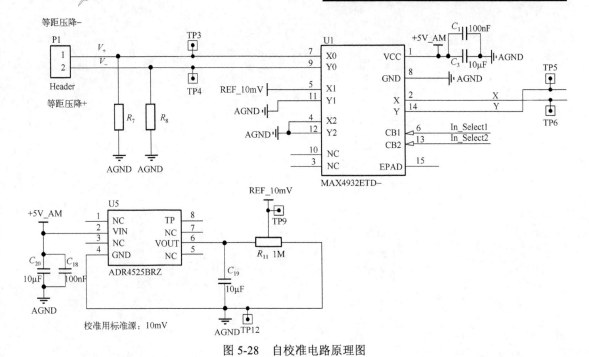

图 5-28　自校准电路原理图

2）放大电路的设计

运算放大器的性能要求如下：①内部噪声小；②输入阻抗高，应远远高于传感器的输出阻抗；③线性增益好，失真小；④温度失调小。在高温、强磁场等恶劣环境下，一般的运放很难满足要求，为了抑制共模干扰，减小噪声引入，从输入噪声、温漂、高增益下的线性度、价格等多角度考虑，本设计选用 TI 公司的 INA129 精密仪表放大器。

INA129 采用差分式结构，将三个运放集成于一个芯片中，电阻配对精度高，保证了差分运放在结构上的完全对称性，可有效地抑制共模信号的干扰，并且在电路设计时，可得到正确的输入阻抗和增益特性，只需一个增益电阻 R 即可调节放大倍数范围从 $1 \sim 10000$ 变化，INA129 的电阻-增益计算公式如式(5-8)所示：

$$G = 1 + \frac{49.4}{R} \tag{5-8}$$

参考噪声优化的结果以及电阻的系列值，放大器的增益调节电阻采用 499Ω，0.1%高精度电阻，设计放大器的放大倍数为 100 倍。

3）滤波电路的设计

现场的电压信号中混杂有高频干扰信号，而测量仪的采样频率定为 10Hz，显然，这个采样频率相对于采样信号不能满足采样定理，即采样频率 f_s 与采样信号中包含的最高频率 f_{max} 满足关系式：$f_s \geq 2f_{max}$。如果直接使用数据采集卡进行数据采集，那么信号中频率 f 满足 $f > \frac{1}{2}f_s$ 的部分会以假频的形式折叠到 $0 \sim \frac{1}{2}f_s$ 部分，即产生频率混叠现象。为了降低这种现象的影响，本设计使用了三阶巴特沃斯模拟低通滤波器滤除原始电压信号中的高频噪声，电路如图 5-29 所示。INA117 是差分放大器，其输出即为输入电压正负两端的差值，作用为抑制信号的共模噪声，同时可使双端信号变为单端信号。三阶巴特沃斯滤波器由运放 AD8677 及电容、电阻搭建，它是由一个二阶和一个一阶滤波电路串联组成的。

215

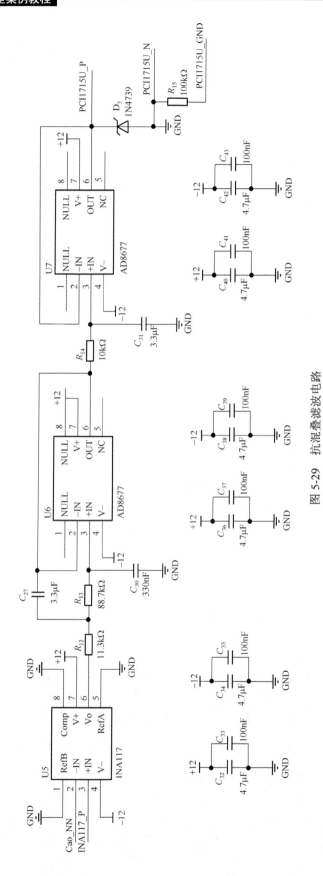

图 5-29 抗混叠滤波电路

4) A/D 采样电路

A/D 转换器是将模拟信号转换为数字信号的必要元器件。由于等距压降信号较低(2mV 左右)、测量精度要求高，按 0.5 级精度计算，则需要的 A/D 转换器的分辨率至少为 12 位，考虑到系统的冗余性，本设计采用 16 位的 A/D 转换芯片。从芯片选型的一致性与性价比等各方面考虑，选用 AD7705 芯片。AD7705 为低功耗、高速、逐次逼近型 A/D 转换器，转换精度高，可实现 16 位无误码性能。基准输入电压为 2.5V 时，允许器件接受 0～20mV 和 0～2.5V 之间的单极性信号。A/D 转换电路原理图如图 5-30 所示。为了消除电源抖动、提高 ADC 参考电压的精度，将一个旁路电容加到参考源的输出端。在 A/D 转换模块与微控制器之间采用数字隔离器进行隔离，用于对微控制器进行保护。

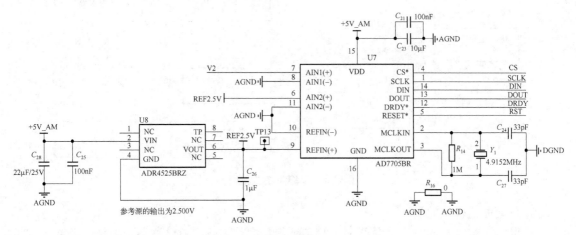

图 5-30　A/D 转换电路原理图

采集的等距压降信号值按式(5-9)进行计算：

$$U = \frac{U_{\text{ref}}}{2^{16}-1}\text{ADC} \tag{5-9}$$

式中，U 为 AD7705 采样电压(V)；U_{ref} 为参考电压，电路中参考电压值为 2.5V；ADC 为 AD7705 采样值。

5) 温度采集模块的设计

温度采集模块主要包括温度传感器和温度信号处理模块，主要完成对导杆表面温度数据的采集，设计的采样频率为 100Hz。本设计采用 PT100 温度传感器，将温度传感器安装在测量夹具上并紧贴阳极导杆表面，其采集的信号经过温度信号处理模块转换为数字信号作为微控制器的输入，用于对阳极导杆电阻值的计算进行温度补偿。

温度处理模块选用 MAX31865 芯片，该芯片是将常用的热敏电阻转换为数字输出信号的转换器件。该芯片具有 15 位 ADC(实际为 16 位，最后一位是错误标志位)，标称温度分辨率为 0.03125℃，当外部参考电阻精度为 0.1%时，测温精度为 0.5℃。除此之外，该芯片提供可配置的 RTD 及开路/短路检测，并兼容 SPI 接口。

6) 电源模块的设计

电源是整个系统正常运行的关键，因此，电源设计的结构会直接影响系统的性能及其稳定性。系统需要的电压等级较多，根据供电需求，设计了四种等级的供电电路。加入金升阳科技有限公司生产的 DC/DC 隔离电源模块(内部 1500V 隔离),可以提高系统的安全性及可靠度,提高 EMC 的特性并保护二次侧。将模拟电源与数字电源分离设计,模拟电源用于给信号调理电路和 ADC 的参考电压源等模拟电路供电,数字电源用以为通信电路、微控制器、数据存储电路等数字信号供电。将模拟电源与数字电源隔离,可以避免其相互干扰,提升系统的稳定性。该方案能很好地满足低压电路的需求。电源系统总体框图如图 5-31 所示。

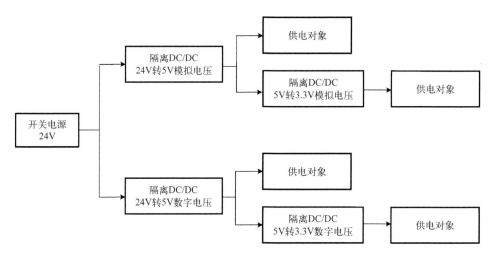

图 5-31　电源系统总体框图

7) 数据通信模块的设计

用以将带有时间、电流、导杆编号等多种信息的数据包实时传送至上位机,并将上位机发送的控制命令与设置参数传送至微控制器。数据传输采用工业级 RS485 传输方式,RS485 总线是一种通用串行总线标准。

本设计选用 Analog Devices 公司的 ADM2682E 芯片,驱动器和接收器的通信速率可达 16Mbit/s。RS485 通信电路如图 5-32 所示。

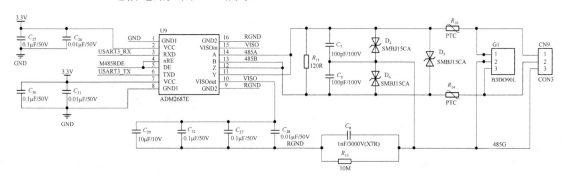

图 5-32　RS485 模块

8) 数据存储模块设计

Flash 存储模块能够实时记录并存储每一根阳极导杆电流的检测时间和测量结果,用以作为电流测量仪固件的备份,并可以存储系统的一些固有参数。本系统中存储芯片采用存储容量为 32Mbit 的 SST25VF032B 芯片,该芯片的时钟频率最高可达 80MHz。

[知识产权——自我保护的重要手段]

知识产权，是"基于创造成果和工商标记依法产生的权利的统称"。最主要的三种知识产权是著作权、专利权和商标权，其中专利权与商标权也被统称为工业产权。

2021 年 1 月 1 日正式施行的《中华人民共和国民法典》中第一百二十三条规定："民事主体依法享有知识产权。知识产权是权利人依法就下列客体享有的专有的权利：（一）作品；（二）发明、实用新型、外观设计；（三）商标；（四）地理标志；（五）商业秘密；（六）集成电路布图设计；（七）植物新品种；（八）法律规定的其他客体。"

因此，在产品设计过程中，一方面要避免侵犯他人的知识产权，另一方面要重视保护自主创新的成果不被他人侵犯。

3．检测算法实现

为了保证系统采集功能的实时性，阳极导杆电流测量仪软件的工作流程采用分时多任务处理机制，作为电流测量仪的主程序，应该包含：初始化；数据采集与处理，完成对阳极导杆等距电压信号和阳极导杆温度信号的采集与处理；数据存储，将处理后的阳极电流和温度信号存入外部 Flash，用以备份；数据传输，将采集的阳极电流和温度信号发送至上位机，并接收上位机的参数配置和控制命令。软件流程图如图 5-33 所示。

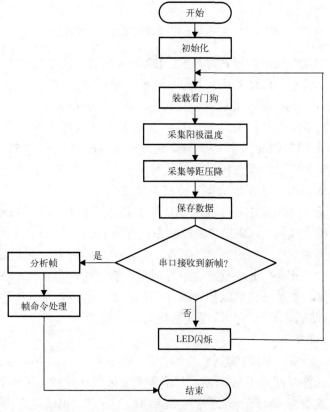

图 5-33　电流测量仪主程序软件流程图

1）阳极温度采集软件设计

阳极温度采集程序采用状态机机制实现，其流程框图如图 5-34 所示。

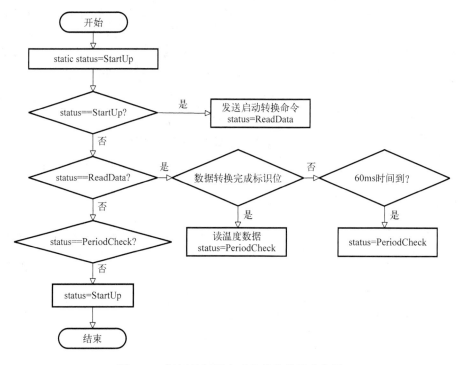

图 5-34　阳极导杆温度采集软件设计流程图

测温芯片采用 MAX31865，该芯片与 STM32 微控制器之间通信采用 SPI 串行总线协议。该状态机共设置 3 个状态：启动采集状态（StartUp）、读温度数据状态（ReadData）、采样周期检查状态（PeriodCheck）。状态转换基本流程如下：首先将温度采集状态初始化为启动采集状态，程序中首先检测该状态，如果为 StartUp，则微控制器通过 SPI 总线接口向 MAX31865 测温芯片发送温度采集转换命令，并将状态设置为 ReadData。MAX31865 接收到转换命令后，将启动温度数据采集和转换，该过程最大持续时间为 60ms 左右，因此在这段时间内状态机状态一直保持为 ReadData，并在此状态下检测温度转换完成标志位，若温度转换完成标志位置位（在硬件上表现为 MAX31865 芯片 RDY 引脚电平拉低），则微控制器通过 SPI 向 MAX31865 请求转换完成数据，并将状态机状态设置为 PeriodCheck；否则如果持续时间到达 60ms，但是温度转换完成标志位未置位，则表示 MAX31865 芯片出现问题，此时直接将状态设置为 PeriodCheck。PeriodCheck 状态为采样周期检查状态，在此状态下微控制器检查采样周期是否到达设定值，如果未到则微控制器什么也不做，保持这个状态不变；否则将状态机状态设置为 StartUp 状态，继续下一次温度数据采集过程。

2）等距压降采集软件设计

等距压降采集同样采用有限状态机机制实现。ADC 选用 AD7705 芯片，该芯片为 16 位高速 A/D 转换器，转换时间为 1ms 以内。与阳极温度采集软件状态机相同，该状态机设置 3 个状态：启动采集状态（StartUp）、读温度数据状态（ReadData）、采样周期检查状态（PeriodCheck）。该状态机的运行流程与阳极导杆温度数据的采集流程相似，不同的是该芯片在进行 AD 转换的时间要比 MAX31865 转换时间短很多，为 $100\mu s$，此时间太短，因此不再进行该段时间的判断，直接采用循环延时的方式进行等待实现。该功能程序设计流程图如图 5-35 所示。

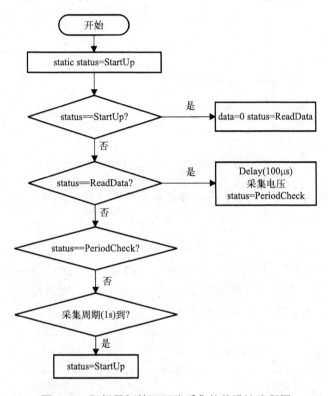

图 5-35　阳极导杆等距压降采集软件设计流程图

5.4.5　氧化铝浓度采集模块设计

随着现代工业技术的发展，工业生产过程呈现出大型化、复杂化和网络化的特点。在复杂工业过程中,许多评价生产的关键性能参数无法实现在线测量或者在线分析仪器价格昂贵、不易维护、存在大滞后性，因此，实现关键性能参数的实时监测从而达到监测生产过程质量的目的是复杂工业生产过程需要面对的问题之一。由于氧化铝浓度无法直接在线测量，因此，应基于深度神经网络进行氧化铝浓度软测量[37-40]。

1．软测量原理

软测量技术的理论根源是 20 世纪 70 年代由 Brosilow 等提出的推理控制。基于软测量的推断控制系统的原理框架如图 5-36 所示。其中，r 为设定值；u 为控制输入；d_1 为可测扰动；d_2 为不可测扰动；θ 为辅助变量；Y 为主导变量；Y' 为主导变量离线分析值；Y^* 为软测量模型输出值。

所谓软测量，就是结合自动控制理论知识和生产过程知识，通过计算机技术，针对过程中暂时无法测量或者难以测量的过程主导变量(即关键性能参数)，依据某种最优化准则，选择另外一些相对容易测量的辅助变量，通过构造某种数学关系来推断或者估计，以软件来替

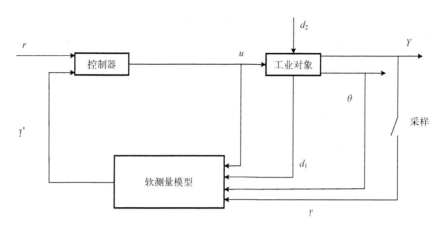

图 5-36　基于软测量的推断控制器结构图

代硬件的功能，实现对关键性能参数的在线检测。软测量技术的核心是表征辅助变量和主导变量之间的数学关系模型，其关系用数学公式表示为

$$Y^* = f(d_1, u, \theta, Y', t) \tag{5-10}$$

软测量技术的建模主要包括以下四个步骤：机理分析及辅助变量的选取、数据的采集和预处理、建立软测量模型以及软测量模型的验证与校正。软测量模型的设计和实现流程如图 5-37 所示。接下来对这四个主要步骤进行详细的介绍。

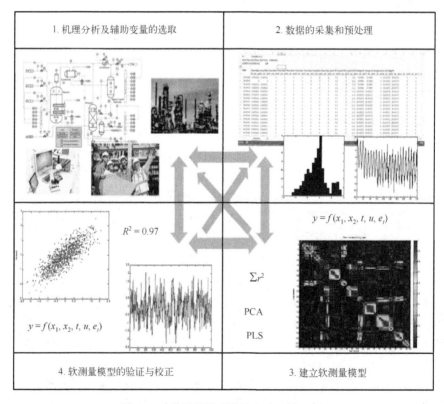

图 5-37　软测量模型设计和实现流程图

1）机理分析及辅助变量的选取

复杂工业过程辅助变量的选取一般取决于生产过程的工艺机理分析。通常先从系统的整体出发，确定辅助变量的最小量，再结合具体的系统生产过程的特点适当地增加，以更好地处理动态性质等问题。可以根据过程机理，在可测变量集中初步选择所有与被估计变量相关的原始辅助变量。在原始辅助变量中，选择响应灵敏、精度高的变量作为最终的辅助变量。辅助变量的选取确定了软测量模型的输入信息矩阵，所以对软测量模型的建立和输出信息的质量起到了部分决定性的作用。辅助变量的选取主要考虑三个方面：选取变量的类型、选取变量的数目和检测点的位置。

辅助变量的选择范围是复杂工业生产过程中的可测变量集，一般依据对对象过程的机理和实际生产工况的了解，根据文献，变量的类型应该按照过程的适用性、灵敏性、精确性、特异性、鲁棒性等原则进行选择。变量数目应大于或等于被估计的变量数目，最佳数目与模型的不确定性、测量噪声以及过程的自由度有关系，确定变量数目比较常用且有效的方法是主成分分析法（Principal Component Analysis，PCA），即根据复杂工业现场的历史数据做统计分析计算，将原始辅助变量与关键性能变量的关联度进行排序，根据关联度的高低精选并确定辅助变量。测点的位置主要是由生产过程的动态特性所决定。

2）数据的采集和预处理

所建立的软测量模型性能好坏在很大程度上取决于输入的辅助变量数据的有效性和准确性。过程数据中包含了工业对象的大量有关信息，因此，在进行数据采集时，数据要越多越好，而且采集的数据要具有代表性、均匀性和精简性。

测量数据受仪器仪表的测量精度、可靠性和环境等因素的影响，无法避免地会带有测量误差，测量过程数据的误差常常包含过失误差和随机误差。过失误差主要来源于测量仪器仪表的故障与偏差，以及精确度不高的过程模型，常用的处理方法有：人工剔除法、技术辨别法和统计检验法等。随机误差的产生原因是测量过程中存在种种不稳定的随机因素，通常情况下是不可避免的。而针对过程数据的缺失值，常采用数据插值方法进行处理，以避免再次损失。

3）建立软测量模型

软测量模型的建立是软测量技术能否成功应用的关键。与一般意义上的数学模型不同的是，它强调利用辅助变量并通过构造辅助变量和主导变量之间的数学关系，来获得对主导变量的最佳估计。软测量建模的方法有很多，主要包括基于模型机理的软测量建模方法、基于数据的软测量建模方法和混合建模方法等，这些方法具有各自的优缺点和适用环境，且有交叉融合的趋势。图 5-38 给出了常用的软测量模型建模方法关系图。

4）软测量模型的验证与校正

考虑到过程对象的非线性、时变性以及模型的不完整性，为了使软测量模型能够适应新的环境，要对软测量模型进行在线校正。软测量模型的在线校正分为两个方面：模型参数的优化和模型结构的优化。对模型参数进行优化的方法包括自适应法、增量法等。模型结构的优化通常需要大量的数据样本和较长的计算时间，为解决模型结构优化的实时性问题，通常采用短期学习和长期学习相结合的校正方法。

2. 氧化铝浓度软测量模型

氧化铝浓度软测量模型设计建模流程图如图 5-39 所示，软测量模型输入变量为 t 时刻对应的槽电压、阳极导杆电流和 t 时刻前的 N 个氧化铝浓度采样值，输出变量为 t 时刻对应的氧化铝浓度采样值。

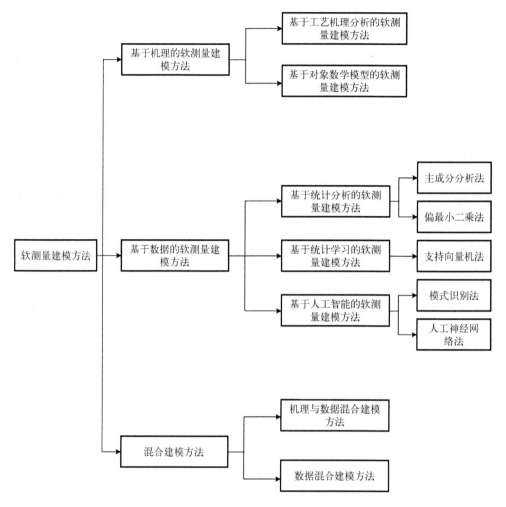

图 5-38　软测量模型建模方法

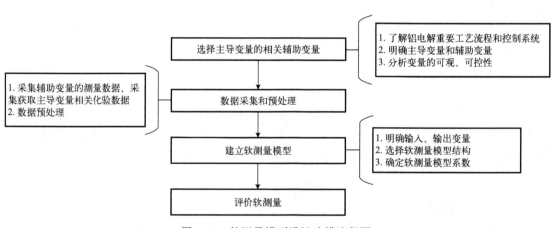

图 5-39　软测量模型设计建模流程图

氧化铝浓度软测量模型的基本结构如图 5-40 所示。

3. 氧化铝浓度软测量算法实现

模型中每个受限玻尔兹曼机（Restricted Boltzmann Machine，RBM）依次训练的过程也就是整个深度神经网络模型的训练过程。RBM 的训练目的是求出 $\theta=(w, a, b)$ 的参数值，并对给定的训练数据进行预估。整个过程包含无监督学习和有监督微调两部分。

1) 无监督学习

无监督学习的具体步骤如下。

（1）对参数值 $\{w, a, b\}$ 随机初始化。其中，w 为权重；a 为可视层偏置；b 为隐藏层偏置。可初始化为一个比较小的随机量。

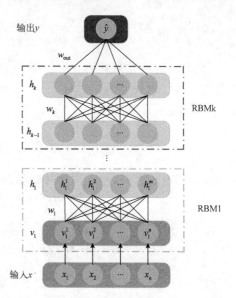

图 5-40 氧化铝浓度软测量模型的基本结构图

$$X = v = \begin{bmatrix} v_1 \\ v_2 \\ \vdots \\ v_M \end{bmatrix}, \quad w = \begin{bmatrix} w_{1,1} & w_{2,1} & \cdots & w_{M,1} \\ w_{1,2} & w_{2,2} & \cdots & w_{M,2} \\ \vdots & \vdots & \ddots & \vdots \\ w_{1,N} & w_{2,N} & \cdots & w_{M,N} \end{bmatrix}, \quad a = \begin{bmatrix} a_1 \\ a_2 \\ \vdots \\ a_M \end{bmatrix}, \quad b = \begin{bmatrix} b_1 \\ b_2 \\ \vdots \\ b_N \end{bmatrix} \tag{5-11}$$

式中，M 为可视层节点数；N 为隐含层节点数；w_{ij} 代表从第 i 个可视层到第 j 个隐藏层的权重。使用正态分布 $N(0, 0.01)$ 的随机数初始化 w，b 可以直接为 0，采用式（5-12）初始化 a_i：

$$a_i = \lg \frac{p_i}{1 - p_i} \tag{5-12}$$

式中，p_i 表示训练数据中第 i 个节点取值为 1 的样本所占的比例。因此，可视层和隐含层的计算可以表示为

$$h = \begin{bmatrix} h_1 \\ h_2 \\ \vdots \\ h_N \end{bmatrix} = (w \cdot X + b) = \begin{bmatrix} w_{1,1} \cdot v_1 & w_{2,1} \cdot v_2 & \cdots & w_{M,1} \cdot v_M \\ w_{1,2} \cdot v_1 & w_{2,2} \cdot v_2 & \cdots & w_{M,2} \cdot v_M \\ \vdots & \vdots & \ddots & \vdots \\ w_{1,N} \cdot v_1 & w_{2,N} \cdot v_2 & \cdots & w_{M,N} \cdot v_M \end{bmatrix} + \begin{bmatrix} b_1 \\ b_2 \\ \vdots \\ b_N \end{bmatrix} \tag{5-13}$$

$$v = \begin{bmatrix} v_1 \\ v_2 \\ \vdots \\ v_M \end{bmatrix} = (w^{\mathrm{T}} \cdot h + a) = \begin{bmatrix} w_{1,1} \cdot h_1 & w_{1,2} \cdot h_2 & \cdots & w_{1,N} \cdot h_N \\ w_{2,1} \cdot h_1 & w_{2,2} \cdot h_2 & \cdots & w_{2,N} \cdot h_N \\ \vdots & \vdots & \ddots & \vdots \\ w_{M,1} \cdot h_1 & w_{M,2} \cdot h_2 & \cdots & w_{M,N} \cdot h_N \end{bmatrix} + \begin{bmatrix} a_1 \\ a_2 \\ \vdots \\ a_M \end{bmatrix} \tag{5-14}$$

（2）将 X 赋值给可视层 $v^{(0)}$，则在此基础上，隐藏层节点被激活的概率可以表示为

$$P[h_j^{(0)} = 1 \mid v^{(0)}] = \sigma[w_j \cdot v^{(0)} + b_j] \tag{5-15}$$

（3）对得到的概率分布进行 Gibbs 取样。在隐藏层中，每个节点在[0,1]中取样获取其对应值，即 $h^{(0)} \sim P(v^{(0)} \mid v^{(0)})$，具体步骤为：首先产生一个[0,1]上的随机数 r_j，然后确定 h_j 的取值为

$$h_j = \begin{cases} 1, & P(h_j^{(0)} = 1 \mid v^{(0)}) > r_j \\ 0, & \text{其他} \end{cases} \tag{5-16}$$

(4)用 $h^{(0)}$ 重构显示层，先计算概率密度，再进行 Gibbs 抽样，则有

$$P(v_i^{(1)} = 1 \mid h^{(0)}) = \sigma(w_i^{\mathrm{T}} \cdot h^{(0)} + a_i) \tag{5-17}$$

(5)对上述步骤得到的概率分布，进行 Gibbs 采样。对可视层中的每个节点在[0,1]中取样获取的对应值进行重构，即 $v^{(1)} \sim P(v^{(1)} \mid h^{(0)})$，具体步骤为：首先，产生一个[0,1]上的随机数 r_j，然后确定 v_i 的取值为

$$v_i = \begin{cases} 1, & P(v_i^{(1)} = 1 \mid h^{(0)}) > r_j \\ 0, & \text{其他} \end{cases} \tag{5-18}$$

(6)再次组建可视层，得到开启隐藏层节点的概率为

$$P(h_j^{(1)} = 1 \mid v^{(1)}) = \sigma(w_j \cdot v^{(1)} + b_j) \tag{5-19}$$

(7)更新得到新的权重和偏置，其更新准则如下：

$$w \leftarrow w + \varepsilon \left[P(h^{(0)} = 1 \mid v^{(0)}) v^{(0)\mathrm{T}} - P(h^{(1)} = 1 \mid v^{(1)}) v^{(1)\mathrm{T}} \right] \tag{5-20}$$

$$b \leftarrow b + \varepsilon \left[P(h^{(0)} = 1 \mid v^{(0)}) - P(h^{(1)} = 1 \mid v^{(1)}) \right] \tag{5-21}$$

$$a \leftarrow a + \varepsilon \left[v^{(0)} - v^{(1)} \right] \tag{5-22}$$

式中，ε 为学习率。

2)有监督微调

对网络模型的有监督的调优训练采用前向传播算法，根据输入样本数值得到对应的输出样本数值。其主要步骤如下。

(1)利用对比散度(Contrastive Divergence，CD)算法预训练好的 w 和 b 来确定相应的隐藏层节点是否被激活的状态，计算隐藏层每个节点的激励值如下：

$$h^{(l)} = w^{(l)} \cdot v + b^{(l)} \tag{5-23}$$

式中，l 为神经网络层的索引；权重 w 和偏置 b 的值为

$$w = \begin{bmatrix} w_{1,1} & w_{2,1} & \cdots & w_{M,1} \\ w_{1,2} & w_{2,2} & \cdots & w_{M,2} \\ \vdots & \vdots & \ddots & \vdots \\ w_{1,N} & w_{2,N} & \cdots & w_{M,N} \end{bmatrix} \tag{5-24}$$

$$b = \begin{bmatrix} b_1 & b_2 & \cdots & b_N \end{bmatrix}^{\mathrm{T}} \tag{5-25}$$

式中，$w_{i,j}$ 代表从第 i 个可视层到第 j 个隐藏层的权重；M 为可视层的节点数；N 表示隐藏层节点数。

(2)逐层向上传播。在各隐藏层中，计算出每个节点的激励值，并使用激活函数完成标准化：

$$\sigma(h_j)^{(l)} = \frac{1}{1 + \mathrm{e}^{-h_j}} \tag{5-26}$$

(3)最后计算出输出网络层的激励值和输出：

$$h^{(l)} = w^{(l)} \cdot h^{(l-1)} + b^{(l)} \tag{5-27}$$

$$\hat{X} = f(h^{(l)}) \tag{5-28}$$

式中，输出网络层的激活函数为 $f(\cdot)$；$\hat{X}$ 为输出网络层的输出值。

依据输入样本，采用 CD 算法得到对应输出样本后，再利用反向传播(Back Propagation，BP)算法来对基于深度置信网络(Deep Belief Networks，DBN)的软测量模型的权重值和偏置

值进行更新，过程如下。

（1）选取最小均方误差为基准，更新网络参数采用 BP 算法，其对应代价函数如式(5-29)所示：

$$E = \frac{1}{N}\sum_{i=1}^{N}[\hat{X}_i(w^l, b^{(l)}) - X_i]^2 \tag{5-29}$$

式中，E 为均方误差；$\hat{X}$ 和 X_i 分别表示输出层的预测输出值和真实采样测量值；i 为样本索引，$[w^l, b^{(l)}]$ 是在 l 层需要训练的权重值和偏置值。

（2）利用梯度下降方法，更新网络的权重值和偏置值，如式(5-30)所示：

$$(w^l, b^{(l)}) \leftarrow (w^l, b^{(l)}) - \varepsilon \cdot \frac{\partial E}{\partial (w^l, b^{(l)})} \tag{5-30}$$

式中，ε 为学习率。

为了此过程更加直观清晰，图 5-41 给出了训练过程的整体流程图：

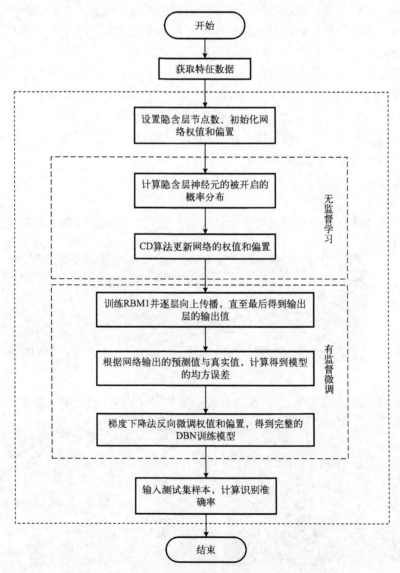

图 5-41　DBN 软测量模型训练过程整体流程图

5.5 系统集成与调试

5.5.1 人机交互界面设计

为了方便数据采集系统的验证和分析，并为实际生产系统提供必要的可视化平台，基于OLE过程控制（OLE（Object Linking and Embedding）Process Control，OPC）、DA（Data Access, exchange of real-time values，数据访问）数据规范，开发了配套的人机交互界面。OPC是由世界上领先的硬件和自动化厂商与微软合作开发的一套工业标准，并成立了OPC基金会（OPC Foundation），专门用于对OPC标准进行运营和维护，并定义了一套通用数据通信规范（OPC DA）。在OPC DA出现之前，硬件供应商的产品在与第三方进行通信或连接时都需要第三方产品提供对应于自己产品的驱动程序，这在一定程度上给开发带来了许多问题：一是配置和维护困难，由于硬件产品都有自己的驱动程序，每一个驱动都有自己独特的处理方式，这就造成很难更换新设备或应用程序；二是对用户来说，用户只能使用某一特定供应商的产品，减小了选择的余地。相比而言，OPC DA因为采用了统一的DCOM数据通信接口和规范，可以与任何遵循OPC通信协议的实时数据源相连接，也不需要对数据源或者硬件安装特定的驱动程序，因此，OPC DA在应用开发上具有无可比拟的优势。

设计的人机交互界面主要包括槽电压、阳极导杆电流和氧化铝浓度的实时曲线图，以及槽电压分布图和阳极导杆电流分布图。

5.5.2 系统测试

为了验证设计的数据采集系统的有效性，需要进行实验室精度测试和现场安装测试，实验室精度测试采用信号源、精密电源和六位半台式万用表。测试结果如图5-42所示。

图 5-42 实验室精度测量

在实验室精度测试的基础上，需要进行现场安装测试。具体安装测试结果如图5-43所示。

图 5-43 现场安装示意图

氧化铝浓度的采集通过人工方式进行，这是一项比较繁重的工作。现场完成了对 718 号槽数据的采集工作。数据采样后经过光谱分析进行化验，获得氧化铝浓度真实值。在此基础上，设定氧化铝浓度软测量模型结构为 7-50-5-1，学习率为 0.0005，使用 600 组完备数据集来进行验证，其中前 500 组数据选取为训练集，后 100 组数据选取为测试集。将 100 组测试样本集应用于训练后的氧化铝浓度软测量模型中，软测量预测值与真实值的对比图如图 5-44 所示。

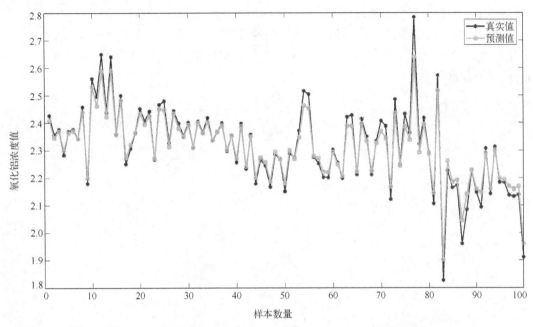

图 5-44　基于 DBN 的氧化铝浓度软测量预测值与真实值对比图

从图 5-44 可看出，所设计的基于时间序列——DBN 的氧化铝浓度软测量模型可以准确跟踪铝电解生产过程中氧化铝浓度的总体趋势，其预测值与采样化验值大致相同，均方根误差 RSME 为 0.0306。

经过近 5 年的研发、测试、现场应用和持续改进，该产品已应用于我国铝电解生产现场，产生了较好的生产效益，有效提高了铝电解生产线的数字化、网络化和智能化水平，为铝电解智能制造提供了必备的技术和装备基础。基于该成果，作者所在教学团队获授权发明专利 5 项、实用新型专利 10 项、软件著作权 8 项，并获得了中国有色金属学会科学技术一等奖。

本章小结

在铝电解智能制造框架下，从产品全生命周期角度，讨论了铝电解生产线数据采集系统的设计与开发，包括生产工艺、需求分析、方案设计、平台搭建、信号汇集智能网关和槽电压、阳极导杆电流、氧化铝浓度等采集装置的设计与实现，以及系统集成与调试，并给出了项目实施过程中需要考虑的安全、经济、知识产权等非技术因素。

思考题

1．查阅文献，分析项目方案的优缺点，并提出可行的优化建议或者替代方案。

2．查阅软测量技术的最新进展，并尝试采用最新的技术实现氧化铝浓度采集。

3．对于测量类装置，如何对其进行精度标定？

4．铝电解生产涉及的控制量有哪些？如何对其进行控制？请设计对应的控制器。

5．从智能制造的角度，探讨铝电解槽数字化建设的系统框架及关键技术。

6．查阅文献，了解智慧工厂前沿技术，并结合铝电解生产实际，设计 400kA 系列电解铝智能制造生产线系统。

参 考 文 献

[1] 教育部办公厅. 教育部办公厅关于推荐新工科研究与实践项目的通知[EB/OL]. (2027-06-16) [2024-01-15].http://www.moe.gov.cn/srcsite/A08/s7056/201707/t20170703_308464.html.

[2] 教育部, 工业和信息化部, 中国工程院.教育部 工业和信息化部 中国工程院关于加快建设发展新工科实施卓越工程师教育培养计划 2.0 的意见. (2018-09-17)[2014-01-15]. http://www.moe.gov.cn/srcsite/A08/moe_742/s3860/201810/t20181017_351890.html.

[3] 刘宇佳. 基于数据驱动的建模方法仿真研究[D]. 沈阳: 东北大学, 2009.

[4] 蔺凤琴, 杨旭, 李擎, 等. 面向新工科建设的加热炉智能燃烧控制虚拟仿真平台的开发[J]. 实验室研究与探索, 2023, 42(3): 108-113, 156.

[5] 蔺凤琴, 王京, 宋勇, 等. 基于 COM 的过程控制系统通信组件的研究与开发[J]. 冶金自动化, 2005, 29(2): 17-19, 62.

[6] 蔺凤琴, 王京, 宋勇. 基于 PC 服务器的过程控制软件平台研究[J]. 测控技术, 2005, 24(4): 49-50, 54.

[7] 宋晓茹, 吴雪, 高嵩, 等. 基于深度神经网络的手写数字识别模拟研究[J]. 科学技术与工程, 2019, 19(5): 193-196.

[8] 彭政. 步进式加热炉炉温智能集成优化控制策略研究[J]. 装备制造技术, 2011, (3): 84-87.

[9] 蔺凤琴, 宋勇, 黄波, 等. CSP 隧道炉传送点控制模型的研究与应用[J]. 冶金自动化, 2015, 39(5): 46-50.

[10] 蔺凤琴, 宋勇, 荆丰伟, 等. 基于动态加热系数的热处理线数学模型[J]. 轧钢, 2015, 32(6): 64-66, 77.

[11] 李国军, 雷薇, 陈海耿. 加热炉炉温优化算法研究[J]. 材料与冶金学报, 2011, 10(4): 325-328.

[12] 吴鸣. 基于决策树算法的加热炉最优炉温设定值研究[J]. 武汉工程职业技术学院学报, 2014, 26(4): 71-74.

[13] 孙一康. 冷热轧板带轧机的模型与控制[M]. 北京: 冶金工业出版社, 2010.

[14] 彭开香, 董洁, 童朝南. 热连轧机活套升落套动态过程分析与改进[J]. 轧钢, 2005, 22(5): 38-40.

[15] 童朝南, 武延坤, 宗胜悦, 等. 热连轧中液压活套系统数学模型的研究[J]. 系统仿真学报, 2008, 20(6): 1381-1385, 1389.

[16] 张殿华, 郑芳, 王国栋. 板带热连轧机活套高度和张力系统的解耦控制[J]. 控制与决策, 2000, 15(2): 158-160, 216.

[17] 陆波, 王荣扬. 热轧活套系统的模糊自适应 PID 解耦控制[J]. 自动化技术与应用, 2015, 34(10): 24-27.

[18] 高玉峰, 童朝南, 高兴华. 板带轧制凸度与厚度鲁棒解耦控制器设计[J]. 控制工程, 2018, 25(3): 380-385.

[19] 张景进, 霍锋, 高云飞. 热连轧带钢生产实训[M]. 北京: 冶金工业出版社, 2014.

[20] 张大志, 翁国杰, 李忠富, 等. 宽带钢热连轧生产线自动控制系统综合设计及应用[J]. 金属世界, 2006, (5): 12-16, 58.

[21] 吴启迪, 严隽薇, 张浩. 柔性制造自动化的原理与实践[M]. 北京: 清华大学出版社, 2004.

[22] 边境. 虚拟柔性制造仿真系统的研究与开发[D]. 天津: 天津大学, 2008.

[23] 赖思琦, 尹显明, 杨应洪. 基于 PROFIBUS 的 FMS 控制系统设计[J]. 机床与液压, 2013, 41(7): 122-124.

[24] 阎群, 李擎, 崔家瑞, 等. 大学生解决复杂工程问题能力的培养[J]. 实验技术与管理, 2017, 34(11): 178-181, 186.

[25] 肖成勇, 杨旭, 苗磊, 等. 新工科背景下冶金行业智能制造综合实训平台设计与实施[J]. 实验技术与管理, 2021, 38(12): 230-234, 238.

[26] 宋伟刚. 散状物料带式输送机设计[M]. 沈阳: 东北大学出版社, 2000.

[27] 唐民, 朱拴成. 煤矿带式输送机设计与制造关键技术研究及应用[M]. 徐州: 中国矿业大学出版社, 2013.

[28] 刘晓阳, 王瑛, 王帅. 基于概率神经网络的矿井运输胶带图像监测[J]. 辽宁工程技术大学学报(自然科学版), 2010, 29(1): 124-127.

[29] 雷汝海, 赵强. 矿井带式输送机节能优化与智能控制系统研究[J]. 煤炭技术, 2017, 36(12): 184-186.

[30] 肖成勇, 李擎, 张德政, 等. 基于深度学习的计算机视觉创新实验平台设计与实现[J]. 实验室研究与探索, 2022, 41(4): 94-98, 142.

[31] 肖成勇, 李擎, 王莉, 等. 基于 CBAM-Unet 的铁矿球团边缘分割实验方法[J]. 烧结球团, 2022, 47(2): 8-15, 23.

[32] WANG W, LI Q, XIAO C Y, et al. An improved boundary-aware U-net for ore image semantic segmentation[J]. Sensors, 2021, 21(8): 2615.

[33] 刘业翔, 李劼, 等. 现代铝电解[M]. 北京: 冶金工业出版社, 2008.

[34] 田应甫. 大型预焙铝电解槽生产实践[M]. 长沙: 中南工业大学出版社, 2003.

[35] 崔家瑞, 李文浩, 苏成果, 等. 面向智能制造的大型铝电解槽分布式全要素模型研究进展[J]. 轻金属, 2021, (11): 30-38.

[36] 崔家瑞, 宋宝栋, 李擎, 等. 基于噪声模型的铝电解槽阳极导杆电流采集器[J]. 实验室研究与探索, 2017, 36(10): 84-90.

[37] SHARDT Y A W. Statistics for chemical and process engineers: a modern approach[M]. Cham: Springer International Publishing, 2015.

[38] CUI J R, WANG P N, LI X Q, et al. Multipoint feeding strategy of aluminum reduction cell based on distributed subspace predictive control[J]. Machines, 2022, 10(3): 220.

[39] CUI J R, ZHANG N N, YANG X, et al. Soft sensing of alumina concentration in aluminum electrolysis industry based on deep belief network[C]. 2020 Chinese automation congress(CAC). Shanghai, 2020: 1-5.

[40] 崔家瑞, 张政伟, 李擎, 等. 基于最小二乘支持向量机的氧化铝浓度预测[J]. 兵器装备工程学报, 2018, 39(12): 243-247.